黄河干流大型水库修建后上下游再造床过程

张晓华　尚红霞　郑艳爽　编著
李　勇　黎桂喜

黄河水利出版社

·郑州·

内 容 提 要

本书是一部关于黄河干流主要大型水库运用及水库修建对干流河道演变影响的专著,全书共分5章,内容包括:刘家峡水库、龙羊峡水库、上中游其他水库(盐锅峡、八盘峡、青铜峡、天桥)、三门峡水库、小浪底水库,主要阐述了各水库不同时期的运用特点、对水沙条件的改变、对库区及水库下游河道冲淤调整的影响等。同时在书后附上3个附录,分别为宁蒙河道冲淤规律及影响因素分析、黄河水质与生态系统、黄河上中游部分水库基本资料。

本书可供从事黄河规划、治理、河床演变、河道整治、水沙资源配置与利用和防洪减灾等方面研究的科技人员及高等院校有关专业师生阅读参考。

图书在版编目(CIP)数据

黄河干流大型水库修建后上下游再造床过程/张晓华等
编著. —郑州:黄河水利出版社,2008. 12
ISBN 978 - 7 - 80734 - 557 - 2

Ⅰ. 黄…　　Ⅱ. 张…　　Ⅲ. 黄河 – 河道整治 – 研究
Ⅳ. TV882. 1

中国版本图书馆 CIP 数据核字(2008)第 202910 号

出　版　社:黄河水利出版社
　　　　　地址:河南省郑州市金水路 11 号　　　邮政编码:450003
发行单位:黄河水利出版社
　　　　　发行部电话:0371 – 66026940　　　　传真:0371 – 66022620
　　　　　E-mail:hhslcbs@126. com
承印单位:河南省瑞光印务股份有限公司
开本:787 mm × 1 092 mm　1/16
印张:18. 5
字数:320 千字　　　　　　　　　　　　　印数:1—1 000
版次:2008 年 12 月第 1 版　　　　　　　印次:2008 年 12 月第 1 次印刷

定价:76. 00 元

序

　　黄河流域是中华民族的摇篮,她哺育了华夏民族,孕育了光辉灿烂的中华文明。黄河又是一条复杂难治的河流,从公元前602年到1938年,下游共决口1 590次,大的改道达26次之多,平均三年两决口,百年一改道,给沿黄两岸人民带来巨大灾难。这种局面在新中国成立以后得到改变,特别是随着三门峡水库等黄河干流大型水库的修建,黄河下游伏秋大汛岁岁安澜,并在灌溉、发电等方面也显示出巨大的效益,但大型水利枢纽的修建,改变了水库下游的来水来沙条件,也极大地改变了水库上下游的河道状况,带来许多新的问题。黄河第一坝——三门峡水库建成运用后,因库区淤积严重,而进行多次改建并改变运用方式,又因天然因素和引用水量的增加及上游龙羊峡水库和刘家峡水库的运用,引发了黄河宁蒙河道、小北干流和下游河道淤积加重、排洪能力降低等问题。

　　黄河干流大型水库的修建对水库上下游河道的影响早已引起各方面的广泛关注。三门峡水库修建初期,黄河水利委员会即成立黄河下游研究组,在钱宁等的带领下,对三门峡水库运用后黄河下游河床演变进行研究,提出了许多重要研究成果,为改建工程的决策提供了科学依据。进入20世纪70年代以后,黄河水利科学研究院泥沙所河床演变室的同志结合三门峡水库蓄清排浑及小浪底水库调水调沙运用对下游河道减淤作用等,做了大量分析工作,为三门峡水库及小浪底水库运用方式的确立提供了科学依据。这期间,一批青年人加入到科研队伍,如李勇、申冠卿、张晓华、尚红霞、郑艳爽等同志,他们勤奋工作,使黄河下游及干流其他河段河床演变研究工作得以延续、拓展。

　　近年来,黄河水利委员会党组提出了维持黄河健康生命的新理念,黄河干流河道,特别是修建水库后上下游河道演变研究的重要性也越发凸现,如何科学调度水库,提高河道输水输沙功能,成为维持黄河健康生命的重要研究内容。由张晓华、尚红霞等编著的《黄河干流大型水库修建后上下游再造床过程》是其中优秀的代表作。该书全面分析了黄河干流水库和河道的大量实测资料,系统总结、归纳黄河干流已建的多座大型水利枢纽投入运用以来不同时期的运行特点及其对水库上游库区、下游冲积性河道的重塑作用,内容丰富,通俗易懂,是一本具有实用参考价值的著作。

我相信,该书的出版,对于进一步地开展黄河干流河道河床演变等相关研究,对于更好地认识水利枢纽的作用与地位,对于科学选择水利枢纽的运用方式和建立合理的水沙调控体系,维持黄河健康生命,具有重要的科学价值及实用意义。在此,我对该书的出版表示衷心的祝贺,并希望有更多的专著出版。

潘贤娣

2008 年 10 月

前　言

　　黄河是中华民族的摇篮,人类利用黄河水资源的历史可追溯到 2 000 年前。新中国成立以后,在全国大江大河中,对黄河灾害的治理和水利水电资源的开发利用也较早。在各种开发治理措施中,大型水利枢纽在一定时期内见效最快、发挥作用最大,同时对河流系统的改变强度也最大。迄今为止,黄河上已建和在建的水电站近 20 座,这些水电站在减灾、发电和灌溉等方面取得了巨大的社会效益和经济效益,为社会发展做出了贡献。

　　但是这些效益是通过改变黄河天然水沙运行规律而获得的,在得益的同时影响到河流系统的正常维持。尤其对黄河来说,由于水沙不协调的来水来沙条件和地上悬河的边界条件,河道调整对人类活动的影响尤为敏感,所引起的问题也更为突出和广泛。三门峡水库建成运用后即因造成严重问题而多次改建;上游龙羊峡水库和刘家峡水库(简称龙刘水库)的联合运用对河道的影响在 20 世纪 90 年代以前并未引起重视,直至近期黄河各冲积性河道(包括宁蒙河道、小北干流和黄河下游河道)出现淤积加重、排洪能力降低等问题,危及到防洪、防凌的安全,龙刘水库联合运用对河道的影响又开始引起各方的关注。

　　基于对河流系统的全面认识,黄河水利委员会提出维持黄河健康生命的构想,尝试建立人类开发利用与黄河自身健康和谐共赢的局面。解决黄河的河道问题,改变水少沙多、水沙不协调的来水来沙条件是关键;建立水沙调控体系通过水库联合调度协调水沙过程是主要措施。因此,如何科学调度水库,塑造合适的水沙过程以达到理想的河道冲淤,是维持黄河健康生命的重要研究课题;而充分利用修建水利枢纽后的实测资料,系统开展研究,全面认识水利枢纽对黄河健康生命的影响,是探索科学水库调度的基础和必需,也是现阶段治黄战略研究的迫切需求。

　　作者基于回顾历史、展望未来的目的编写了此书,总结、归纳黄河干流已建的多座大型水利枢纽投入运用以来各运用时期的运行特点及其对水库上游库区、下游冲积性河道的重塑作用,希望为黄河水沙调控体系的建设提供科技支撑。

　　在本书的编写和出版过程中,得到许多同志的关心和帮助。第七届全国人大代表、著名治黄专家潘贤娣教授长期无私扶持我们这些年青治黄工作者，全程指导了本书的编写工作，提供了大量的宝贵资料，并拨冗作序；全国"五一"劳动奖章获得者、著名治黄专家赵业安教授始终关注着本书的出版，提出了许多重要的意见和建议；左卫广、王卫红、李小平、张敏、彭红、侯志军、罗立群、樊文玲、李萍、高际平、赵二玲、娄园园等也参加了本书或相关课题的部分工作，为本书的完成付出辛苦的劳动；黄河水利出版社岳德军副总编在本书的撰写过程中，也提出了许多宝贵的建议。在此，对他们表示衷心的感谢！

　　水库修建后上下游河道调整是一个非常复杂的过程，尤其对黄河这种水沙、河道条件都十分复杂的河流来说，更是有许多规律有待认识、许多机理有待探索。本书虽然系统阐述、总结了黄河干流大型水库修建后冲积性河道的调整过程和特点，鉴于问题的复杂性和作者的水平所限，仍有一些问题未能阐明或涉及，认识上难免偏颇或不当。作者抛砖引玉，目的是希望更多、更好的相关研究成果问世，也竭诚欢迎从事有关方面研究的领导、专家和广大读者批评指正！

作　者

2008 年 10 月

目　录

第1章 刘家峡水库

1.1 水库基本情况

1.1.1 水库概况

刘家峡水库是一座以发电为主,兼有防洪、灌溉、防凌、养殖等综合效益的大型水利水电枢纽工程,位于甘肃省永靖县境内的黄河干流上(见图1-1),上距黄河源头2 019 km,下距省会兰州市100 km,控制流域面积181 766 km²,占黄河全流域面积的1/4,是黄河流域规划中干流开发的第7个梯级电站。坝址在支流洮河汇入下游1.5 km的红柳沟沟口,位于刘家峡峡谷出口约2 km处。

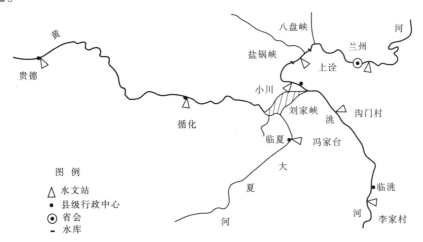

图1-1 刘家峡水库位置图

刘家峡水电站枢纽工程由河床混凝土整体重力坝(主坝)、左右岸混凝土副坝、右岸黄土副坝、左岸泄水道、右岸泄洪洞、排沙洞、岸边溢洪道、坝后厂房和地下厂房等建筑物组成。拦河坝全长840 m,其中主坝204 m,右岸副坝300 m,溢流堰48 m,黄土副坝236 m,左岸副坝51 m,属一级建筑物(见图1-2)。泄水建筑物泄流曲线见图1-3。

设计正常蓄水位1 735 m,极限死水位1 694 m,防洪标准按千年一遇洪水设计、万年一遇洪水校核,设计洪水位1 735 m,校核洪水位1 738 m。校核洪

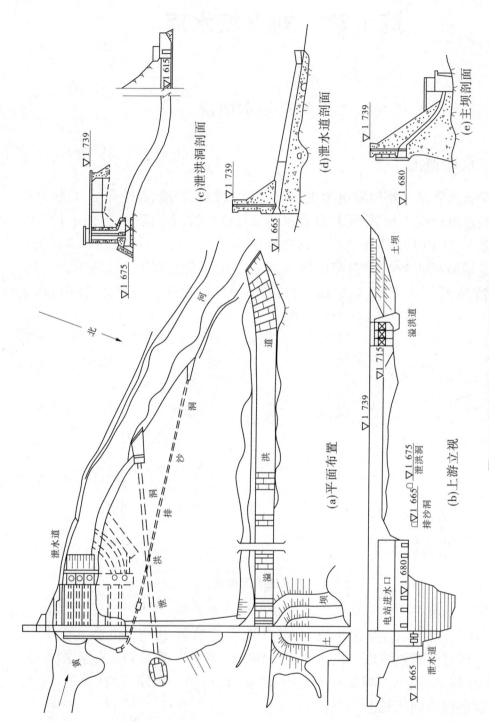

(c) 泄洪洞剖面

▽1 739

▽1 675

▽1 615

(d) 泄水道剖面

▽1 739

▽1 665

(e) 主坝剖面

▽1 739

▽1 680

(a) 平面布置

北

黄 河

泄水道

泄 洪 洞

排 沙 洞

溢 洪 道

土 坝

(b) 上游立视

电站进水口 ▽1 680

溢洪道

土坝

▽1 715

▽1 665 ▽1 675 泄洪洞

▽1 665 排沙洞

▽1 739

▽1 665 泄水道

图 1-2　刘家峡水电站枢纽布设图（单位：m）

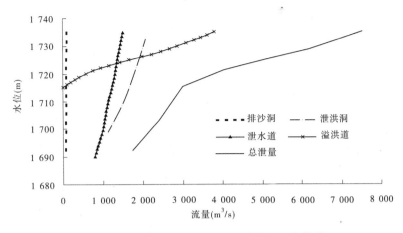

图 1-3　刘家峡水库泄水建筑物泄流曲线

水位以下总库容 64 亿 m³,设计洪水位以下总库容 57 亿 m³,兴利库容 41.5 亿 m³,为不完全调节水库(见表 1-1)。设计选用的水文系列为 1919～1963 年,后延长到 1972 年,多年平均流量为 866 m³/s,径流量为 273 亿 m³。经调节后,当库水位为 1 735 m 时,泄水建筑物可宣泄出千年一遇洪水流量 7 500 m³/s,当宣泄万年一遇校核洪水流量 9 220 m³/s 时,库水位可升到 1 738 m。

表 1-1　黄河刘家峡水库主要技术经济指标

指标	序号		名称	单位	数值	备注
水库技术指标	1	水库水位	校核洪水位($p=0.01\%$)	m	1 738.00	
			设计洪水位($p=0.1\%$)	m	1 735.00	
			设计正常蓄水位	m	1 735.00	
			汛期限制水位	m	1 726.00	
			极限死水位	m	1 694.00	
	2		正常蓄水位的水库面积	km²	140	
	3	水库容积	校核洪水位以下总库容(1 738.0 m 以下)	亿 m³	64	
			设计洪水位以下总库容(1 735.0 m 以下)	亿 m³	57	
			防洪库容(1 738.0～1 726.0 m)	亿 m³	14.7	
			兴利库容(1 735.0～1 694.0 m)	亿 m³	41.5	
			死库容(1 694.0 m 以下)	亿 m³	15.5	
	4		回水长度(1 735.0 m 以下)	km	66	洮河回长水度约 30 km 大夏河回水长度约 15 km
	5		水库系数(径流利用程度)	%	16	不完全调节

続表 1-1

	序号	名称	单位	数值	备注
水电站经济指标	1	发电效益			
		装机容量	万 kW	122.50	
		保证出力(95%)	万 kW	40.00	
		平均年发电量	亿 kWh	57.00	
		年利用小时数	h	4 650.00	
	2	防洪效益	m³/s	6 500	
	3	灌溉效益	万 hm²	105.33	
	4	航运效益	km	830	
	5	防凌效益	km	700	
	6	增加梯级发电效益			
	7	城市及工业用水			
	8	水库内养鱼效益	t	30	
	9	单位千瓦投资	元/kW	521	1980 年
	10	单位千瓦造价	元/kW	420	1980 年

坝址断面多年平均输沙量为 8 940 万 t,其中洮河占 2 740 万 t。输沙量往往集中在汛期时间很短的几次洪峰过程中。

电站安装五台水轮发电机组,总容量 1 225 MW,其中 1、2、4 号机组为 225 MW,3 号机组为 250 MW,5 号机组为 300 MW。竣工验收核定全厂出力为 1 160 MW,其中 3 号机组为 225 MW,5 号机组为 260 MW。保证出力 400 MW,多年平均发电量 57 亿 kWh。1968 年 10 月水库蓄水成功,1969 年 3 月 29 日第一台机组开始发电,1974 年年底最后一台机组安装完毕。近年来,对发电机组又进行了增容改造,2、4 号机组分别于 1994、1998 年增容为 255 MW,1999 年 3 号机组增容为 260 MW;1999 年底开始改造 5 号机组,2000 年完成后增容到 320 MW;1 号机组 2002 年初增容到 260 MW,现在全厂总机容量达到 1 350 MW。

水库主要由黄河干流、右岸支流洮河及大夏河 3 部分组成,洮河及大夏河分别在坝址上游 1.5 km 和 26 km 汇入。设计水库正常蓄水位 1 735 m 以下库容 57.0 亿 m³ 中,黄河干流占 94%,洮河占 2%,大夏河占 4%。库区水域呈西南—东北向延伸,长约 54 km,面积 130 多 km²(见图 1-4)。干流库区由刘家峡、永靖川地和寺沟峡组成;洮河库区由茅笼峡和唐汪川地组成;大夏河库区处在野孤峡以下河段。各库区的原始地形特征值见表 1-2。

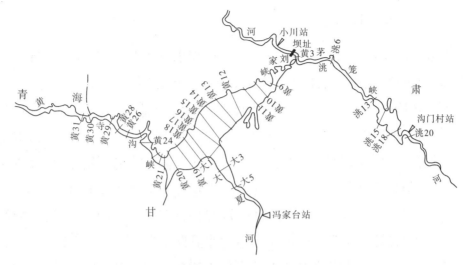

图1-4 刘家峡库区淤积测量断面布置

表1-2 刘家峡干支流库区地形特征值

项目	黄河干流			洮河	大夏河
	刘家峡	永靖川地	寺沟峡	茅笼峡	野孤峡以下
长度(km)	8.5	23.8	22.0	20.0	15
宽度(m)	100~200	3 000~6 000	100~200	100~200	400~500
坡度(‰)	2.0	1.4	3.4	2.5~10	4.5
断面编号	黄0—9	黄9—21	黄21以上	洮0—13	大1—9

刘家峡水库入库控制站为干流循化站(距坝址113 km)、支流洮河红旗站(距坝址28 km)和大夏河折桥站(距坝址48 km)之和(以下简称三站),出库控制站为小川站。小川下游至上诠站30 km间无大支流入汇,因此在小川没有观测资料前可用上诠站代替。

1.1.2 入库水沙条件

1950年11月~1968年10月,三站入库年平均水量为296.8亿 m^3,其中支流洮河和大夏河分别占18%和4%;三站年水量最大与最小比值为2,年内水量主要来自汛期,约占年水量的60%。三站入库年平均沙量为0.757亿 t,其中支流洮河和大夏河分别占40%和6%;沙量年际间变幅比较大,年最大与最小比值为5,年内沙量主要来自汛期,集中程度大于水量,占年沙量的80%左右。

1.1.3 水库运用情况

刘家峡水库于 1968 年 10 月 15 日开始蓄水,1969 年 11 月 5 日库水位至
1 735 m 开始正常运用。最高水位 1 735.5 m(1979 年 10 月 30 日),最低水位
1 693.39 m(1978 年 5 月 28 日)。水库为不完全年调节水库,根据水库实际
调度情况,将一年内运用情况分为两个阶段:①每年 11 月~次年 6 月为非汛
期。一般情况下泄水以满足下游灌溉和盐锅峡、青铜峡电厂用水,以及保证宁
蒙河道安全防凌需要,控制下泄流量到次年 6 月底泄到死水位 1 694 m 左右。
其中每年 11 月 1 日~次年 3 月 31 日为黄河防凌期,每年 4~6 月为春灌期。
②7~10 月为汛期。水库从 6 月底开始蓄水到防洪限制水位 1 726 m 左右,汛
末逐步抬高水位,10 月底蓄水到正常水位 1 735 m。运用以来 10 月末的最高
蓄水位都比较接近,为 1 733.6~1 735 m,但水库泄水降低水位的变幅比较
大,最低水位 1 693.39 m,1982 年以来有所增加,为 1 711.89 m,1983 年 10 月
末水位 1 719.7 m。汛期 9 月上旬以前的主要任务是保证其下游兰州的防洪
安全,7~8 月坝前水位控制在 1 720 m 左右,9 月 10 日前后蓄至防汛限制水位
1 726 m,如果来水流量不超过 1 500 m³/s,水库开始蓄水,10 月底水库蓄满。

在分析刘家峡水库调节径流情况时,以干流入库站循化的径流量加上支
流大夏河和洮河的径流量与出库站小川的径流量的差值计算水库的蓄泄量,
1968 年 11 月~1986 年 10 月,年平均汛期蓄水 27.8 亿 m³,非汛期泄水 26.7
亿 m³,年内水库水量基本平衡。但年际变化大,除 1969 年汛期外,汛期最大
蓄水量 44.17 亿 m³(1978 年),汛期最小蓄水量 6.33 亿 m³(1977 年);非汛期
最大泄水量 44.1 亿 m³(1973 年 11 月~1974 年 6 月),非汛期最小泄水量
12.4 亿 m³(1977 年 11 月~1978 年 6 月)。

1.2 水库运用对水沙条件的改变

1.2.1 入库水文泥沙特性

进入刘家峡水库的径流量和输沙量的控制站,有黄河干流的循化水文站、
支流大夏河的冯家台(折桥)水文站和洮河的红旗水文站。多年平均径流量
为 272.7 亿 m³,输沙量为 0.655 亿 t,水库入库径流量、输沙量见表 1-3。

表 1-3　刘家峡水库入库径流量、输沙量

河名	站名	径流量(亿 m³)			输沙量(亿 t)			统计年
		汛期	非汛期	全年	汛期	非汛期	全年	
黄河	循化	126.10	91.19	217.29	0.285	0.076	0.361	1979
洮河	红旗	26.82	19.50	46.32	0.221	0.042	0.263	1978
大夏河	冯家台	5.45	3.64	9.09	0.025	0.006	0.031	1978
合计		158.37	114.33	272.70	0.531	0.124	0.655	1978~1979

从表 1-3 中可以看出,汛期径流量占全年径流量的 58%~60%,输沙量占全年输沙量的 79%~84%。输沙量更集中在洪水期,甚至集中在一场洪水或一天之内。洮河红旗水文站,1959 年全年输沙量为 4 720 万 t,该年 8 月 21~25 日一场洪水的输沙量就高达 1 640 万 t,8 月 24 日一天的输沙量达到 1 340 万 t,占全年输沙量的 28.4%。洮河的沙峰频繁、丰沙年份的 7、8 月可出现 4~8 次沙峰。虽然洪峰流量不大,但它对刘家峡水电站的安全运行威胁极大,迫使刘家峡水电站停机泄空冲刷坝区淤积,以减少过机泥沙及过流部件的磨损。

刘家峡水库入库的径流量和输沙量来自干支流,其洪峰与沙峰不对应。洪水主要来自黄河干流,泥沙主要来自支流洮河。黄河来沙较粗,洮河来沙较细,入库(汛期)泥沙颗粒级配见表 1-4。

表 1-4　刘家峡水库入库(汛期)泥沙颗粒级配

河名	站名	小于某粒径的沙重百分数(%)							平均粒径(mm)
		0.01 mm	0.025 mm	0.05 mm	0.1 mm	0.25 mm	0.5 mm	1.0 mm	
黄河	循化	27.9	50.6	73.2	88.4	97.7	99.5	100	0.061
洮河	红旗	28.2	53.0	77.2	91.7	97.8	99.6	100	0.049

由于洮河泥沙颗粒较细,粒径 $d < 0.01$ mm 的沙重百分数为 28.2%,进入库区壅水范围以后,容易发生异重流,可利用异重流排沙,减少水库淤积。

1.2.2　对入库水沙条件的改变

1.2.2.1　改变天然径流过程,致使年内水量和沙量分配发生变化

刘家峡水库运用(1968 年 11 月~1986 年 10 月)以来,年平均入库水量为 288.2 亿 m³,较天然情况下(1950~1968 年)减少 8.6 亿 m³,其中洮河和大夏河分别减少 4.8 亿 m³ 和 2.3 亿 m³,但入库水量汛期占全年的比例变化不大。

由于水库为年调节,出库站小川年平均水量与天然情况下接近,但汛期水量占年水量的比例发生了变化,由61%下降至51%。

年平均入库沙量为0.726亿t,较天然情况下减少4%;由于水库拦沙,出库年平均沙量仅为0.157亿t,较天然情况下减少81%。汛期沙量占年沙量比例也发生了变化,由天然情况下的83%下降至60%。

1.2.2.2 洪峰流量大幅度削减,洪量有所减少

统计刘家峡水库对洪峰的削减情况。建库后入库洪峰流量超过4 000 m^3/s的有3次,而出库洪峰流量均小于4 000 m^3/s。1968~1986年的71次洪水,平均削减洪峰20%左右,主要发生在流量为1 500~2 500 m^3/s;平均削减洪峰20%左右,流量为2 000~3 000 m^3/s的洪水削减洪峰25%左右,大于3 000 m^3/s的洪水削减洪峰15%左右。

1.2.2.3 汛期出库流量趋于均匀,小流量持续时间延长

从汛期不同流量级入出库历时和水沙量变化情况看,刘家峡水库单库运用期间,出库流量小于1 000 m^3/s的流量级历时由27 d增加到51 d,而1 000~3 000 m^3/s的流量级历时由88 d减少到66 d。仅个别大水年份,水库汛初蓄水较多,汛期水库运用限制在一定水位,入库流量大时,出库流量亦较大。如1981年汛期流量级为4 500~5 000 m^3/s,入库历时为4 d而出库历时为9 d,而大于5 000 m^3/s的流量级,由入库历时7 d减少到出库历时2 d。

1.2.2.4 拦截部分泥沙

水库调节径流的同时也拦截了部分泥沙,因此库区逐年淤积。到1980年10月,年均拦沙0.58亿t,其中汛期拦沙0.47亿t左右,非汛期拦沙0.11亿t,总库容损失20%左右。1968年11月~1986年10月水库年平均排沙比为22%,其中汛期平均排沙比为17%。由于来沙量较大的洮河距大坝仅1.5 km,因此造成坝前泥沙淤积严重,从1972年开始每年进行异重流排沙,1972~1985年累计排沙量约1亿t,同时1981年、1984年和1985年汛期短时间降低水位冲刷库内泥沙,以改善发电引水条件。

至1985年10月,水库实测淤积泥沙9.91亿 m^3,占原始总库容的17.4%。其中,洮河库区淤积0.425亿 m^3,占其库容的32%;大夏河库区淤积0.306亿 m^3,占其库容的11%。泥沙主要淤积在高程172 m以下库容,全库区死库容淤积6.9亿 m^3,损失44.8%;有效库容淤积3.01亿 m^3,仅损失7.2%。干流淤积量占总淤积量的92.6%。

1.3　库区淤积发展

刘家峡库区淤积测量断面布置见图1-4,淤积最远点离坝址54 km,淤积末端处在寺沟峡峡谷内,受地形影响,淤积上延末端高程在最高蓄水位1 735.5 m以下。

刘家峡水库库容大,又控制了黄河上游1/3左右的来沙量,因此库区淤积较快,到2005年,水库淤积16.52亿m³,还有库容40.48亿m³。由图1-5可见,1986年前水库淤积较快,1968年11月~1986年10月水库淤积10.93亿m³,占到总淤积量的66%;1986年后淤积发展较慢,淤积5.59亿m³,占总淤积量的34%。刘家峡水库历年库容曲线见图1-6。

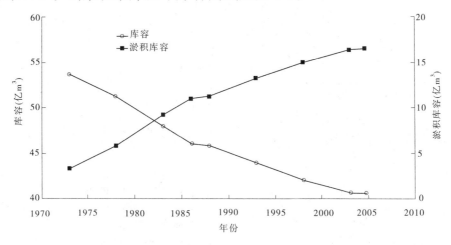

图1-5　刘家峡水库正常水位(1 735 m)下库容及淤积库容

刘家峡水库在黄河干流库区呈三角洲淤积形态,支流洮河和大夏河的库区为锥体淤积形态。在洮河河口附近的干流库段出现拦门沙坎淤积形态。干支流库区淤积纵剖面见图1-7。

受库区地形的影响,其淤积分布有别于其他水库,干流三角洲淤积的顶坡段在寺沟峡峡谷中,1985年以后,三角洲顶点已经达到黄淤20断面以下,顶点淤积面高程在1 710~1 715 m变动。三角洲前坡段已经推进到永靖川地,三角洲顶坡段淤积量占黄河库区总淤积量的6.1%,而三角洲的前坡段地处永靖川地,坡脚在黄淤15断面附近,其淤积量占黄河库区总淤积量的56%以上。黄淤14—10断面是异重流淤积,异重流淤积物来自干流和洮河异重流倒灌两部分,淤积量占33%。黄淤9—0断面是洮河来沙淤积的拦门沙坎,拦门沙坎淤积量占5%。

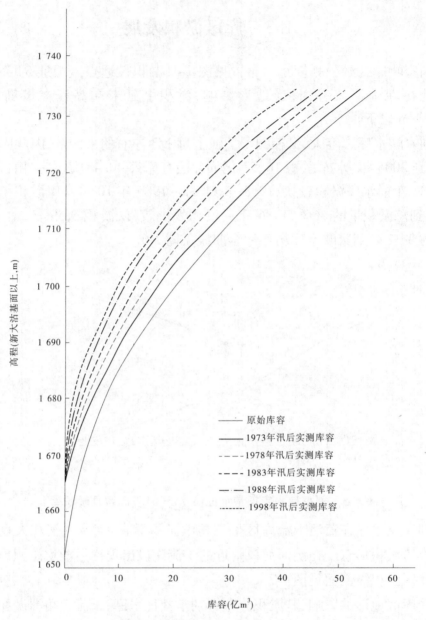

图 1-6 刘家峡水库历年库容曲线

顶坡段淤积物中值粒径 d_{50} 为 0.06 ~ 0.02 mm,干容重为 1.4 ~ 1.2 t/m³;前坡段淤积物中值粒径 d_{50} 为 0.02 ~ 0.01 mm,干容重为 1.0 t/m³;异重流淤积段的中值粒径 d_{50} 为 0.01 mm 左右,干容重为 0.9 t/m³。

顶坡段淤积比降为 3‰,前坡段比降为 40‰,异重流淤积比降受拦门沙坎影响,近似平行抬高。拦门沙坎的倒坡比降为 25‰,顺坡比降受泄流影响,高达 193‰。

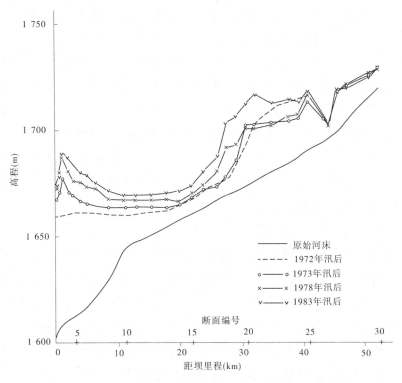

图 1-7　刘家峡库区淤积纵剖面图(最低库底)

刘家峡水库在运用年内,库水位变幅在 35 m 以上。历年最高水位为 1 735.5 m(1979 年 10 月 30 日),最低水位为 1 693.39 m(1978 年 5 月 28 日)。受水位变动作用,变动回水区达 15 km 左右。受库水位消落作用,三角洲顶坡段及其以上库段发生剧烈冲刷,最大冲刷深度为 7.0 m,冲刷宽度为 200～300 m。

1.4　水库运用对黄河下游河道冲淤演变的影响

刘家峡水库汛期蓄水使河口镇以上河段来水量减少,从而增加了中游地区粗沙来源区洪水的含沙量。禹门口—潼关河段虽然首当其冲,但该河段很短,比降又陡,只能淤积少部分泥沙,而且汛期多淤的泥沙还可在非汛期由于刘家峡水库增大泄水量而将一部分冲至潼关以下河段,淤在三门峡库区内,待来年汛期排往下游。因此,刘家峡水库汛期蓄水,使中游来水含沙量增高而对河道的不利影响,主要反映在黄河下游。

刘家峡水库调蓄洪水的作用,表现为下泄洪峰流量的削减和洪量的减少,这对下游的影响也不尽相同。

洪峰的削减减少了中、下游洪水漫滩的机会和程度,使原来可以淤在潼关以上河道滩地及潼关以下库区的一部分泥沙排向下游,增加了下游河道的负担。与此同时,下游洪水不漫滩或少漫滩的结果,也会加重主槽的淤积。但是,对于可能漫滩的洪水来说,洪峰流量都比较大,这时刘家峡水库削峰的影响不过使洪峰流量减少几百立方米每秒(实际上只是代替了三门峡水库的一部分滞洪削峰使用)。经粗略分析,由削峰增加的淤积不会很大。

河口镇以上河段的来水主要组成中、下游洪水的基流,因而刘家峡水库蓄水的作用更多地反映为洪量的减小。统计 1969~1985 年 17 年汛期黄河下游 169 次洪水与刘家峡水库调蓄遭遇情况可以看出,刘家峡水库有 11 次泄水增加中游洪水基流,占洪水总数的 6.5%,增加的水量一般占相应洪水来水量的 10%~20%,最多的一次增加洪水时段平均流量 458 m^3/s,占来水量的 31%(1968 年 8 月);影响不大的(指增减水量占黄河下游花园口水量的 10% 以下)有 69 次,占洪水总数的 40.8%;水库蓄水减少黄河下游洪水基流的有 89 次,占洪水总数的 53%,最多减少洪水时段平均流量 1 515 m^3/s(1984 年 8 月)。在刘家峡水库蓄水的 89 次洪水中,水库蓄水量占花园口洪峰水量 10%~30% 的有 62 次,30%~50% 的有 14 次,50%~100% 的有 12 次,超过 100% 的有 1 次。1969 年 10 月 10~31 日,刘家峡水库 22 天蓄水 20.2 亿 m^3,是花园口站实测水量 19.1 m^3 的 106%。从上面列举的数字中可知,刘家峡水库蓄水在一定程度上减少了黄河下游洪水期水量。

"水沙异源"是黄河来水来沙的主要特性之一。泥沙绝大部分来自河口镇—潼关区间,特别是河口镇—龙门区间的"粗泥沙来源区"。上游地区来水一般组成中游洪水的基流部分,由于来沙少,对中游洪水有稀释作用,而且中游区间洪水历时短、洪量小,上游来水可以大幅度降低水流的含沙浓度。

刘家峡水库汛期大量蓄水是黄河中游 1969 年以来高含沙量洪水出现几率增加的主要原因之一。表 1-5 为刘家峡水库调蓄洪水对龙门站含沙量较高的几次洪水的影响情况,可以看出刘家峡水库调蓄使龙门站的洪水平均含沙量大大增加,一般要增加 50%~80%。

1969~1985 年汛期刘家峡水库总蓄水量为 516 亿 m^3,占汛期黄河下游总来水量 3 880 亿 m^3 的 13.3%。水库 89 次洪水总蓄水量为 460.8 亿 m^3,占刘家峡水库汛期总蓄水量的 89.4%,因此刘家峡水库蓄水对黄河下游河道淤积的影响主要反映在这 89 次洪水时段。由表 1-6 可见,89 次洪水的来水量占汛期总来水量的 46.5%,来沙量占汛期总来沙量的 47.9%,河道冲淤量占汛期总冲淤量的 56.2%。在这 89 次洪水中,由于来水来沙情况不同,下游河道的冲淤情况截然不同,刘家峡水库蓄水带来的影响也不一样。按黄河下游洪水来水平均含沙量大小分级讨论刘家峡水库蓄水对下游河道冲淤的影响。

表1-5　刘家峡水库调蓄洪水对龙门站水、沙的影响

刘家峡调蓄洪水			相应时段内龙门站					百分比(%)		刘家峡蓄水占中游来水的百分比(%)	
时段(年-月-日)	天数	水量(亿m³)	水量(亿m³)		沙量(亿t)	含沙量(kg/m³)		W/W_1	S/S_1	河口镇	龙门
			调蓄后W	不调蓄W_1		调蓄后S	不调蓄S_1				
1969-07-15~20	6	1.10	10.07	11.17	3.57	354.5	319.6	90.1	111	50.7	11.5
1970-06-15~20	6	1.51	2.87	4.38	0.45	156.8	102.7	65.5	153	157	52.6
1970-07-26~08-02	8	4.31	9.14	13.45	3.41	373.1	253.5	67.9	147	302	47.2
1971-08-19~22	4	1.10	2.47	3.57	0.47	190.3	131.7	69.2	145	150	44.5
1977-08-08~12	5	1.33	7.26	8.59	0.99	136.4	115.2	84.6	118	67.1	18.3
1978-07-14~18	5	1.78	5.87	7.65	1.35	230.0	176.5	76.7	130	141	30.3
1978-08-13~18	6	5.52	7.34	12.86	0.84	114.4	65.3	57.0	175	127	75.2
1979-07-06~13	8	7.27	4.18	11.45	0.84	201.0	73.4	30.5	274	751	173.9
1980-06-15~19	5	1.32	1.37	2.69	0.29	211.7	107.8	50.9	196	502	96.4
1981-07-14~18	5	5.21	8.78	14.00	0.60	68.3	43.9	62.8	159	86.7	59.3
1982-07-26~08-04	10	3.92	16.22	20.1	0.69	42.5	34.3	80.7	124	31.9	23.9
1984-06-28~07-04	7	9.56	9.74	19.28	0.17	17.5	8.8	50.5	198	113.9	97.9

表1-6　刘家峡水库蓄水与黄河下游不同含沙量级洪水遭遇情况

项目	洪水期含沙量(kg/m³)					汛期总量	89次洪水占汛期(%)
	<20	20~50	50~100	>100	合计		
洪水次数	25	32	22	10	89		
来水量(亿m³)	490	811	331	173	1 805	3 880	46.5
来沙量(亿t)	7.1	24.9	22.8	38.1	92.9	193.9	47.9
水库蓄水量(亿m³)	112	222.6	89.7	36.5	460.8	516	89.4
河道冲淤量(亿t)	−2.41	0.53	8.28	22.8	29.2	51.9	56.2
水库蓄水量占洪水来水量(%)	22.9	27.4	27.1	21.1	25.5		

如表1-6所示,含沙量小于20 kg/m³的低含沙量洪水共25次,洪峰期间刘家峡蓄水量112亿m³,占洪水总来水量的22.9%,这类洪水大都发生在9月、10月间,主要来自河口镇以上少沙来源区。由于来水含沙量低,虽然刘

家水库蓄水降低了洪水的输沙能力,但下游河道仍发生冲刷。如刘家峡水库不蓄水,则一方面由于洪水流量的增大,使下游河道冲刷量也有所增加,估计这类洪水单位水量的冲刷量略大于刘家峡水库蓄水后这些洪水实测单位水量的冲刷量,据此推算,下游河道增加的冲刷量略大于0.55亿t。含沙量为20～50 kg/m³的洪水共32次,这类洪水也大部分发生在9月、10月,洪水的来水量占89次洪水来水量的44.9%,刘家峡水库蓄水量占洪水来水量的27.4%。由于水多沙少,下游河道在刘家峡水库蓄水量占洪水来水量27.4%的情况下淤积量也很少。另一方面,如刘家峡水库不蓄水,则下游河道由于来水量增多而来沙量递增不多的情况下,将使下游发生冲刷。由图1-8可以查出,该级含沙量黄河下游河道的输沙用水量约50 m³/t,增加222.6亿m³水量,可多排沙

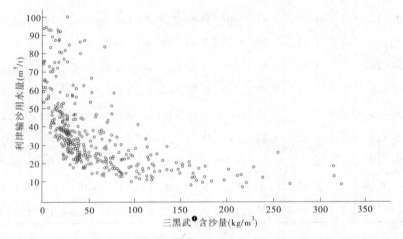

图1-8　黄河下游洪峰期来水含沙量与利津输沙用水量关系

4.4亿t,但总的来沙量也略有增加,两者相抵,下游河道可能多冲刷2.2亿t。含沙量50～100 kg/m³的洪峰共有22次,其洪水来水量、来沙量和淤积量分别占89次洪水的18.3%、24.5%、28.4%。刘家峡水库蓄水89.7亿m³,占洪水来水量的27.1%,而占89次洪水期刘家峡水库总蓄水量的19.5%。这类洪水大多数出现在7、8月,由于来水含沙量大,下游河道淤积较多。若刘家峡水库不蓄水,由下游河道可能多排沙3.6亿t,由于禹门口—三门峡大坝间减少的淤积量有限,所以下游增加的排沙量接近减少的淤积量,估计可减少下游淤积2亿～3亿t。含沙量大于100 kg/m³的高含沙量洪峰共发生10次,其来水量、来沙量分别占89次洪水的9.6%、41%,但淤积量的比重高达78.1%,可见这类洪水下游河道淤积十分严重。洪峰期间刘家峡水库蓄水量36.5亿

---

❶三黑武指三门峡、黑石关、武陟,下同。

m³,占 89 次洪水总蓄水量的 7.9%,而占 10 次高含沙量洪水总量的 21%。高含沙量洪水时黄河下游河道的输沙用水量小(见图 1-8),因而刘家峡水库蓄水量虽不算大,但对下游河道排沙的影响还是很大的,据推算约减少下游排沙量 2.1 亿 t。高含沙量洪水时三门峡以上河段的河道冲淤情况十分复杂,有时发生严重淤积,有时河床揭底发生强烈冲刷,因此刘家峡水库不蓄水增加来水不一定明显减少该段河道泥沙淤积,但却可减少黄河下游河道淤积 1.5 亿 ~ 2.0 亿 t。综合以上 4 级含沙量的 89 次洪水,刘家峡水库蓄水量 460.8 亿 m³,占洪水来水量的 25.5%,粗估可能增加下游河道泥沙淤积 6.1 亿 ~ 7.6 亿 t。

从以上分析讨论中可看出,刘家峡水库蓄水过程中遭遇黄河下游不同来水含沙量的洪水,对下游河道冲淤的影响是不相同的。下游河道输沙用水量与来水含沙量关系密切,含沙量大,用水量小,含沙量小,用水量大。相应于 4 级含沙量即小于 20 kg/m³、20 ~ 50 kg/m³、50 ~ 100 kg/m³、大于 100 kg/m³,其用水量分别为 80 ~ 50 m³/t、50 ~ 30 m³/t、30 ~ 15 m³/t 和 15 m³/t,换句话说,水库蓄水每增加 1 亿 m³ 水量增加下游河道淤积量或减少冲刷量 0.012 亿 ~ 0.02 亿 t、0.02 亿 ~ 0.033 亿 t、0.003 3 亿 ~ 0.066 亿 t 和 0.066 亿 t,可见同样的水库蓄水量,遭遇黄河下游洪水的含沙量愈高,对下游河道淤积的影响愈大。黄河下游含沙量大的洪水一般都发生在 7 月下旬 ~ 8 月上旬,表 1-7 为 10 次高含沙量洪水与刘家峡水库蓄水情况,此时上游水库蓄水所造成的影响,要比 9 月、10 月间低含沙量洪水时大得多,这反映了黄河下游的来水来沙特性及河道输沙特性。由此看出,两库蓄水不仅要看总水量,更主要的是看与含沙量洪水的遭遇,同样蓄水量在高含沙量洪水时影响较大,低含沙量洪水时影响就小些。

非汛期刘家峡水库增泄流量,使三门峡水库下泄的清水流量加大,有助于黄河下游河道冲刷,但由于流量小,冲刷不能遍及黄河下游,形成上游河段多冲、下游河段多淤,冲刷大于淤积、部分泥沙搬家的局面。根据多年实测资料统计,非汛期黄河下游河道的输沙耗水率 80 ~ 120 m³/t,刘家峡水库 1969 ~ 1986 年平均每年非汛期泄水 27.4 亿 m³,黄河下游多冲刷约 0.3 亿 t。

艾山—利津河段处于下游的下段,艾山—利津河段的冲淤变化不仅取决于流域的水沙条件,还与上段河床调整有关,具有"大水冲,小水淤"的特性。在清水下泄条件下,当流量大于 2 500 m³/s 时,河道一般发生冲刷,小于此流量发生淤积,但流量以 1 000 ~ 2 000 m³/s 淤积较大,但绝对量较小。因此,汛期小水期及非汛期造成主槽淤积危害最大。以上分析表明,从宏观上考虑,汛期蓄水必然增加河道的淤积,增加量的大小与蓄水过程及下游洪水来水来沙条件有关;非汛期水库泄水,增大流量,有助于河道的冲刷,但由于流量较小,冲刷不能遍及全下游,形成上段冲、下段淤。因此,对艾山以上河段,汛期多淤、非汛期多冲,年内的变化较小,对于艾山—利津河段,汛期、非汛期均为多淤,影响较大。

表1-7　10次高含沙量洪水与刘家峡水库蓄水遭遇情况

花园口时段 (年-月-日)	洪水期		刘家峡水库 蓄水量 (亿 m³)	蓄水量占 来水量 (%)	下游河道 冲淤量 (亿 t)
	来水量 (亿 m³)	来沙量 (亿 t)			
1969-07-23 ~ 08-06	22.5	4.73	5.36	23.8	3.42
1970-08-05 ~ 18	24.2	8.3	5.96	24.6	5.68
1971-07-26 ~ 31	9.9	2.47	1.20	12.1	2.00
1972-07-02 ~ 30	14.9	1.82	3.05	20.5	1.17
1973-08-28 ~ 09-07	33.6	7.35	4.98	14.8	3.01
1975-07-27 ~ 30	12.2	1.61	2.50	20.5	0.90
1977-07-07 ~ 14	30.2	7.77	3.72	12.3	4.31
1978-07-29 ~ 08-02	11.2	1.24	1.58	14.1	0.23
1978-07-26 ~ 08-05	14.3	2.03	7.24	50.6	1.5
1980-08-06 ~ 10	6.1	0.75	0.94	15.4	0.57
共计	179.1	38.07	36.53	20.4	22.79

为定量分析刘家峡水库调节径流对黄河下游河道冲淤演变的影响,对实测资料进行了还原对比计算,计算采用黄河下游水文学模型,经验算该模型能够较好地反映黄河下游河道的冲淤规律,计算时段汛期逐日进行,非汛期按月计算,计算时考虑了刘家峡水库—黄河下游河段的传播时间及禹门口—三门峡河段泥沙的冲淤调整,黄河下游的引水按实际情况考虑。计算主要成果列入表1-8,可以看出,由于刘家峡水库的调节径流情况,黄河上、中、下游来沙条件及黄河下游河道的冲淤状况各年不同,刘家峡水库蓄水与中下游洪水的遭遇组合十分复杂,刘家峡水库对下游河道的影响各年之间的差异很大。汛期刘家峡蓄水减少了下游来水量,使下游河道淤积量增加,1968 年 11 月 ~ 1986 年 10 月平均每年刘家峡水库蓄水 29.2 亿 m³,使下游河道淤积增加 0.59 亿 t(其中艾山以上河段 0.53 亿 t,艾山—利津河段淤积 0.06 亿 t),占同时期黄河下游河道淤积量 2.97 亿 t 的 20%。1968 年 11 月 ~ 1974 年 6 月黄河下游水少沙多,河道淤积严重,刘家峡水库汛期年均蓄水 31.9 亿 m³,增加下游河道淤

积0.71亿t(其中艾山以上河段淤积0.57亿t,艾山—利津河段淤积0.14亿
t),占同时期黄河下游河道淤积量4.98亿t的14.3%;1974年7月~1986年
10月黄河下游为平水少沙系列,河道淤积量较少,刘家峡水库平均每年蓄水
28.2亿m³,增加下游河道淤积0.55亿t(其中艾山以上河段淤积0.52亿t,艾
山—利津河段淤积0.03亿t),占同时期黄河下游河道淤积量2.20亿t的
25%。汛期各年刘家峡水库蓄水如与黄河下游沙峰相遭遇,则河道淤积量剧
增,如1970年、1973年、1977年因水库蓄水增加的淤积量都在1亿t以上;如
遇少沙年份如1972年、1974年、1982年、1983年及1984年,刘家峡水库蓄水
量较少时,则对下游河道淤积的影响轻微。

表1-8　刘家峡水库调蓄运用对下游河道的影响

项目			时段(年-月)		
			1968-11 ~ 1974-06	1974-07 ~ 1986-10	1968-11 ~ 1986-10
三黑武水沙量	年均水量 (亿m³)	汛期	160	247	223
		非汛期	176	188	184
		全年	336	435	407
	年均沙量 (亿t)	汛期	12.6	10.4	11.0
		非汛期	2.36	0.22	0.93
		全年	14.96	10.62	11.93
刘家峡水库	年均蓄(+) 泄(-) 水量(亿m³)	汛期	31.9	28.2	29.2
		非汛期	-25.0	-28.6	-27.4
下游河道增(+)减(-)淤量(亿t)	全下游	汛期	+0.71	+0.55	+0.59
		非汛期	-0.14	-0.32	-0.25
		全年	+0.57	+0.23	+0.34
	艾山—利津	汛期	+0.14	+0.03	+0.06
		非汛期	+0.17	+0.12	+0.14
		全年	+0.31	+0.15	+0.20

　　非汛期刘家峡水库增泄水量对冲刷黄河下游河道有好处。三门峡水库蓄
清排浑运用,下泄水流含沙量低,黄河下游发生冲刷,刘家峡水库泄水后使中
下游河道来水流量增大,沿程河道冲刷补给一部分泥沙都淤在潼关以下三门
峡库区,所以对黄河下游而言,只是增加了低含沙水流的流量,并不增加来沙
量,从而增大冲刷量。据统计,1968~1985年18年平均每年非汛期刘家峡水

库泄水 27 亿 m³，下游河道多冲刷 0.25 亿 t。如前所述，由于非汛期进入下游的流量一般很小，冲刷多限于夹河滩、高村以上河段，高村以下尤其艾山以下河段发生淤积，刘家峡水库非汛期增加黄河下游流量后，不足以达到使艾山以下河段发生冲刷的流量 2 500 m³/s，相反却因流量加大，使上游河段增加的冲刷量进入艾山，从而加重了艾山以下河段的泥沙淤积。结果刘家峡水库非汛期增加下泄流量反而对艾山以下河段不利，平均每年非汛期要增加河道淤积量 0.14 亿 t。

综合刘家峡水库汛期蓄水加重下游河道淤积、非汛期泄水增大下游河道冲刷两方面的影响，就整个运用期而言，刘家峡水库对黄河下游河道的泥沙淤积的影响相对较小，据计算，1968 年 11 月～1986 年 10 月，刘家峡水库以目前的调节运用方式调节径流，每年平均使黄河下游河道的泥沙淤积量增加约 0.34 亿 t，占同时期下游河道平均淤积量 2.4 亿 t 的 14%，其中艾山以上河段河道淤积增加约 0.14 亿 t，艾山—利津河段河道淤积量增加约 0.20 亿 t。1968 年 11 月～1974 年 6 月黄河下游来沙多，刘家峡水库对下游河道淤积的影响也大，平均每年增加下游河道淤积量 0.57 亿 t（其中艾山以上河段河道多淤 0.26 亿 t，艾山—利津河段河道多淤 0.31 亿 t）。1974 年 7 月～1986 年 10 月，黄河下游来水较多，来沙较少，河道淤积量偏少，刘家峡水库蓄水运用所带来的影响也较小，平均每年增加黄河下游河道泥沙淤积 0.23 亿 t（其中艾山以上河段河道 0.08 亿 t，艾山—利津河段河道 0.15 亿 t）。

刘家峡水库汛期蓄水减小黄河下游来水流量，非汛期泄水增大黄河下游来水流量，而艾山以下河道具有"大水冲，小水淤"的冲淤特性，因而汛期减少了河道的冲刷，非汛期因流量不足以使这段河道发生冲刷，刘家峡水库增加来水流量反而加大该河道的淤积。据分析，艾山—利津河段多年平均每年淤积泥沙约 0.4 亿 t，刘家峡水库调节径流使该段平均每年增加淤积 0.2 亿 t，占 50% 左右，所以刘家峡水库对黄河下游河道的影响主要反映在艾山—利津河段淤积较为严重。

第2章 龙羊峡水库

2.1 水库基本情况

2.1.1 水库概况

龙羊峡水库是黄河干流梯级开发之首,处于"龙头"地位。坝址位于青海省共和县与贵南县交界的龙羊峡峡谷进口约 2 km 处,上距黄河源头 1 686 km,距省会西宁市 147 km(见图 2-1、图 2-2)。

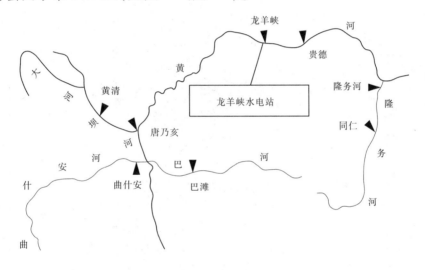

图 2-1 龙羊峡工程位置图

龙羊峡坝址以上控制流域面积 131 420 km²,占黄河全流域面积的 17.5%,坝址多年平均流量 650 m³/s,年径流量 205 亿 m³,实测最大洪峰流量 5 430 m³/s,设计千年一遇洪峰流量 7 040 m³/s,校核可能最大洪峰流量 10 500 m³/s,多年平均输沙量 2 490 万 t。

龙羊峡水库正常蓄水位 2 600 m,相应库容 247 亿 m³;校核洪水位 2 605 m,相应库容 276.3 亿 m³;极限死水位 2 530 m,死库容 53.4 亿 m³;调节库容 193.6 亿 m³,具有多年调节性能(见表 2-1)。水库库容、面积曲线见图 2-3。

龙羊峡水库为大(Ⅰ)型工程,枢纽由挡水建筑物(主坝、两岸重力墩及副坝)、泄水建筑物、电站引水建筑物以及水电站主、副厂房等组成。挡水建筑物前沿总长度 1 226 m,其中主坝为混凝土重力拱坝,坝顶长 396 m,坝顶高程

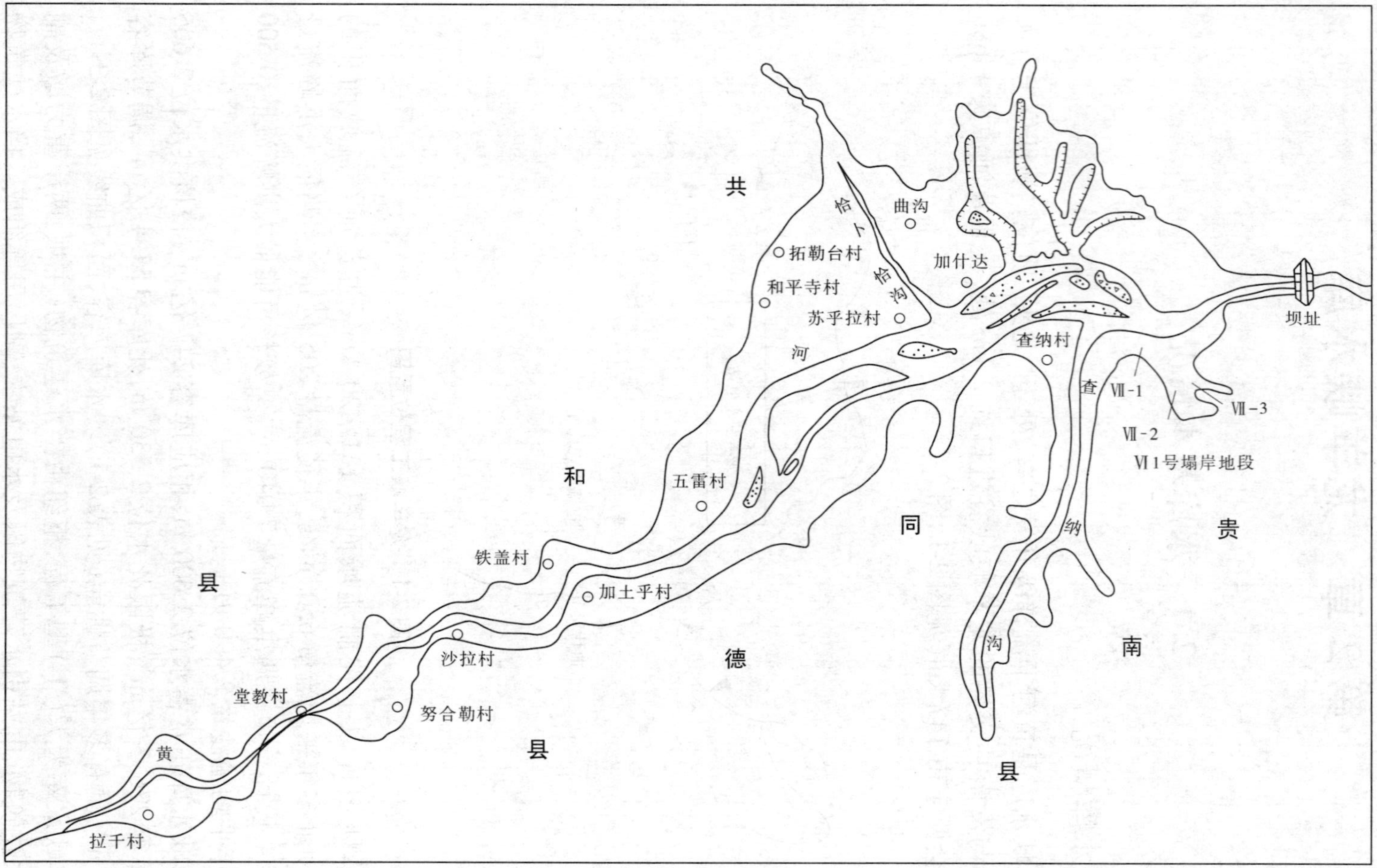

图 2-2 龙羊峡水库库区平面图

2 610 m,最低建基高程 2 430 m,最大坝高 178 m,最大底宽 80 m(见图 2-4)。

表 2-1　黄河龙羊峡水库主要技术经济指标表

指标	序号	名称		单位	数值	备注
水库技术指标	1	水库水位	校核洪水位(最大可能)	m	2 605.00	
			设计洪水位($p=0.1\%$)	m	2 599.50	
			正常蓄水位	m	2 600.00	
			防洪限制水位	m	2 594.00	
			年消落标高	m	2 590.00	
			极限死水位	m	2 530.00	
	2	正常蓄水位的水库面积		km²	383	
	3	水库容积	总库容(2 605.0 m 以下)	亿 m³	268	
			防洪库容	亿 m³	45	
			调节库容	亿 m³	193.6	
			死库容	亿 m³	53.4	
	4	回水长度		km	106	
	5	水库系数(径流利用程度)		%	94	多年调节
水电站经济指标	1	总投资		亿元	17.690 0	
		永久工程		亿元	9.090 3	
		临时工程		亿元	2.523 0	
		其他工程		亿元	4.320 2	
		水库费		亿元	0.961 1	
		其他费用		亿元	0.795 4	
	2	总造价		亿元	15.178 3	
	3	单位千瓦投资		元/kW	1 382	
	4	单位千瓦造价		元/kW	1 186	

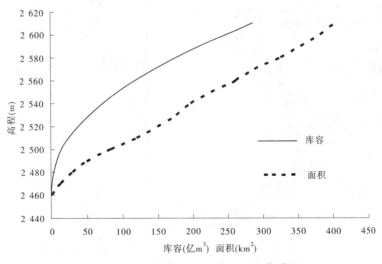

图 2-3　龙羊峡水库库容、面积曲线图

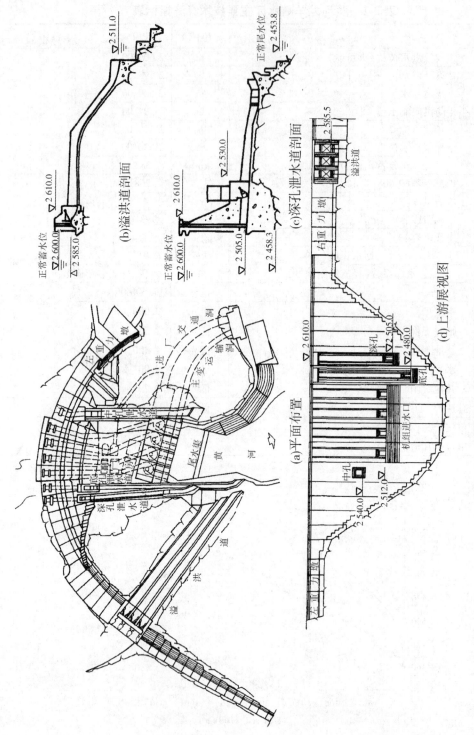

正常蓄水位
▽2 610.0
△2 585.0
▽2 600.0
▽2 511.0

(b)溢洪道剖面

正常蓄水位
▽2 610.0
▽2 600.0
△2 585.0
▽2 530.0
▽2 505.0
▽2 458.3

正常尾水位
▽2 453.8

(c)深孔泄水道剖面

右重力墩
▽2 585.5
溢洪道

▽2 610.0
深孔 ▽2 505.0
▽2 480.0
底孔

机组进水口

中孔
▽2 540.0
2 512.0

左重力墩

(d)上游展视图

▽2 610.0
左重力墩
中控制楼
引水隧道
底孔泄水道
深孔泄水道
尾水集
黄
河
溢
洪
道

交通洞
进厂
主变运输洞

(a)平面布置

图2-4 龙羊峡水库工程示意图(单位:m)

泄洪建筑物分表孔、中孔、深孔、底孔四层布置。泄流曲线见图2-5。

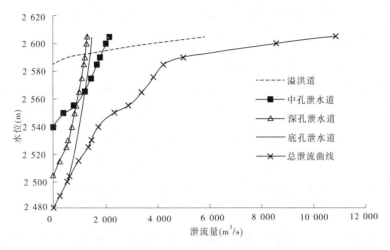

图 2-5　龙羊峡水库泄流建筑物泄流曲线

水电站厂房为坝后封闭式,装机容量为128万kW,设计年发电量59.8亿kWh。装有4台单机容量为320 MW的水轮发电机组,设计水头122 m,单机引用流量298 m³/s。水电站以330 kV输电线路联入西北电力系统,出线6回,其中送青海花园2回,大通铝厂2回,海石湾1回,格尔木1回。

本工程由西北勘测设计研究院设计,中国水利水电第四工程局施工。1977年12月开挖导流洞,1979年12月截流,1980年6月开始浇筑大坝,1986年10月下闸蓄水,1987年1、2号机组发电,1988年7月3号机投产,1978年6月4台机组全部安装完毕。

龙羊峡水库以发电为主,并配合刘家峡水库担负下游河段的防洪、灌溉和防凌任务,具有巨大的综合效益。

2.1.2　两库联合运用情况

龙羊峡水库和刘家峡水库联合运用的基本原则是:联合调度,补偿调节。具体是刘家峡水库主要根据综合用水的要求安排年内大部分时期的运行;龙羊峡水库在保持年际出库水量基本稳定的前提下,在年内随着刘家峡水库运行的变化进行补偿调节。对电网讲,在这种运行方式下,龙羊峡水电站更适合调峰,而刘家峡水电站由于综合用水的限制调峰能力受到较多影响。因此,龙羊峡水库主要承担对天然径流的调节,刘家峡水库则最终完成对年内用水过程的调控。

宁蒙河道两岸每年4~11月都有农业灌溉用水要求,其中春灌和冬灌期间要求流量大,需要水库给予补充。刘家峡水库1969年蓄水运行后,每年水库预留 8 亿~12 亿 m³ 水量为宁蒙春灌补水,致使兰州站 5 月平均流量由建库前的 641 m³/s 增加到 994 m³/s,特别是 5 月中旬用水高峰期间,其流量由 667 m³/s 提高到 1 090 m³/s,充分满足了灌溉用水要求,使灌溉用水保证率由天然条件下的 65% 几乎提高到 100%。

刘家峡水库承担了兰州的防洪任务,将兰州百年一遇洪峰 8 080 m³/s 削减到 6 500 m³/s,并相应削减宁蒙河段的洪水灾害。1981 年 9 月黄河上游出现有实测资料以来最大洪水,兰州站天然最大洪峰流量 7 090 m³/s,由于龙羊峡施工围堰和刘家峡水库的调蓄,兰州实测最大洪峰流量仅 5 600 m³/s,削峰率为 21%,并推迟最大洪峰出现时间 5~6 d,为下游防洪赢得时间。刘家峡水库运用以来,兰州天然流量超过 4 000 m³/s 的洪水有 8 次,经过水库削峰调节,除 1981 年特大洪水外,其余均控制在 4 000 m³/s 以内,确保了兰州市及其下游的防洪安全。特别是 1989 年遇到历史上的特丰水年,洪峰发生早(6 月份),历时长(龙羊峡入库流量超过 2 000 m³/s 的天数达 57 d,较 1981 年特大洪水时还多 16 d),最大洪峰流量 4 840 m³/s,经过龙羊峡水库和刘家峡水库的联合调节,拦蓄了大部分洪水,兰州最大洪峰流量仅 3 560 m³/s,大大减轻了下游洪水灾害。

2.1.3 运用特点

龙羊峡水库自 1986 年 10 月 15 日关闸蓄水,其运用大致可分为两个阶段,1986 年 10 月~1989 年 11 月为初期蓄水运用阶段,1989 年 11 月后为正常运用阶段。刘家峡水库主要配合龙羊峡水库进行调节运用,但其运用情况有所改变。

龙羊峡水库初期蓄水阶段,水库库水位处于持续上升状态,非汛期略有下降。蓄水后库水位由 2 462.65 m 持续上升至 2 514.42 m;其后 1987 年 2 月 15 日~4 月为刘家峡水库补水开闸泄流,库水位降至 2 495.2 m;然后再次蓄水至 1988 年 11 月底水位为 2 540.6 m;1988 年 11 月~次年 5 月水位略有下降;6~11 月蓄水抬高水位。至 1989 年 11 月底,水位达 2 575 m,达到初期蓄水的要求,抬高水位 110 m 左右。刘家峡水库为配合龙羊峡水库初期蓄水,水库水位从龙羊峡水库蓄水开始,较长时间维持较低水位,至 1987 年 5 月底,水位最低为 1 702.8 m。

龙羊峡水库转入正常运用后,主要是汛期蓄水库水位上升,非汛期泄水库水位下降。但 1989 年 10 月~1992 年 5 月,受 1990 年 4 月地震引起的水库大流量集中放水和 1991 年来水偏枯情况下的影响,泄水偏多,水位基本处于下降阶段,1992 年 5 月库水位最低达 2 533.1 m,下降约 42 m。1993 年在来水接近正常的情况下,水库采取限电措施增加蓄水,水位大幅度回升,最高水位达到 2 577.59 m,超过了来水特丰的 1989 年水位。1994 年以后,来水持续偏枯,水库为了发电和支援下游地区抗旱等原因,水库水位急剧下降,1995 ~ 1996 年供水期间,在半年长的时间内水库水位均徘徊在死水位附近,1996 年 3 月底库水位降至 2 534.4 m,发电运行安全受到威胁,水库采取超大幅度限电措施,按保证下游城市及工农业用水的最小流量运行,1997 年开始按综合用水最小水平来运行,尽量维护水库的正常运行状态。1999 年来水偏丰,水库大量蓄水,汛末库水位达到历史最高水位 2 581.08 m。其后来水特枯,水库水位持续下降,至 2003 年 5 月 12 日仅 2 530.38 m,已接近死水位。2003 年秋季开始来水转丰,库水位回升,2005 年汛末达到历史最高水位 2 597.62 m,水库运行近 20 年后首次蓄满。刘家峡水库运用大部分时间库水位维持在 1 720 ~ 1 730 m,只是 1991 年 5 月 ~ 1992 年 7 月库水位较低,在 1 720 m 水位以下,1992 年 5 月底库水位仅 1 710.3 m。

2.1.4 调蓄特点

龙羊峡水库初期蓄水阶段,仅非汛期有少量泄水,至 1989 年 11 月底共蓄水 160.3 亿 m³。主要有 4 次蓄水:1986 年 10 月 ~ 1987 年 1 月蓄水 27.3 亿 m³,1987 年 5 ~ 11 月蓄水 63.3 亿 m³,1988 年 5 ~ 10 月蓄水 34.9 亿 m³,1989 年 5 ~ 11 月蓄水 104.8 亿 m³,分别占总蓄水量的 17%、39%、22% 和 65%,蓄水最多的是 1989 年。刘家峡水库主要在年内调节水量,整个时期根据龙羊峡水库蓄水情况蓄水和泄水。

龙羊峡水库正常运用后,1989 年 11 月底 ~ 1992 年 5 月底水库泄水较多,达 104.8 亿 m³;随后到 1993 年 10 底蓄水量增加到 167 亿 m³;1993 年 11 月 ~ 1997 年 3 月,水库基本处于泄水状态;1997 年 4 月开始大量蓄水,到 1999 年 11 月底蓄水量为 178 亿 m³;而后又转入泄水状态,到 2002 年 5 月蓄水量仅 44.36 亿 m³,为运用以来最小值;其后经 2003 ~ 2005 年大量蓄水,2005 年 11 月底蓄水量达到 237 亿 m³,为运用以来最大值。刘家峡水库蓄水量没有太大变化,自 1986 年 10 月 ~ 2005 年 11 月底泄水 6 亿 m³;自 1968 年 10 月运用以来至 2005 年 11 月底共蓄水 28.1 亿 m³。

2.2　两库调蓄对水沙条件的改变

2.2.1　改变天然径流量过程,水库下游水沙量年内分配重新发生变化

龙羊峡水库和刘家峡水库的调蓄作用导致水库下游水量年内分配发生根本性变化。龙羊峡入库站唐乃亥建库前后汛期水量占全年的比例均在60%左右,而出库站贵德汛期水量占全年的比例由建库前的60%下降至37%。刘家峡水库出库站小川汛期水量占年水量的百分比,由单库运用时期(1969～1986年)的51%下降为1987～2005年的38%,如果将两库蓄水量简单还原,小川汛期水量占年水量的比例仍可以达到58%,说明龙羊峡水库调蓄的影响很大。

虽然水库有拦沙作用,但由于龙羊峡水库修建后唐乃亥来沙量减少,同时支流加沙也减少,因此小川汛期沙量占年沙量的百分比仍然在68%,较刘家峡水库单库运用时期(1969～1986年)的60%略有增加。

2.2.2　汛期洪水继续削减,枯水流量历时加长

一般情况下,汛期洪水均被两库拦蓄,蓄水时间视洪水发生的时间,统计1987～2005年龙羊峡入库最大日均流量超过1 000 m³/s的洪水57场,平均削峰率为45%,最大达到79%(1989年入库最大日流量4 140 m³/s);其中入库流量最大日流量超过2 000 m³/s的洪水14场,平均削峰率53%。而刘家峡水库1987～2004年平均削峰率为38%,最大削峰率为66%。

1987～2005年汛期龙羊峡水库出库流量小于500 m³/s的历时由入库的11 d增加到43 d,而大于1 000 m³/s的历时则由入库的39 d减少到5 d,特别是大于2 000 m³/s的没有出现;刘家峡水库由于龙羊峡水库调蓄,入库流量级明显减小,与入库相比,出库流量小于500 m³/s的历时由入库的9 d增加到16.3 d,而大于1 000 m³/s的历时则由入库的24.9 d减少到16.2 d。

汛期水库拦蓄洪水使其下游中枯水流量历时加长、大流量减少。头道拐为上游出口站,统计不同时期汛期各流量级水沙变化可知,小于1 000 m³/s流量级天然情况下年均仅38.4 d,刘家峡水库单库运用时增加到62.9 d,两库运用后达到107.6 d,是天然情况下的2.8倍;但大于4 000 m³/s流量级大大减少,天然情况下年均1.7 d,刘家峡单库运用时减少到1.1 d,两库运用后没有出现过。

2.2.3 非汛期水量主要增加在 12 月~次年 3 月

水库非汛期泄水增加了下游站的水量和流量,极大地改变了非汛期水量各月分配。表 2-2 为头道拐不同时期月水量及分配情况,可以看出每年 12 月~次年 3 月,天然情况下水量为 38.3 亿 m³,占年水量的 14%;刘家峡单库运用和两库联合运用期间均为 55 亿 m³ 左右,较天然情况下增加 44%,但两个时期占年水量的比例不同,刘家峡单库运用时占年水量的 24%,而两库联合运用期间占年水量达到 36%。

表 2-2 头道拐不同时期月水量及分配情况

月份	月水量(亿 m³)					月/年(%)				
	1957~1968 年	1969~1986 年	1987~1999 年	2000~2005 年	1987~2005 年	1957~1968 年	1969~1986 年	1987~1999 年	2000~2005 年	1987~2005 年
11	18.8	16.0	11.3	11.4	11.3	7	7	7	9	8
12	8.6	11.3	11.9	8.6	10.8	3	5	7	7	7
1	8.2	12.9	11.9	8.1	10.7	3	5	7	6	7
2	7.6	12.9	12.6	10.6	11.9	3	5	8	8	8
3	13.9	18.7	21.8	21.5	21.7	5	8	13	17	14
4	13.2	17.8	15.4	12.1	14.4	5	8	10	9	9
5	14.2	8.7	5.4	5.5	5.4	5	4	3	4	4
6	13.2	10.3	7.6	5.8	7.1	5	4	5	5	5
7	34.6	26.1	12.0	4.7	9.7	13	11	8	4	6
8	45.0	34.2	24.4	11.0	20.2	17	14	15	9	13
9	50.8	35.4	19.9	17.0	19.0	19	15	12	13	13
10	39.3	33.0	8.3	11.4	9.3	15	14	5	9	6
年	267.4	237.3	162.5	127.7	151.5	100	100	100	100	100

2.3 库区淤积情况

龙羊峡水库入库泥沙较少,库区淤积缓慢。根据淤积断面资料,1986~1996 年断面法计算库区淤积 1.665 亿 m³。根据入出库实测沙量及区间加沙资料,按照沙量平衡法计算,自1986年10月投入运用到2005年10月库区淤积4亿t左右,历年淤积量及累积淤积量过程见图2-6。

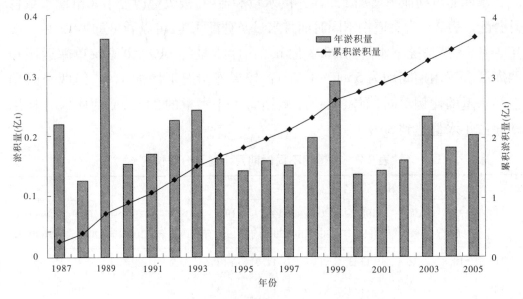

图2-6 龙羊峡水库历年及累积淤积过程

2.4 宁蒙河段冲淤变化

2.4.1 河道的冲淤演变特点

黄河上游宁夏—内蒙古河段由宽浅段、弯曲段和峡谷段组成,峡谷段河道多为基岩河床,比较稳定,这些抗冲的基岩位置相当于河床的侵蚀基面,对河床的连续冲淤起到一定的调节作用。宽浅段河道具有冲积性河流的特性,其冲淤变化取决于流域的来水来沙条件及河床边界条件,而河床边界条件又随来水来沙条件而变化,故水沙条件对河道的冲淤变化起主导作用。

本节主要从水文站同流量下水位的变化及平面形态特征等方面分析不同时期、不同水沙条件下河道的冲淤变化过程。

2.4.1.1 不同时段河道的冲淤变化

上游各种水利工程的兴建控制并影响进入宁蒙河道的水沙条件,为适应新的来水来沙条件,河床必将进行调整,从而引起河道一系列的变化。不同时期同流量水位的变化见表2-3。图2-7为宁蒙河道逐年各站同流量水位的变化情况(所用水位为汛期同流量水位平均值)。

表 2-3　不同时期同流量级水位比较　　　　　　　　　　　　（单位:m）

站名	比较年份	1960 年以前		1960~1966 年		1966~1971 年		1971~1980 年		1980~1986 年		1986~1989 年	
		流量级（m³/s）											
		1 000	3 000	1 000	3 000	1 000	3 000	1 000	3 000	1 000	3 000	1 000	3 000
下河沿	1966~1951	0	0.18			-0.05	-0.05	0.06		0.01		-0.06	-0.15
青铜峡	1951~1940	0.27	-0.04	0.13	0	-0.41	-0.08	-0.24	-0.21	-0.39	-0.37	-0.03	-0.03
	1959~1952	0.65	0.38										
石嘴山	1957~1942	0.02	0.21	-0.14	0.01	-0.04	0.28	0.03	-0.02	-0.03	0.02	0.03	0.11
磴口				0.19	0.15	-0.17		0.22	0.04	-0.24	-0.03		
渡口堂	1960~1948	0.06	0	-0.58	-0.3	-0.15	-0.24	0.28	-0.1	-0.54	-0.54	0.58	
三湖河口	1960~1952	0.53	0.26	-0.19	-0.09	-0.39	-0.59	-0.15	-0.22	-0.2	-0.2	0.22	0.03
昭君坟	1960~1948	0.28	-0.07	-0.16	0	-0.38	-0.65	0.34	0.21	-0.02	0.03	0.12	
头道拐	1957~1952	0.18	-0.07	-0.02	-0.08	-0.06	-0.28	-0.54	-0.18	-0.04	-0.02	0.13	0.1
	1960~1958	-0.06											

注:1. 青铜峡站 1952 年以前用断面(一),1952~1960 年 4 月用断面(二),1960 年以后用断面(三);

2. 石嘴山站 1959 年 4 月断面下移 1 300 m;

3. 磴口站资料为 1963~1984 年;

4. 渡口堂站 1972 年 9 月上移 16.7 km 改称巴彦高勒站;

5. 包头站 1966 年以后为昭君坟站;

6. 1952~1957 年为河口镇站,基本水尺为大沽高程;1958 年 4 月下移 10 km,改称头道拐站,基本水尺为黄海高程。

1)1960 年以前(天然情况)

在青铜峡、刘家峡以及三盛公等水库工程投入运用以前,进入宁蒙河段的水沙量及过程不受任何人为因素的影响,在这种自然情况下,因河床多由砂质组成,抗冲性差,水沙条件年际间的差异必将导致河道产生不同程度的冲淤变化。据有测验资料以来同流量水位的变化看,1960 年以前的较长时期内,宁蒙河道水位是略有抬升的,即河床处于微淤状态。但因所用系列不同,各断面水位变幅也有较大差别,而水位抬高明显的为青铜峡站和三湖河口站,其中三

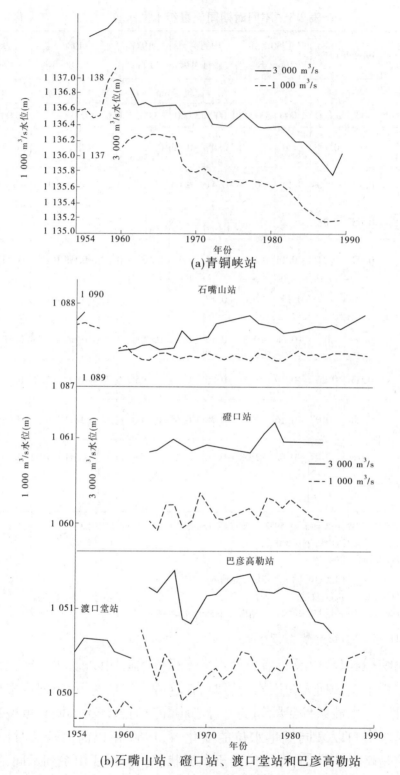

(a)青铜峡站

(b)石嘴山站、磴口站、渡口堂站和巴彦高勒站

图 2-7　宁蒙河道逐年各站同流量水位变化过程线

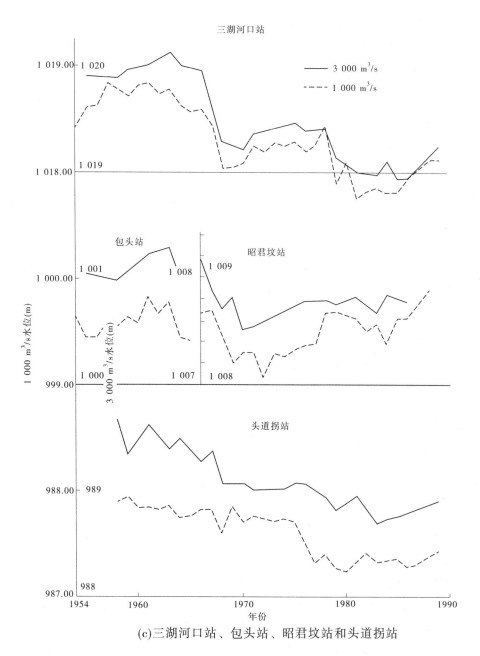

(c)三湖河口站、包头站、昭君坟站和头道拐站

续图 2-7

湖河口站逐年抬升,流量为 1 000 m³/s 时年平均抬高 6.6 cm,流量为 3 000 m³/s 时年平均抬高 3.3 cm,青铜峡的淤积抬高主要发生在 1958 年和 1959 年,两年内 1 000 m³/s 流量水位抬高 0.62 m,而这两年安宁渡沙量很大,且 90% 以上集中在汛期,加重了峡谷出口河道的淤积。其他各站同流量水位年均抬高幅度在 0 ~ 2.3 cm(见表 2-3)。

自 1961 年开始,上游河段的工程陆续投入运用,特别是龙羊峡、刘家峡水库投入运用后,调节径流改变了水沙条件,使首当其冲的宁蒙冲积性河段长时期形成的平衡遭到破坏,引起河道新的变化。

2)1961~1966 年(盐锅峡、三盛公水库投入运用至青铜峡水库投入运用前)

三盛公水库是以灌溉为主兼有发电、供水效益的大型水利工程,距石嘴山130 km,于 1961 年 4 月建成并投入运用,主要作用是抬高闸前水位保证灌溉用水。工程的进水闸设计正常引水流量为 565 m³/s,另有沈乌闸、南岸闸少量引水。在灌溉季节,拦河闸壅高水位,加速了泥沙在库区的沉积,进入下游河道的水沙量均有所减小。盐锅峡水库于 1961 年 3 月投入运用到 1966 年拦沙量超过 1.5 亿 m³,相应减少了上游的区间来沙。

由表 2-3 可以看出,此期间宁夏河道基本冲淤平衡。内蒙古河道不同河段有不同程度变化,其中磴口站有所淤积且主要发生在 1965 年,同时也受三盛公水库回水末端的影响;渡口堂—头道拐河段均有不同程度的冲刷,其中渡口堂站的冲刷最为严重,当流量为 1 000 m³/s 时,水位年平均下降 6 cm,头道拐站 6 年水位仅下降 2 cm,可见冲刷幅度沿程是逐渐减小的。

另一方面,从 6 年的水沙量来看,安宁渡站年均水量 372 亿 m³,大于 1919~1967 年系列年均水量 313 亿 m³,年均沙量为 1.83 亿 t,接近于 1919~1967 年平均值 1.85 亿 t,为丰水平沙系列年,从河口镇站 6 年的水沙资料来看,年均水量为 272.9 亿 m³,也大于 1919~1967 年的平均值 256.3 亿 m³。大水时,水流挟沙能力大,沿程含沙量得到河床的补给,因此 1961~1966 年大水系列也是导致河道冲刷的重要原因之一。

3)1967~1971 年(青铜峡、刘家峡水库投入运用至青铜峡水库蓄清排浑运用期)

青铜峡水库基本控制了宁蒙河段所有来水来沙,1967 年 4 月投入运用后,采取高水位运用方式直到 1971 年,库区淤积严重,5 年时间拦沙量达 5.33亿 m³,1967、1968 年淤积尤为严重,被迫于 1972 年改变为蓄清排浑运用方式。刘家峡水库于 1968 年 10 月蓄水运用,控制安宁渡站 40.8% 的泥沙,调蓄洪水,当青铜峡拦沙作用减弱时,刘家峡水库开始发挥其拦沙调洪作用。各水库的拦沙作用由水库库容变化图(见图 2-8)可以看出。两库的联合运用,减少了宁蒙河道的来沙量,并改变了洪水过程。水沙条件的改变引起了河道的重新调整。从表 2-3 可以看到,1977 年与建库前 1966 年比较,宁蒙河段所有水文站同流量下水位均有不同程度的降低,其中以坝下青铜峡站、内蒙古的三湖河口站和昭君坟站下降幅度较大,三湖河口站下降 0.39 m,昭君坟站下降

0.38 m。从同流量历年水位变化来看,1967、1968 年河床冲刷幅度最大,1969 年部分断面水位已开始回升(如磴口站和巴彦高勒站、三湖河口站),但回升速度很小。对于内蒙古河段,流量为 3 000 m³/s 水位的下降幅度均大于 1 000 m³/s 水位的下降幅度,可说明该时期洪水时河床的冲刷幅度大于小水时河床的冲刷幅度,即大水冲刷幅度大。可见,水库拦蓄泥沙,水流的泥沙量沿程得到补给,河床冲刷明显。

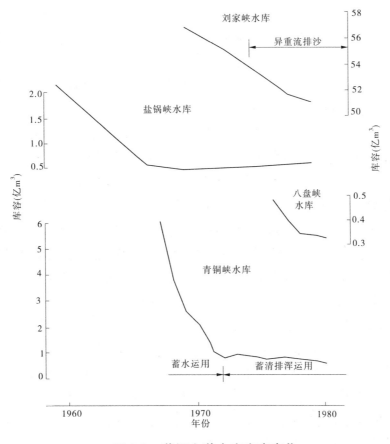

图 2-8　黄河上游水库库容变化

从来水来沙条件看,1967~1971 年上诠—安宁渡河段来沙量为 1.12 亿 t,略大于多年平均值;安宁渡站年均水量 334.3 亿 m³,大于多年平均值,因刘家峡水库拦沙,年沙量为 1.659 亿 t,小于多年平均值,对河道的冲刷也较为有利。

内蒙古水利勘测设计院曾根据实测计算了黄河大断面 1962~1971 年河道的冲淤量,三盛公—西山嘴河段冲刷 9 840 万 m³,西山嘴—昭君坟河段淤积 4 560 万 m³,昭君坟—河口镇淤积 2 080 万 m³,内蒙古三盛公—河口镇 9 年共冲刷 3 200 万 m³,并具有上冲下淤的特性。黄河水利委员会规划办公室也曾对

1961～1971 年内蒙古河道进行冲淤计算,其中渡口堂—三湖河口(长 204 km)河段实测断面约冲刷 1 400 万 t(沙量平衡计算结果冲刷约 1 800 万 t);三湖河口—河口镇断面约淤积 730 万 t(沙量平衡计算结果约淤积 310 万 t),基本保持冲淤平衡状态。从上述两种结果来看,尽管数值不等,但 1961～1971 年内蒙古河道基本为冲刷状态,与我们同流量水位法分析结果基本吻合。可见 1961～1971 年,内蒙古河道确为冲刷过程,但量值不大。

4)1972～1980 年

本时期,安宁渡平均水量为 308 亿 m³,略小于多年平均值(天然情况),年均沙量 1.05 亿 t,仅为多年平均值 1.85 亿 t 的 56.8%,而汛期水量为 161 亿 m³,占多年平均值的 83.9%。汛期水量的减少,不利于河床的冲刷,宁蒙河道的沿程冲淤失去了前时期的规律性,有的断面淤积,有的断面冲刷,但水位升高,河床略有淤积的河段占多数。从表 2-3 可以看出,在宁夏河段,青铜峡站受水库泄水影响,同流量水位年平均下降 2.7 cm,远远小于 1967～1971 年的下降幅度,下河沿和石嘴山基本冲淤平衡。内蒙古河段除三湖河口和头道拐之外均有微淤,河床略有抬高。三湖河口 1978 年以前呈淤积抬高的趋势,而 1979 年 1 000 m³/s 流量时水位就下降了 0.45 m,河道冲刷严重,头道拐断面的冲刷主要发生在 1976、1977 年,两年 1 000 m³/s 流量时水位下降 0.39 m。

1972 年,青铜峡水库采用汛期降低水位的运用方式,1977 年又改为沙峰期排沙结合汛末降低水位冲沙运用,且水库已基本淤满而呈河道型,对来水来沙的调节作用很小。在此时期,影响水沙过程的主要是刘家峡水库。图 2-9 为典型年安宁渡站来水来沙过程和相应的刘家峡水库蓄水流量过程(已转换成安宁渡时间),显而易见,一方面刘家峡水库蓄水削平了汛期洪峰过程,另一方面调节了安宁渡含沙量以及沙峰与洪峰的适应程度;当蓄水峰与上诠至安宁渡区间沙峰相遇时含沙量增大,当泄水峰与沙峰相遇时则含沙量减小。水沙调节的总结果为河床没有冲刷而是略有淤积。

5)1981～1986 年

在此时期内,1981～1985 年安宁渡站年均水量为 375.8 亿 m³,大于天然情况多年平均值,年均沙量为 0.95 亿 t,小于天然情况多年平均来沙量。特别是 1981 年 9 月上游发生了新中国成立以来最大的洪水。在丰水少沙系列年,水流挟沙能力大,水流中的泥沙量沿程得到河床的补给,使得含沙量增大,河床冲刷,同流量水位下降。沿程水流含沙量逐渐达到饱和,河床的下降刷深幅度也逐渐减小。

从 1981～1986 年同流量水位变化情况来看,除宁夏下河沿断面和石嘴山

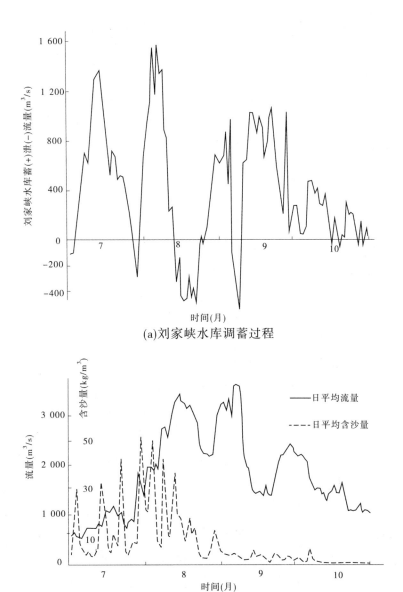

(a)刘家峡水库调蓄过程

(b)安宁渡水沙过程线

图 2-9　刘家峡水库调蓄过程与 1979 年安宁渡水沙过程线

断面以及内蒙古下段的昭君坟断面和头道拐断面基本冲淤平衡外,其余断面均有明显冲刷,其中宁夏的青铜峡断面除受水库泄水影响河床年均冲刷 6.5 cm,巴彦高勒断面年均冲刷 9 cm,三湖河口断面年均冲刷 3 cm,河床冲刷幅度沿程调整由大到小。

6)1986～1989 年(龙羊峡水库初期蓄水)

龙羊峡水库投入运用之后,与刘家峡水库联合运用,对水量分配的调节作用增大,汛期进入安宁渡以下河段的水量大幅度减少,含沙量相对增加。刘家峡、龙羊峡两库对径流的调节改变了黄河的水沙条件,与宁蒙河段适应的水沙条件遭到破坏,河道自动进行冲淤调整。表2-3表明,1986～1989年宁夏河段的下河沿、青铜峡同流量水位略有下降,石嘴山则略有抬升,但年均变化幅度仅1～2 cm,基本为冲淤平衡。内蒙古河段同流量水位均有抬升,即河床普遍淤积,淤积幅度呈沿程减小的趋势,其中巴彦高勒抬升0.58 m,三湖河口抬升0.22 m。同时根据内蒙古三盛公水库下游5～29 km长约24 km范围内断面测验结果,实测河道淤积0.44亿 m³,在宽约1 500 m的河槽内平均淤高1.2 m。从图2-7同流量水位变化也可以看出,1986～1989年河床基本是逐年抬高的。河道的淤积变化与1987、1988年上游来水偏枯密切相关,枯水年水库蓄水调节的影响显得更加严重。

总的来看,1960年以前各断面统计系列不等,较长时期内河道是微淤的,1961～1986年内蒙古河道均有冲刷,且沿程调整由大到小,1986～1989年河道又有逐年回淤的趋势。

2.4.1.2 支流淤堵干流河道情况

受支流高含沙洪水的影响,在内蒙古境内的局部河段常出现突发性沙坝,堵塞河道。如内蒙古的八大孔兑等支流常以高含沙洪水形式汇入黄河,大量泥沙堆积河道,局部河段水位骤涨。1989年7月21日黄河南岸伊克昭盟的西柳沟发生高含沙量洪水,据推测洪峰流量超过6 000 m³/s。在入黄汇合处昭君坟形成了罕见的沙坝,昭君坟水文站当时仅1 200 m³/s流量,水位却高达1 010.22 m,超过1981年5 450 m³/s时的洪峰水位0.52 m,较受阻前上涨2.26 m,见图2-10。因干流水量较小,沙坝持续时间长,直到7月30日河床局部冲刷,水位才开始回落。类似情况在1961年8月及1966年8月曾出现过,两次洪水汇入黄河后都在入黄河口附近出现沙坝,使黄河水位骤涨,而流量大大减小。1961年8月出现1 010.77 m的最高水位(较受阻前上涨2.42 m),1966年8月出现1 011.09 m的最高水位(较受阻前上涨2.33 m)。黄河昭君坟河段淤积形成沙坝堵塞黄河的主要原因,除入黄汇合口不利的边界条件之外,淤积受阻塞程度受西柳沟和黄河两方面水沙因素所制约。如果上游来水量大,则水流挟沙力强,制约沙坝形成,即使形成沙坝、堵塞黄河,冲刷强度较大的洪水对沙坝的冲蚀消失也会非常有利。如1973年7月西柳沟虽然发生了3 620 m³/s的洪水,但洪水总量较小,沙量较大,而黄河流量较大,并未发生严重受阻现象。1989年7月21日虽然上游水量颇丰,但刘家峡、龙羊峡两库蓄水调节径流,削减了洪峰,在沙坝形成相应时间内,龙羊峡水库入库流量为

2 300 m³/s 左右,而出库流量只有 700 m³/s,削减流量约 1 600 m³/s,致使西柳沟洪水发生时,黄河昭君坟站流量仅 1 200 m³/s,结果出现了罕见的沙坝,并维持很长时间才逐渐冲开,严重影响了包头市和包钢的供水。如果没有龙羊峡水库的削峰,昭君坟流量将近 3 000 m³/s,河道受阻情况将会减弱。

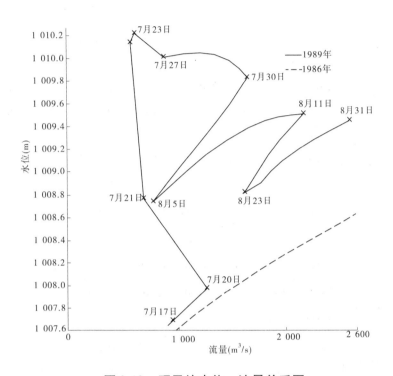

图 2-10　昭君坟水位—流量关系图

2.4.1.3　大洪水的冲淤情况

统计分析 1955~1985 年共 11 场洪峰流量超过 3 000 m³/s 的洪水过程,可以看出,洪水期的水量较大,沙量相对较小,平均含沙量小于多年汛期平均含沙量 8.30 kg/m³,其中 1967 年以前六场洪水的平均含沙量为 6.94 kg/m³,1968 年以后的各场洪水平均含沙量为 4.14 kg/m³。

表 2-4 列出了洪峰前后同流量水位变化情况,可以看出,宁夏河段各水文站洪水后同流量水位大多是升高的。其中下河沿同流量(2 000 m³/s)水位,每场洪水一般抬升 0~15 cm,平均抬升 6 cm;石嘴山每场洪水一般抬升 0~32 cm,平均抬升 10 cm;青铜峡除 1967 年、1968 年受水库影响、三场大洪水同流量(2 000 m³/s)水位降低外,其他各次洪水一般抬升 0~14 cm。洪峰前后流量为 3 000 m³/s 时水位的变化幅度较 2 000 m³/s 水位的变化更大些。而从长系列情况看,尽管年际水位变化幅度较大,但长时期水位变幅很小(见图 2-7)。

表 2-4 洪峰前后同流量水位变化情况

日期 （年-月-日）	流量级 （m³/s）	同流量水位升（+）降（-）值（m）							
		下河沿	青铜峡	石嘴山	磴口	巴彦高勒	三湖河口	昭君坟	头道拐
1955-07-01 ~ 25	2 000	0.15	0.14	0		-0.16	-0.06	0.09	0.13
	3000	0	0	0.13		-0.09	0	0.03	0
1958-08-15 ~ 10-02	2 000		-0.07			-0.03	-0.01		0.11
	3 000		0			0	0.08		0.05
1963-08-29 ~ 10-30	2 000		0	0.17	-0.15	-0.11	0.05	-0.16	0.17
	3 000		-0.14	0.12	-0.07	-0.22	0.08	0	0.11
1964-07-19 ~ 08-08	2 000		0.09	0.1	0	0.25	0.03	0.2	0.31
	3 000		0.08	0.1	0	0.26	-0.09	0.14	0.38
1967-07-01 ~ 31	2 000	0	-0.06	0.24	0.11	-0.04	-0.19	0.05	0.22
	3 000	0	-0.07	0.26	0.08	0.1	-0.18	0.04	0.31
1967-08-21 ~ 09-27	2 000	0.05	-0.11	-0.1	-0.27	-0.22	-0.25	-0.42	-0.19
	3 000	0.1	-0.09	0.17	-0.16	-0.14	-0.42	-0.2	0.18
1968-09-07 ~ 10-08	2 000	0.1	-0.09	0.14	-0.02	0.06	-0.19	-0.15	0.23
	3 000	0.14	-0.08	0.31	0	-0.06	-0.11	-0.12	0.29
1976-08-08 ~ 09-16	2 000	0	0	0	-0.27	-0.29	-0.2	-0.27	-0.05
	3 000	0	0	0	-0.16	-0.23	-0.07	0.04	-0.11
1978-09-02 ~ 30	2 000	0.13	0.14	0.16	-0.09	-0.22	-0.21	-0.12	0.19
	3 000	0.13	0.14	0.23	-0.08	-0.17	0	0	0.15
1981-09-01 ~ 10-08	2 000	0	0.07	-0.02		-0.55	-0.06	-0.28	0.27
	3 000	0.1	0.08	0.17		-0.21	-0.63	-0.19	0.1
1983-07-01 ~ 08-10	2 000	0.04		0.32	-0.06	-0.2	0.07	0.09	0.25
	3 000	0.07		0.38	-0.05	-0.05	0.02	0.16	0.28
1984-07-10 ~ 08-16	2 000	0		0.1	-0.07	-0.38	-0.09	0.39	0.29
	3 000	0		0.1	-0.13	-0.08	-0.16	0.25	0.21
1985-09-08 ~ 10-10	2 000	0.11		0.22		-0.27	0	0.04	0.38
	3 000	0.07		0.26		-0.08	0	0	0.35

注：1.1972 年前巴彦高勒水位为渡口堂水位；

2.1966 年前昭君坟水位为包头水位。

可见,本河段洪水期同流量水位升高,河道淤积,非洪水期同流量水位降低,河道发生冲刷。分析产生这种变化的原因,对于青铜峡以上河段,主要是洪水所挟带的大量泥沙在峡谷出口的近河段淤积所致;对于石嘴山站则主要与断面条件有关,狭窄的河道断面约束水流、壅高水位,致使同流量水位表现较高,同时流速的降低使挟沙能力减小,导致河床淤积,也使同流量水位升高。因资料所限,更详细原因有待进一步分析。

内蒙古黄河河道不同于宁夏河道,河身更为宽浅多变,坡降更缓。磴口、巴彦高勒、三湖河口洪水时期河道均表现为冲刷,流量为 2 000 m^3/s 时平均每场洪水的冲刷幅度分别为 0.06、0.17、0.13 m,昭君坟站又冲又淤,但总的来说是冲刷的。图 2-11 为内蒙古河段洪水期水位—流量关系,可以看出三湖河口洪水期同流量水位是降低的。但长系列来看,磴口—昭君坟河段有冲有淤,与水沙系列有密切关系。但仅 13 场洪水的冲刷深度远远大于历年河床的变化幅度,说明河道具有"大水冲刷,小水淤积"的特性。头道拐站位于狭窄的弯曲河段,大洪水时水流不能顺利畅通,壅高水位,导致洪水期河道淤积,所统计13 场大洪水同流量水位累计升高 2.31 m。而从长系列来看,头道拐断面河床基本为逐年冲刷的过程,同流量水位呈下降趋势,可见此断面有类似于宁夏各站"大水淤积,小水冲刷"的特点。

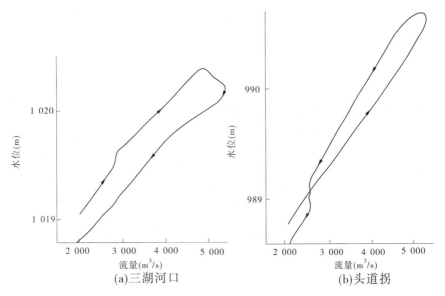

图 2-11 内蒙古河段洪水期(1967 年 8 月 23 日~10 月 8 日)水位—流量关系

另外由表 2-4 还可以看出,1964 年大洪水时,由于含沙量较大(安宁渡洪水期平均含沙量为 11.9 kg/m^3),内蒙古河段的渡口堂、包头和头道拐均淤高0.2 m 以上,磴口和三湖河口断面变化不大。可见,内蒙古河段洪水期一般发生明显冲刷,但对于含沙量较高的洪水,河道也会产生淤积。

2.4.1.4 河道横断面变化

河道横断面的变化能够客观地反映不同时期河床的变化情况,分析水文站历年实测横断面资料,石嘴山至头道拐各水文站河道横断面和断面最低点高程在局部时段内变化是很大的,但长时段总的变化较小。分析 1967～1985 年历年横断面的变化主要有以下几个特点:

(1)每年汛期各断面河床都有冲深,但较大洪水过后断面即迅速回淤,对于大水年,过洪断面均以冲刷为主,如图 2-12 所示,三湖河口断面汛期主槽刷深,河床最低点高程降低近 10 m,但 11 月即回淤到接近汛前的水平。

(2)当洪水漫滩后,滩地有所淤高,河槽略有冲深,如昭君坟断面,1985 年与 1977 年比较,滩地淤高 0.2～0.3 m,河槽有所冲刷。可见,漫滩洪水对河道的冲淤起着重要作用。

(3)弯曲性河段,大洪水时主槽常发生摆动。如昭君坟断面,1965～1974 年主流向左摆动 140 多 m。

(4)此期间总的演变趋势,各断面大多向宽深方向发展,尤其头道拐断面,1967、1971 年河槽展宽刷深明显,到 1985 年河槽继续展宽。其中 1965 年河宽为 330 m,到 1985 年河宽达 580 m,主槽左摆,最深点冲深 2.3 m。比较汛前各断面还可以看出,1967～1971 年各断面河床均有不同程度的冲刷,1971～1980 年多数断面变化不明显。因此,从断面分析河床的冲淤变化,与同流量水位的变化趋势基本一致。

2.4.1.5 河道平面变化

水沙条件的变化不仅影响河道的冲淤调整,而且对平面形态的变化也有重要作用。宁蒙冲积河道历史上部分河段河势变化很大,有主流"十年河南,十年河北"的说法。尤其是巴彦高勒以下,河身很宽,浅滩弯道叠出,水流散乱。至包头段河宽虽有缩窄,但坡度变缓,弯曲更甚,多畸形大湾。内蒙古河道河势不顺,行洪不畅,导致河道平面摆动较大。历史资料记载,1934 年的大洪水,曾使黄河北移 3～4 km,最大摆动幅度达 7 km(见表 2-5),宁蒙河道的平面变化,具有"大水走中、小水走弯、大水淤滩、小水淘岸、河势变化在中间(指中等流量)"的演变规律。在天然情况下,尽管河势摆动较大,但当发生大洪水时,河道具有"大水冲刷,淤滩刷槽"等演变规律,滩地此冲彼淤,但两岸滩地总面积在长时期内变化不大。河道平面摆动的主要原因是:上游含沙量较大,河道平缓多汊,随着流量的变化,主流有时夺另一汊河,旧河道淤成牛轭湖;小水归槽,大水冲向凹岸,凸岸滩嘴延伸,凹岸冲刷下移,易引起主流摆动;

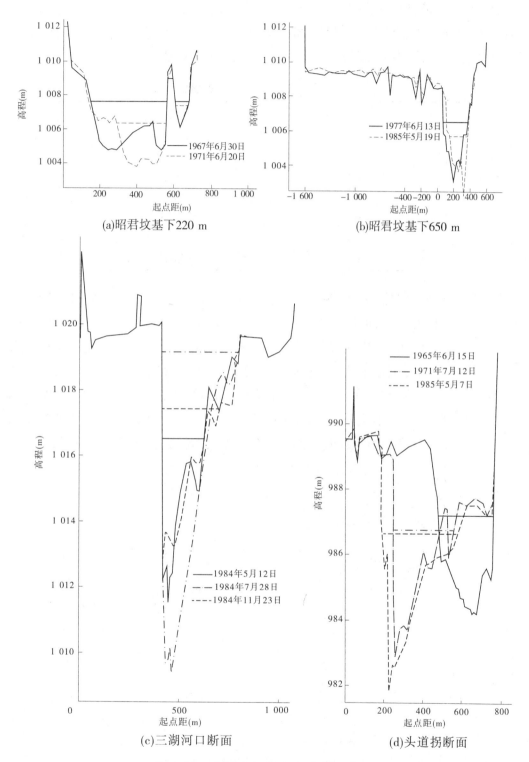

(a)昭君坟基下220 m

(b)昭君坟基下650 m

(c)三湖河口断面

(d)头道拐断面

图2-12　内蒙古河段水文站断面变化

此外,区间支流挟带大量泥沙汇入黄河,当上游干流来水较小时在汇合口局部河段发生强烈堆积,也会引起局部河势变化;沿河扬水站及引黄渠道的引水,都使主流靠近河岸形成深槽,一旦停止引水,河势又横向摆动。

表 2-5　内蒙古河道摆动幅度

地点	摆动幅度(km)	统计年份
磴口	7	1934、1950、1955
包头—大树弯	4~5	1923、1934、1945、1950、1955
昭君坟上下游	3~7	1784、1903、1905、1923、1934、1952、1955
三间房	5	1904、1914、1920、1930、1952、1955、1956
山湖河头	6	1904、1908、1921、1924、1955
碾房圪旦	3~4	1935、1950
赵家滩	6	1950、1954、1956

多年来,本着"定河、稳槽、固堤"以适应国民经济发展的要求进行了河道整治。在一些大溜顶冲滩岸、堤防坍塌的地段,修建了险工和各种护岸工程,发挥了一定的作用,但由于缺乏统一的治理实施规划,使有些堤段不能得到控制。在此情况下,龙羊峡水库、刘家峡水库投入运用,改变了来水过程,汛期调蓄洪水,削减洪峰,减少了漫滩机会,还滩作用减弱,而中水流量历时加长,塌滩作用增强,造成滩地大量坍塌,改变了天然情况下滩槽冲淤及河势变化规律。图 2-13 为内蒙古河段两次目估河势的比较,可以看出河势变化情况。

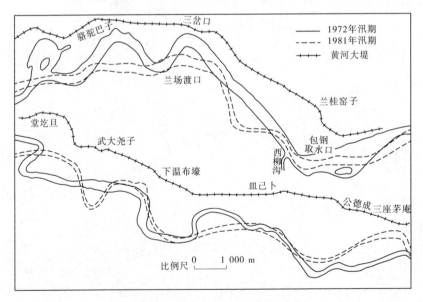

图 2-13　内蒙古河段河势变化略图

另据了解,宁夏境内以仁存渡—石嘴山河段河势摆动幅度大,如东升、通桥、惠农农场和渠口等河段河道宽、浅、散、乱,主流摆动使大片滩区耕地坍失,一些村庄掉河,内蒙古境内以三盛公—四科河头 120 km 的游荡性河段及包头磴口—三道拐长约 90 km 的弯曲性河段的河势变化更为剧烈,如杭锦后旗的黄河大队,由于主流北移 4 km,半年内坍失滩地 1 800 hm²,最大淘刷强度可达 90 m/d,三盛公坝下 45 km 处的黄河大堤,因大溜顶冲坍塌曾 7 次退守,现已冲至总干渠附近,危及中干渠及包兰铁路的安全。宁蒙河段内滩地约 13.3 万 hm²,土地肥沃,是两自治区的重要农业生产基地,如不采取有效措施抓紧河道整治,进行滩区建设,将使滩区生产受到损失。

2.4.2 龙羊峡水库、刘家峡水库运用后宁蒙河段冲淤演变

2.4.2.1 河道淤积较多

天然情况下,长时期宁蒙河道有缓慢抬升的趋势,年均淤积厚度在 0.01 ~ 0.02 m。自 1961 年起,上游水库陆续投入运用,特别是龙羊峡水库(1986 年)、刘家峡水库(1968 年)投入运用后,调节径流改变了水沙条件,汛期水量和洪峰流量进一步减小,使首当其冲的宁蒙冲积性河段长期形成的平衡遭到破坏,河道输沙能力降低,河道发生淤积。

1)宁夏河道

1968 ~ 1986 年为刘家峡水库单库运用时期,从表 2-6 可以看出该时期呈淤积状态,下河沿—石嘴山河段年均淤积量为 0.161 亿 t,其中下河沿—青铜峡河段年均淤积 0.277 亿 t,青铜峡—石嘴山河段年均冲刷 0.116 亿 t。1986 年 10 月龙羊峡水库开始运用,随着水库调节运用,宁夏河段来水量年内分配日趋均匀,与 1986 年前相比,该河段淤积量均有不同程度的减少,其中 1986 ~ 1993 年该河段年均淤积量为 0.008 亿 t,该时期下河沿—青铜峡河段呈微淤状态,年均淤积量为 0.011 亿 t,青铜峡—石嘴山河段呈微冲状态,年均冲刷量为 0.003 亿 t。而 1993 ~ 2001 年宁夏河段年均淤积量为 0.112 亿 t,其中下河沿—青铜峡河段由淤积转为微冲,年均冲刷量为 0.001 亿 t,而青铜峡—石嘴山河段由 1986 年之前的冲刷转为淤积,年均淤积量为 0.113 亿 t。

2)内蒙古河道

宁蒙河道淤积主要集中在内蒙古河段,内蒙古河段共进行 5 次河道断面测量,即 1962 年、1982 年、1991 年、2000 年和 2004 年,根据这 5 次河道断面实测资料,对三盛公—河口镇河段的冲淤量进行分析计算,计算结果见表 2-6 和表 2-7。由表 2-7 可以看出,1962 ~ 1991 年内蒙古巴彦高勒—头道拐河段年均

淤积量为 0.10 亿 t,而 1991～2004 年该河段淤积明显加重,年均淤积量达到 0.647 亿 t,为 1962～1991 年年均淤积量的 6.4 倍,并且纵向沿程淤积主要集中在三湖河口—昭君坟河段(见图 2-14),以上分析表明该河段 20 世纪 90 年代以来,河道淤积量大幅度增加,淤积显著加重。

表 2-6　宁蒙河道近期年均冲淤量　　　　　　　　　　　(单位:亿 t)

时段(年-月)	下河沿—青铜峡	青铜峡—石嘴山	下河沿—石嘴山
1968～1986*	0.277	−0.116	0.161
1986～1993*	0.011	−0.003	0.008
1993-05～2001-12	−0.001	0.113	0.112

时段(年-月)	石嘴山—旧蹬口	巴彦高勒—三湖河口	三湖河口—昭君坟	昭君坟—蒲滩拐	巴彦高勒—蒲滩拐	总量
1991-12～2000-07	0.109*	0.139	0.332	0.177	0.648	5.832
2000-07～2004-07		0.220	0.201	0.225	0.646	2.584
1991-12～2004-07		0.164	0.292	0.192	0.647	8.416

注:* 为输沙率法,其余断面法未考虑青铜峡和三盛公库区冲淤量。

表 2-7　三盛公—河口镇河段 1962～1991 年 3 次大断面测量河道冲淤情况

1962～1982 年			1982～1991 年			1962～1991 年		
河段	长度(km)	冲淤量(亿 t)	河段	长度(km)	冲淤量(亿 t)	长度(km)	冲淤量(亿 t)	年均冲淤量(亿 t)
三盛公—新河	336	−2.35	三盛公—毛不浪孔兑	250	+1.29			
新河—河口镇	175	+1.74	毛不浪孔兑—呼斯太河	206	+2.07			
			呼斯太河—河口镇	55	+0.16			
三盛公—河口镇	511	−0.61	三盛公—河口镇	511	+3.52	511	+2.93	0.10

2.4.2.2　淤积集中在河槽

不同时期内蒙古河段滩槽冲淤分布有所不同。实测断面资料表明:1982～1991 年,内蒙古河段淤积量的 60% 集中在河槽,滩地淤积量约占 40%(见表 2-8)。1991～2004 年,内蒙古河段淤积量的 85% 以上集中在河槽,滩地淤积量明显减少,仅约为 15%(见表 2-9)。1991～2004 年内蒙古河段全断面的冲淤总量为 1982～1991 年全断面淤积量的 1.8 倍,河槽的淤积量是 1982～1991

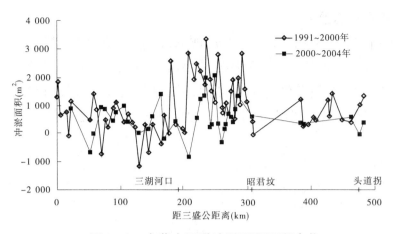

图 2-14　内蒙古河道冲淤面积沿程变化

年的 2.5 倍。

表 2-8　三盛公—河口镇河段 1982~1991 年河道淤积量横向分布

河段	长度（km）	淤积量（亿 t）			淤积厚度（m）	
		全断面	主槽	主槽占全断面（%）	主槽	滩地
三盛公—毛不浪孔兑	250	1.29	0.84	65	0.4	0.048
毛不浪孔兑—呼斯太河	206	2.07	1.22	59	0.7	0.11
呼斯太河—河口镇	55	0.16	0.16	100	0.4	—
全河段	511	3.52	2.22	63	0.52	0.066

表 2-9　1991~2004 年内蒙古巴彦高勒以下河道年均冲淤量纵横向分布

时段（年-月）	项目	巴彦高勒—三湖河口	三湖河口—昭君坟	昭君坟—蒲滩拐	巴彦高勒—蒲滩拐
1991-12 ~ 2000-07	总量（亿 t）	0.139	0.332	0.177	0.648
	各河段占总量比例（%）	21	51	28	100
	河槽占全断面比例（%）	80	83	97	86
2000-07 ~ 2004-07	总量（亿 t）	0.220	0.201	0.225	0.646
	各河段占总量比例（%）	34	31	35	100
	河槽占全断面比例（%）	81	86	100	90
1991-12 ~ 2004-07	总量（亿 t）	0.164	0.292	0.192	0.647
	各河段占总量比例（%）	25	45	30	100
	河槽占全断面比例（%）	80	84	98	87

2.4.2.3 断面形态改变

宁夏河段河床主要由砂卵石组成,坡度较陡,水流集中,断面形态相对稳定;内蒙古河段为沙质河床,比降平缓,串沟支汊较多,河道很宽,河势游荡(如三湖河口—昭君坟为游荡性河道),断面冲淤变化大,河槽摆动比较大,且横向摆动频繁,以河槽宽度减小为主,图2-5为典型大断面变化情况。

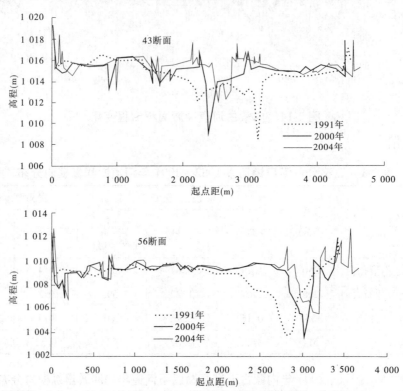

图 2-15 典型大断面变化情况

图 2-16、图 2-17 点绘了宁蒙河道各代表水文站不同时段代表年份的大断面变化情况。宁夏河道水文站对河道形态的代表性稍差,石嘴山水文站断面1986 年以来稍有淤积,但变化不大。内蒙古河道巴彦高勒—头道拐河段水文站代表性要好一些,巴彦高勒为单一河道,河道较窄,横向摆动不大,巴彦高勒断面从 1972 年以来呈逐渐淤积的趋势,深泓点的淤积最明显,1990~2006 年深泓点淤高了 2 m 多,河宽也相应有所减小。

2.4.2.4 排洪能力降低

1)平滩流量变化

根据内蒙古河段水文站实测资料,通过水位—流量关系及断面形态分析,历年平滩流量的变化见图2-18。1986 年以来,进入宁蒙河段的水量持续偏

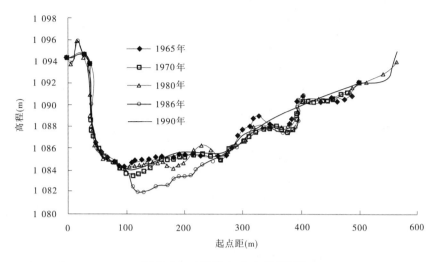

图 2-16 石嘴山水文站断面

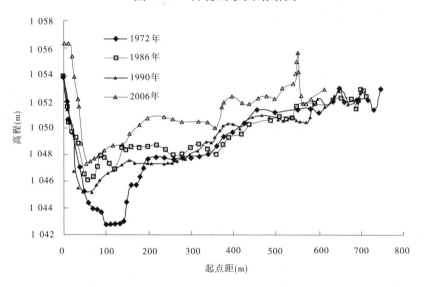

图 2-17 巴彦高勒水文站断面

少,河道排洪输沙能力降低,河槽淤积萎缩,平滩流量减少。20世纪90年代以前,巴彦高勒平滩流量的变化范围为 4 000～5 000 m³/s,三湖河口为 3 000～5 000 m³/s;90 年代以来平滩流量持续减少,到 2004 年三湖河口在 1 000 m³/s 左右,部分河段 700 m³/s 即开始漫滩。昭君坟站平滩流量 1974～1988 年在 2 200～3 200 m³/s,1989 年以后持续减少,1995 年约为 1 400 m³/s。

2)同流量水位变化

表 2-10 给出了宁蒙河段不同时期同流量水位的变化。1961～1968 年宁蒙河段基本发生冲刷,1968 年 10 月刘家峡水库投入运用后,至 1980 年加之来水来沙的不利,宁蒙河段发生淤积,同流量水位抬升。1986 年 10 月上游龙羊

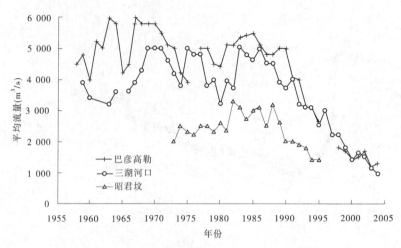

图 2-18 内蒙河段水文站断面平滩流量变化

峡水库运用以来,宁蒙河道发生明显淤积,至 2004 年巴彦高勒—昭君坟河段 2 000 m³/s 同流量水位升高 1.35 ~ 1.70 m(见图 2-19)。

表 2-10 宁蒙河段不同时期同流量(2 000 m³/s)水位升(+)降(-)值

(单位:m)

站名	间距(km)	1961 ~ 1966 年	1966 ~ 1968 年	1968 ~ 1980 年	1980 ~ 1986 年	1986 ~ 1991 年	1991 ~ 2004 年
青铜峡		+ 0.17	- 0.20	- 0.27	- 0.30	0	- 0.02
	194						
石嘴山		- 0.12	+ 0.10	- 0.06	+ 0.08	0	+ 0.09
	87.7						
磴口		+ 0.18	- 0.16	+ 0.26	- 0.16	—	—
	142						
巴彦高勒		- 0.48	- 0.50	+ 0.36	- 0.38	+ 0.70	+ 1.02
	221						
三湖河口		- 0.22	- 0.60	+ 0.14	- 0.32	+ 0.60	+ 0.75
	126						
昭君坟		- 0.16	- 0.32	+ 0.06	+ 0.06	+ 0.60	+ 0.50 *
	174						
河口镇		- 0.06	- 0.28	- 0.42	+ 0.60	0	+ 0.30

注:1. * 表示昭君坟没有 2004 年水位资料,表中数据为 1991 ~ 1994 年。

2. —表示磴口站无资料。

3)同水位面积变化

1986 年以来,宁蒙河段同水位下面积减少,河道过流能力减小,河道发生淤积;石嘴山分别在相同水位 1 087.49 m 和 1 091 m 减少 271 m² 和 293 m²(见表 2-11 ~ 表 2-13),三湖河口分别在相同水位 1 019.13 m 和 1 020 m 减少 709 m² 和 917 m²,尤其是 1996 年以来减少较多,同水位过流面积的减小,说明河道淤积更加严重。

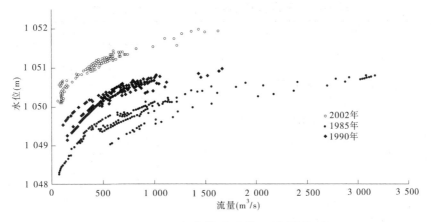

图 2-19　巴彦高勒站水位—流量关系

表 2-11　石嘴山站各代表年同水位面积比较

年份	水位（m）	面积（m²）	与前一次同水位面积差（m²）	增减百分数（%）	冲淤变化
1965	1 087.49	585			
1986	1 087.49	767	182	31.1	冲
1996	1 087.49	570	−197	−25.7	淤
2004	1 087.49	496	−74	−13	淤
1965	1 091.00	1 856			
1986	1 091.00	1 985	129	−6.9	冲
1996	1 091.00	1 796	−189	−9.5	淤
2004	1 091.00	1 692	−104	−5.8	淤

表 2-12　巴彦高勒站各代表年同水位面积比较

年份	水位（m）	面积（m²）	与前一次同水位面积差（m²）	增减百分数（%）	冲淤变化
1965	1 051.37	2 039			
1986	1 051.37	1 379	−660	−32.37	淤
1996	1 051.37	1 055	−324	−23.5	淤
2004	1 051.37	463	−592	−56.11	淤
1965	1 052.00	2 512			
1986	1 052.00	1 736	−776	−30.89	淤
1996	1 052.00	1 398	−338	−19.47	淤
2004	1 052.00	664	−734	−52.5	淤

表 2-13　三湖河口站各代表年同水位面积比较

年份	水位 （m）	面积 （m²）	与前一次同 水位面积差（m²）	增减百分数（%）	冲淤变化
1965	1 019.13	899			
1986	1 019.13	1 226	327	36.37	冲
1996	1 019.13	897	−329	−26.84	淤
2004	1 019.13	517	−380	−42.36	淤
1965	1 020.00	1 133			
1986	1 020.00	1 722	589	51.99	冲
1996	1 020.00	1 352	−370	−21.49	淤
2004	1 020.00	805	−547	−40.46	淤

2.5　龙羊峡、刘家峡水库联合运用对下游河道冲淤演变的影响

由于龙羊峡、刘家峡水库联合运用调蓄过程与中游洪水的遭遇不同,因此对下游河道冲淤演变的影响也不同。分析了 1987～1993 年两库蓄水与中游洪水的遭遇情况。这些年来中游暴雨强度较弱以及综合治理的作用,中游来沙量除 1988 年和 1992 年两场高含沙量洪水外,来沙量均较小。一般汛期几场洪水蓄水量可为实测水量的 2 倍左右,增大水流含沙量。有 6 次泄水增加洪水量,水库蓄水占龙门洪水量小于 10% 的有 8 次,10%～50% 的有 10 次,50%～100% 的有 13 次,大于 100% 的有 12 次。同时,中小流量历时加长,整个运用期,汛期流量大于 3 000 m³/s 的天数由入库 115 d 减至出库 52 d,相应水量由年均 60 亿 m³ 减至 24 亿 m³;流量 1 000～3 000 m³/s 的天数由 519 d 减至 396 d,使流量小于 1 000 m³/s 的天数大大加长,大大降低水流的输沙能力。

为了定量分析两库调节对下游河道冲淤影响,采用泥沙冲淤数学模型进行有、无龙羊峡和刘家峡两库调节对下游河道冲淤影响的对比计算,成果列入表 2-14 和表 2-15。

表 2-14 龙羊峡、刘家峡水库联合运用对下游河道冲淤的影响

项目			时段平均				
			初蓄期	正常运用期			整个运用期
			1986-11 ~ 1989-10	1989-11 ~ 1991-10	1991-11 ~ 1993-10	1989-11 ~ 1993-10	1986-11 ~ 1993-10
四站	水量 (亿 m³)	汛期	157.2	101.8	136.6	119.2	135.5
		非汛期	140.2	197.8	142.1	169.9	157.2
		年	297.4	299.6	278.7	289.1	292.7
	沙量 (亿 t)	汛期	8.38	5.37	8.27	6.82	7.49
		非汛期	1.10	2.37	1.34	1.85	1.53
		年	9.48	7.74	9.61	8.67	9.02
两库蓄泄水量(亿 m³)		汛期	+64.6	+17.5	+77.8	+47.7	+54.9
		非汛期	−14.8	−53.4	−30.1	−41.8	−30.2
		年	+49.8	−35.9	+47.7	+5.9	+24.7
下游河道增(＋)减(−)冲刷(−)淤积(＋)量 (亿 t)		汛期	＋ +0.78	＋ +0.33	＋ +1.30	＋ +0.82	＋ +0.80
		非汛期	＋ −0.10	＋ −0.43	＋ −0.17	＋ −0.30	＋ −0.22
		年	＋ +0.68	＋ −0.10	＋ +1.13	＋ +0.52	＋ +0.58

注:增减冲刷淤积量指有两库冲淤量与无两库冲淤量之差,考虑了水流传播时间。

表 2-15 典型年龙羊峡和刘家峡水库蓄水对黄河下游冲淤影响

年份	来水量 (亿 m³)	来沙量 (亿 t)	两库蓄水量 (亿 m³)	下游河道增淤量 (亿 t)
1987	88	2.4	85.8	0.03
1989	216	7.8	99.2	1.10
1992	136	10.4	101	1.69
1988	212	15.4	35.7	1.23
1993	148	5.6	54.5	0.91
1990	142	6.7	19.1	0.6
1991	61	2.5	15.9	0.05

从表 2-14 可看出,龙羊峡水库初期蓄水阶段,下游河道汛期年均约增加淤积量 0.78 亿 t,非汛期约增加冲刷量 0.10 亿 t,年均约增加淤积量 0.68 亿

t,占实测淤积量的27%。正常运用期的前两年,泄水量大于蓄水量,汛期约增加淤积量0.33亿t,非汛期约增加冲刷量0.43亿t,年均约增加冲刷量0.10亿t;后两年汛期蓄水量大于非汛期泄水量,又遇天然来水较枯,汛期约增加淤积量1.30亿t,非汛期约增加冲刷量0.17亿t,年均增加淤积量1.13亿t;整个运用期汛期约增加淤积量0.8亿t,非汛期约增加冲刷量0.22亿t,年均约增加淤积量0.58亿t。特别要指出的是主要增加主槽淤积。

实际上,各年蓄水情况不一,一般情况蓄水量大,影响大,但又与中游洪水的含沙量高低的遭遇有关,同样的蓄水量,遇多沙年增淤量大,遇少沙年增淤量小(见表2-15)。如1989年和1992年蓄水量基本为100亿 m^3 ,非常接近;但1989年汛期来水量较丰,达216亿 m^3 ,1992年只有136亿 m^3 ;而来沙量1989年和1992年分别为7.8亿t和10.4亿t;1989年相对于1992年,来水较多,来沙较少,而1992年来水较少来沙较多,造成下游河道增淤量1989年汛期和1992年汛期分别为1.10亿t和1.69亿t。进一步分析表明,两库蓄水与中游含沙量洪水的遭遇情况也不同,1989年只有3亿 m^3 水量与中游含沙量大于50 kg/ m^3 的洪水遭遇,而1992年却有33亿 m^3 的水量与含沙量大于50 kg/ m^3 的洪水遭遇。因此,综合多种因素的作用,1992年的增加淤积量必然大于1989年。又如1988年和1993年,汛期蓄水量分别为35.7亿 m^3 和54.5亿 m^3 ,来沙量分别为15.4亿t和5.6亿t,来水量分别为212亿 m^3 和148亿 m^3 ,1988年蓄水量虽略小,但来沙量大,而1993年蓄水量虽略大,但来沙量较小,其增淤量反而1988年大于1993年。这充分显示下游河道的输沙特性。

总之,两库运用在实际水沙系列条件下,初期蓄水期平均增加下游河道淤积年均约0.68亿t;正常运用期的前两年,由于非汛期泄水大于汛期蓄水,减少下游河道淤积年均约0.10亿t,后两年汛期蓄水较多,增加下游河道淤积年均约1.13亿t;整个运用期增加下游河道淤积年均约0.58亿t。还应指出,黄河下游长达800 km的河道上宽下窄,排洪能力上大下小,冲淤特性不同,两库调节其影响也不同。艾山以上河段汛期多淤,非汛期多冲,冲淤可以部分相抵;而艾山—利津河段处于下游,汛期多淤,非汛期因两库泄水,流量增大,但仍不足以使河道发生冲刷,同时由于上段冲刷增大,来沙量增加,河道多淤,整个运用期年均增淤约0.3亿t,其增淤量占下游河道增淤量的一半。

龙羊峡、刘家峡两库是黄河干流上游的大型骨干工程,处在黄河的少沙区,具有显著的综合利用效益,但同时改变了水沙过程,给河道带来新的问题,如何从黄河实际及我国社会经济发展的需要出发,提出切实可行的措施是一项重要任务。

第3章 上中游其他水库

3.1 盐锅峡水库

3.1.1 水库概况

盐锅峡水库位于甘肃省永靖县内,距兰州市 70 km,上距刘家峡水库 33 km,下距八盘峡水库 17 km,水库平面图见图 3-1。

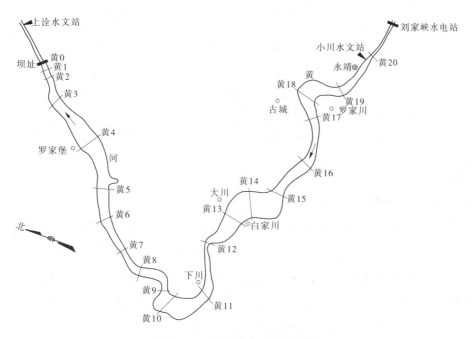

图 3-1 盐锅峡水库平面图

水库为山区河道型,坝址以上流域面积 182 550 km²,刘家峡—盐锅峡区间流域面积 938 km²,库区天然比降 1.3‰。多年平均流量 823 m³/s,多年平均沙量 7 600 万 t,多年平均含沙量 2.94 kg/m³,悬移质泥沙中数粒径为 0.028 mm(见表 3-1)。

枢纽主要由左岸混凝土实体重力式副坝、右岸混凝土宽缝重力式挡水坝及坝后厂房、混凝土隔墩、右岸混凝土实体重力式溢流坝及坝后消能建筑物、右岸混凝土实体重力式副坝等,共 20 个坝段组成,全长 321 m,坝顶高程

1 624.20 m,最大坝高57.20 m。枢纽还在左右岸副坝内各布置灌溉管道一条（见图3-2）。

表3-1 水文泥沙概况

项目		数值
控制流域面积(km²)		182 550
库区天然河道比降(‰)		1.3
多年平均流量(1920~1959年)(m³/s)		823
汛期(6~9月)平均流量(m³/s)		1 420
汛期径流量占年径流量的百分比(%)		57.20
多年平均洪峰流量(m³/s)		3 160
设计洪峰流量(0.5%)(m³/s)		7 020
校核洪峰流量(0.1%)(m³/s)		7 500
悬移质	多年平均年输沙量(1920~1959年)(万t)	7 600
	多年平均含沙量(kg/m³)	2.94
	实测最大含沙量(1958年7月24日)(kg/m³)	310
	汛期沙量(6~9月)占全年沙量的百分比(%)	80
推移质年输沙(万m³)		150
悬移质泥沙量	d_{50}(mm)	0.028
	d_{90}(mm)	0.142

水库正常蓄水位1 619.00 m,死水位1 618.50 m,正常蓄水位下库容2.16亿m³,调节库容0.07亿m³,为日调节水库,见表3-2。设计洪水标准200年一遇,相应洪峰流量9 000 m³/s(上游刘家峡水库未建成前)。上游刘家峡、龙羊峡水库正常运行后,防洪标准提高到2 000年一遇,相应洪峰流量7 260 m³/s,枢纽具有了超标准泄洪能力,溢流坝泄流曲线见图3-3。

表3-2 盐锅峡水库特性

正常蓄水位	设计洪水位	校核洪水位	死水位	水库面积	总库容（校核洪水位以下）	正常蓄水位以下库容
1 619.00 m	1 621.40 m	1 622.00 m	1 618.50 m	16.1 km²	2.65 亿 m³	2.16 亿 m³

死库容	调节库容	调节性能	正常蓄水位以下库容/年输沙量	水库长度	多年平均洪峰流量壅水高度
2.065 亿 m³	0.07 亿 m³	日调节	3.8(γ = 1.3 t/m³)	30 km	28.1 m

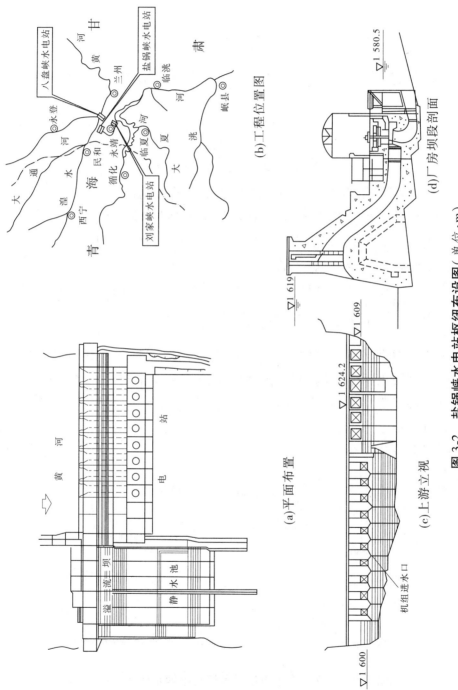

(a) 平面布置

(b) 工程位置图

(c) 上游立视

(d) 厂房坝段剖面

图 3-2　盐锅峡水电站枢纽布设图（单位：m）

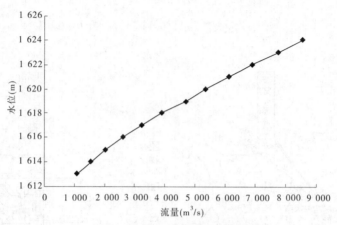

图 3-3　盐锅峡水库溢流坝泄流曲线

电站原设计装机 10 台 44 MW 的水轮发电机组、后修改为 8 台。1975 年 11 月 15 日 8 台机组全部装完,实际装机容量 357 MW,保证出力 152 MW。1990 年 6 月 28 日 9 号机组投产,1998 年 12 月 8 日容量为 50 MW 的 10 号机组投产。至此,盐锅峡水库装机总容量达 446 MW。

1958 年 9 月 27 日开工,1961 年 3 月下闸蓄水,以发电为主,兼管灌溉、养殖。

3.1.2　水库运用及库区淤积特点

盐锅峡水库为日调节水库,其调度运用方式应满足水库日调节所需要的库容。在刘家峡水库蓄水运用前,汛期库水位控制在 1 615 ~ 1 617 m,非汛期升到 1 619 m;刘家峡水库运用后,来水量较稳定,来沙量减少,库水位控制在 1 618 ~ 1 619 m(见图 3-4)。水库修建后,受水库运用及来水来沙的影响,水库的淤积大致可分 3 个阶段。

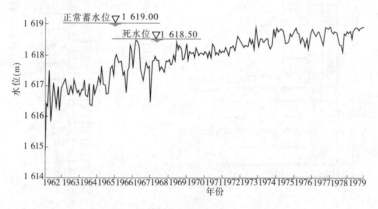

图 3-4　八盘峡水库历年逐月坝前平均水位过程线

(1)运用初期(1961 ~ 1964 年),泥沙进入水库,水库淤积非常严重,至

1964 年汛后,总淤积量达 1.534 亿 m³,已损失库容 71%;

（2）接近淤积平衡（1965～1968 年），水库深水区已淤积成接近原天然河道形态,滩槽分明,流速增大,淤积量减少,基本接近平衡;

（3）正常蓄水运用,1968 年刘家峡水库建成,大量泥沙淤积在刘家峡水库内,异重流挟带细泥沙进入库内,水库有冲有淤,变化较小。整个运用期（1961～2002 年）共淤积 1.853 亿 m³,损失库容 85.8%,现只有库容 0.31 亿 m³。库容变化见图 3-5 及表 3-3。由于水库壅水不高,河道宽度较窄,含沙量较少,库长较短等,水库淤积呈锥体形态,淤积集中在库区下段（见图 3-6）,坝前滩面高程 1 618.5 m,淤积纵比降为 0.17‰～0.18‰,坝前和机组前沿的冲刷漏斗边坡稳定在 1∶6～1∶8。

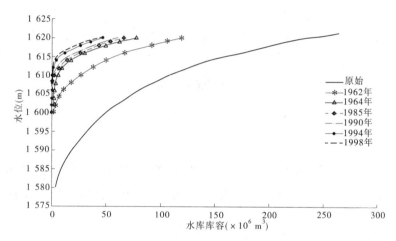

图 3-5　盐锅峡水库水位—库容曲线

表 3-3　盐锅峡水库库容变化

年份	正常蓄水位 1 619 m 以下库容（亿 m³）	
	库容	淤积库容
1961（初始年份）	2.16	
1962	1.05	1.11
1964	0.626	0.424
1968	0.494	0.132
1979	0.566	−0.072
1985	0.54	0.026
1990	0.496	0.044
1993	0.24	0.256
1994	0.358	−0.118
1998	0.319	0.039
2002	0.307	0.012
合计		1.853

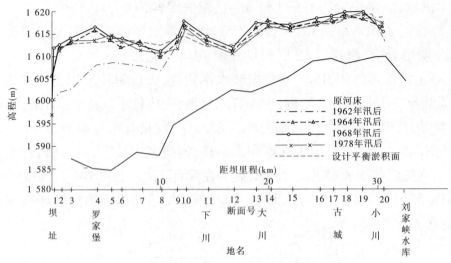

图 3-6 盐锅峡水库淤积纵剖面

3.2 八盘峡水库

3.2.1 水库概况

八盘峡水库位于黄河上游甘肃省兰州市境内,距市中心约 50 km,距上游盐锅峡和刘家峡水库分别为 17 km 和 50 km,水库平面见图 3-7。坝址以上流

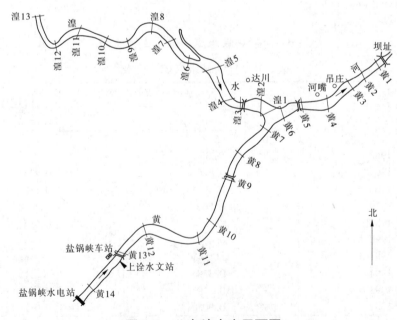

图 3-7 八盘峡水库平面图

域面积 204 700 km²,库区天然比降为 1.2‰,支流湟水大通河于坝前约 4 km 处汇入。干流库长 16.7 km,与上游盐锅峡水库尾水衔接。上诠水文站为入库站,支流湟水库区长 12.6 km,其入库站为亨通站(大通河)、民和站(湟水)、吉家堡站(巴洲沟),兰州站为出库站。多年平均流量 1 000 m³/s,多年平均输沙量 11 900 万 t,多年平均含沙量 3.5 kg/m³,悬移质泥沙中数粒径 0.020 mm(见表 3-4)。

表 3-4　八盘峡水库水文泥沙概况

项目		数值
控制流域面积(km²)		204 700
库区天然河道比降(‰)		1.2
多年平均流量(1919～1964 年)(m³/s)		1 000
汛期(6～10 月)平均流量(m³/s)		1 890
汛期径流量占年径流量的百分比(%)		78.80
多年平均洪峰流量(m³/s)		3 940
设计洪峰流量(1%)(m³/s)		8 000
校核洪峰流量(0.1%)(m³/s)		10 200
悬移质	多年平均年输沙量(1934～1960 年)(万 t)	11 900
	多年平均含沙量(kg/m³)	3.5
	实测最大含沙量(1959 年 7 月 27 日)(kg/m³)	329
	汛期沙量(6～10 月)占全年沙量的百分比(%)	80
推移质年输沙量(万 t)		15
悬移质泥沙	d_{50}(mm)	0.020
	d_{90}(mm)	0.105

电站枢纽为河床式,由厂房、泄洪洞、非常溢洪道及左、右副坝组成,均为直接挡水的混凝土或钢筋混凝土结构。厂房位于右岸,其两侧设有排沙廊道各一条,泄洪闸与溢流坝相间布置(见图 3-8),泄水建筑物泄流曲线见图 3-9。

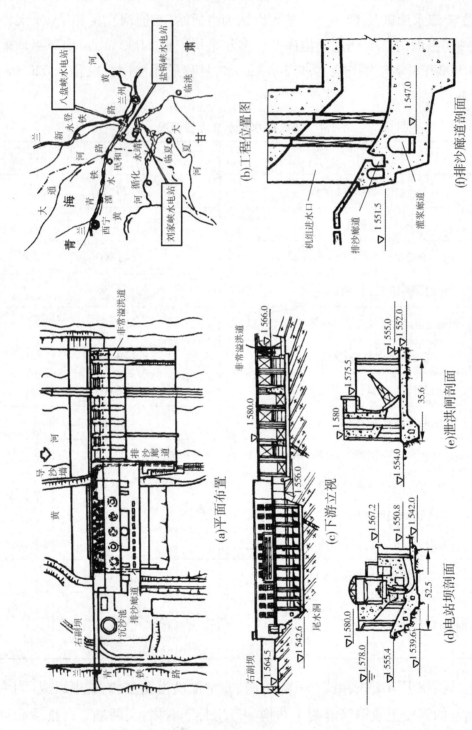

图 3-8　八盘峡水电站枢纽布设图（单位：m）

(a)平面布置

(b)工程位置图

(c)下游立视

(d)电站坝剖面

(e)泄洪闸剖面

(f)排沙廊道剖面

坝顶高程 1 580.00 m,最大坝高 33 m,坝顶长 396.40 m,正常蓄水位 1 578.00 m 时库容为 0.49 亿 m³(见表 3-5),当设计水位为 1 578.50 m 时,最大泄量为 8 350 m³/s,相当于 300 年一遇洪水标准,龙刘两库联合调洪后可提高到千年一遇洪水标准。

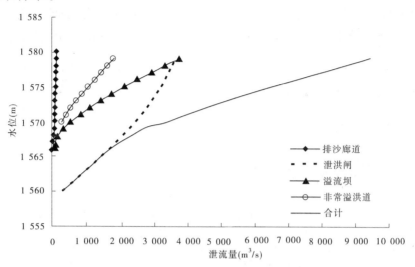

图 3-9　八盘峡水库泄流曲线

表 3-5　水库特性

正常蓄水位	设计洪水位	校核洪水位	死水位	水库面积	正常蓄水位以下库容
1 578.00 m	1 578.50 m	1 578.80 m	1 576.00 m	6.2 km²	0.49 亿 m³

死库容	调节库容	调节性能	正常蓄水位以下库容/年输沙量	水库长度
0.40 亿 m³	0.09 亿 m³	日调节	0.53(γ = 1.4 t/m³)	16.7 km

主体工程于 1969 年 11 月开工,1975 年 6 月 1 日蓄水,1975 年 7 月 1 日两台机组发电,1980 年 2 月 5 台机组全部投入运用,同年 12 月工程竣工验收。

电站以发电为主,兼有灌溉等综合效益,设计装机容量 180 MW(5 × 36 MW),保证出力 84 MW,年发电量 11 亿 kWh。1980 年 12 月竣工,核定装机容量 160 MW,年发电量 9.5 亿 kWh。

1994 年电厂投入运用 3 MW 的一台小发电机。1998 年在两孔非常溢洪道扩建的 6 号机开始施工,装机 36 MW。

截至 1999 年底,八盘峡水电厂共发电 202 亿 kWh。

3.2.2 水库运用及淤积状况

水库调节库容较小,水位变幅不大,1975 年以来,库水位经常在 1 576 m 以上,汛期运用水位在 1 576.5 ~ 1 577 m,当支流湟水尖瘦型洪峰入库时,库水位一般在 1 575 m 左右(以排湟水沙峰),非汛期库水位保持在 1 577 ~ 1 578 m(见图 3-10)。水库自 1975 年 6 月运用以来,水库淤积泥沙 0.273 亿 m³,占原始库容的 55.7%,现有库容 0.217 亿 m³,库容变化见图 3-11 及表 3-6。水库干流纵向淤积形态见图 3-12,支流纵向淤积形态见图 3-13。

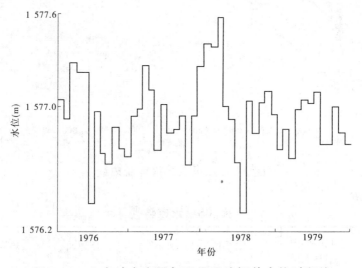

图 3-10 八盘峡水库历年逐月平均坝前水位过程线

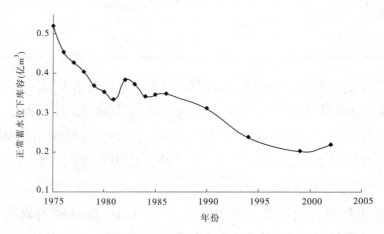

图 3-11 八盘峡水库库容变化

表 3-6　八盘峡水库库容变化

年份	正常蓄水位 1 578 m 以下库容(亿 m³)	
	库容	库容变化
1969(初始年份)	0.49	
1975	0.518 9	− 0.028 9
1976	0.453 3	0.065 6
1977	0.426 2	0.027 1
1978	0.402 3	0.023 9
1979	0.368	0.034 3
1980	0.352 7	0.015 3
1981	0.331 4	0.021 3
1982	0.382 9	− 0.051 5
1983	0.371 2	0.011 7
1984	0.340 1	0.031 1
1985	0.344 5	− 0.004 4
1986	0.347 5	− 0.003
1990	0.309 2	0.038 3
1994	0.235	0.074 2
1999	0.2	0.035
2002	0.216 9	− 0.016 9
合计		0.273 1

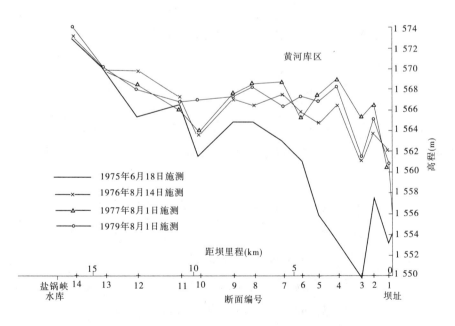

图 3-12　八盘峡水库淤积(最深点)纵剖面图

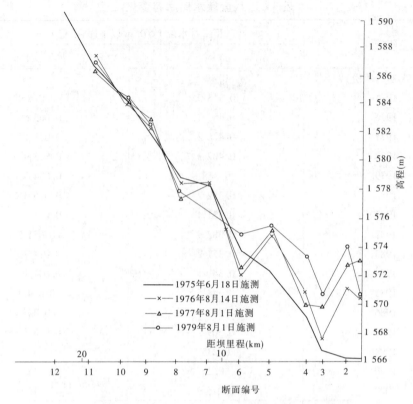

图 3-13 八盘峡水库支流湟水淤积纵剖面

3.3 青铜峡水库

3.3.1 水库概况

青铜峡水库位于宁夏回族自治区青铜峡市境内青铜峡出口处,水库长度 46 km,水库面积 113 km²,控制流域面积 270 510 km²,库区天然比降 0.707‰ (见表3-7)。

青铜峡水库库区呈葫芦形,坝址以上 8.2 km 以内为峡谷段,宽度为 300 ~ 500 m,8.2 km 以上为宽阔河谷,滩地、串沟、汊流分布众多,库面宽度 1 500 ~ 5 000 m 不等。青铜峡水库平面图见图3-14。

水库库区处于黄河上游的干旱地区,降雨量少,年均降水量在 150 mm 左右。多年平均流量 1 030 m³/s,多年平均输沙量为 2.36 亿 t,多年平均含沙量 7.2 kg/m³,悬移质泥沙中数粒径 0.032 5 mm(见表3-7)。

表 3-7　青铜峡水库水文泥沙概况

项目		数值
控制流域面积(km²)		270 510
库区天然河道比降(‰)		0.707
多年平均流量(1940~1966 年)(m³/s)		1 030
汛期(7~10 月)平均流量(m³/s)		1 890
汛期径流量占年径流量的百分比(%)		63.80
多年平均洪峰流量(m³/s)		3 790
设计洪峰流量(1%)(m³/s)		7 300
校核洪峰流量(0.1%)(m³/s)		9 280
悬移质	多年平均年输沙量(1940~1966 年)(万 t)	23 600
	多年平均含沙量(kg/m³)	7.20
	实测最大含沙量(1940 年 7 月 1 日)(kg/m³)	413
	汛期沙量(7~10 月)占全年沙量的百分比(%)	88.20
推移质年输沙量(万 t)		75
悬移质泥沙	d_{50}(mm)	0.032 5
	d_{cp}(mm)	0.049 6
	d_{90}(mm)	0.110
河床泥沙组成	D_{50}(mm)	22.5

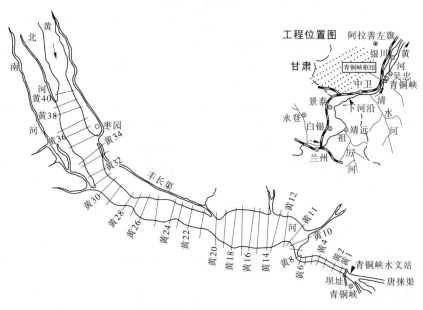

图 3-14　青铜峡水库平面图

青铜峡水利枢纽为低水头水工建筑物,全长693.75 m,主体工程由河床式电站、溢流坝、重力坝、岸边泄洪闸及土坝组成,各建筑物泄流曲线见图3-15。在原秦渠、汉渠和唐徕渠引水口分别布设一台机组,称之为渠首电站,渠首电站与河床电站连成一个整体。河床电站采用闸墩式的形式,由8台机组与7孔溢流坝相间布设。坝顶高程1 160.20 m,最大坝高42.7 m,正常蓄水位1 156.00 m以下库容6.06亿 m³(见表3-8)。总装机容量为27.2万 kW,灌溉引水量550 m³/s。青铜峡水库平面布置见图3-16。

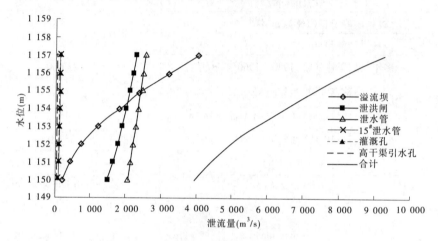

图3-15　青铜峡水库各建筑物泄流曲线

表3-8　青铜峡水库特性

正常蓄水位	设计洪水位	校核洪水位	汛期限制水位	最高运用水位	最低运用水位	死水位	水库面积
1 156.00 m	1 156.00 m	1 158.80 m	1 151.00 m	1 156.00 m	1 151.00 m	1 151.00 m	113 km²

总库容(校核洪水位以下)	正常蓄水位以下库容	调节库容	调节性能	正常蓄水位以下库容/年输沙量	水库长度	多年平均洪峰流量壅水高度
7.36亿 m³	6.06亿 m³	0.30亿 m³	日调节	3.8($\gamma = 1.4$ t/m³)	46 km	17.8 m

3.3.2　水库运用

青铜峡水库于1967年4月开始蓄水运用以来,历经蓄水、蓄清排浑和沙

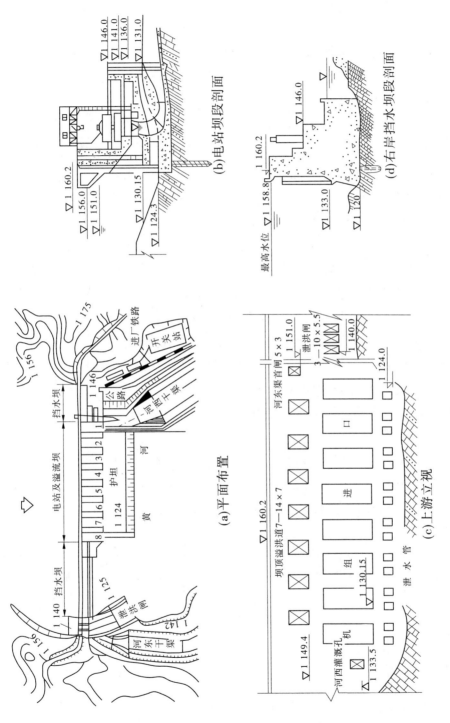

图 3-16 青铜峡水电站工程布置图（单位：m）

(a)平面布置

(b)电站坝段剖面

(c)上游立视

(d)右岸挡水坝段剖面

峰排沙三种运用方式。

3.3.2.1 蓄水运用

1967年4月蓄水,至1971年9月为蓄水运用期,由于蓄水位较高,库区淤积十分严重,淤积量达5.27亿m^3,剩余库容0.79亿m^3。为减少水库淤积,保持调节库容,改变了水库运用方式。

3.3.2.2 蓄清排浑运用

1971年10月~1976年9月,水库运用方式改为非汛期蓄水、汛期排沙方式。在本时段内,除在库区比较开阔库段有少量淤积外,其他库段发生冲刷。总淤积量为0.11亿m^3,1 156 m高程以下库容恢复了14.8%。这种运用方式虽然保持了库容,但汛期的来水量基本上全部敞泄出库,降低了综合经济效益。通过详细分析,进入水库的输沙量主要集中在洪水期,而且主要来自祖厉河。根据入库水沙在时空分布的特性,进一步完善了水库运用方案。

蓄清排浑运用中,汛期全部敞泄排沙,实际上浪费了大部分水资源,与地区电力供求的矛盾十分尖锐。经研究,来沙量主要集中在洪峰沙峰过程。因此,1976年10月以后,改为洪水期降低水位排沙,以减少水库淤积的运用方式。遇到大水大沙时,迅速降低库水位,适时排沙或强行排沙。

青铜峡水库自1971年汛后,改为蓄清排浑和沙峰排沙运用以来,库区发生强烈冲刷。大体上可分为汛期降低水位排沙、沙峰期排沙、大流量低含沙洪水冲刷与排沙、非汛期骤降水位冲刷排沙等多种形式。

1)汛期降低水位排沙

汛期降低水位排沙是蓄清排浑或调水调沙运用方式中的一种排沙类型。当水情预报将出现较大入库流量时,及时开启排沙孔和泄洪洞闸门,库水位下降,库区发生强烈冲刷。汛期降低水位冲刷与排沙比见表3-9。

表3-9　汛期降低水位冲刷与排沙比

时段 (年-月-日)	库水位降幅 (m)	入库流量 (m^3/s)	输沙量(万t)		冲淤量 (万t)	排沙比 (%)
			入库	出库		
1972-07-05~15	0.95	1 590	554	811	-257	146
1972-07-23~08-05	1.81	2 700	538	1 380	-842	257
1972-09-25~10-04	6.50	1 780	453	2 280	-1 827	503

从表3-9中可看出,冲刷量与库水位下降值、入库流量成正比。

2) 沙峰期排沙

黄河上游龙羊峡和刘家峡两座大型水库建成以后,已经拦截了小川水文站以上的大部分来沙,能够进入青铜峡水库的泥沙主要来自祖厉河和清水河。因此,可以根据水情预报在青铜峡水库采用沙峰期排沙。沙峰期排沙统计见表3-10,从表中可知,沙峰期入库沙量很大,其排沙量可达788万~3 500万t,排沙比在100%以上。

表3-10 青铜峡水库沙峰期排沙统计

时段 (年-月-日)	平均库水位 (m)	水库平均流量 (m^3/s)	输沙量(万t)		冲刷量 (万t)	排沙比 (%)
			入库	出库		
1972-08-23 ~ 09-05	1 152.50	1 310	1 310	1 730	420	132
1975-07-29 ~ 08-05	1 154.18	2 570	690	788	98	114
1981-07-13 ~ 23	1 155.15	2 220	3 360	3 500	140	104

3) 大流量低含沙洪水冲刷与排沙

当入库流量很大,含沙量较小时,及时开启闸门、降低库水位排沙,是冲刷库区泥沙并排沙出库的一种较好的运用方式。

1978年9月8~17日,入库洪峰流量为4 140 m^3/s,平均流量为3 630 m^3/s,入库平均含沙量为9.37 kg/m^3。为了利用较清的洪水冲刷库区淤积泥沙,及时开启10孔泄水道和6孔溢流坝闸门,库区净冲刷量为3 220万t。

4) 非汛期骤降水位冲刷排沙

当水库淤积已经威胁到调节库容,影响灌溉引水和发电用水时,可以采用急骤降低库水位的办法,恢复部分库容,以满足发电用水的调节库容。排沙比可高达270%~590%,净冲刷量达100万~1 000万t。非汛期骤降水位冲刷排沙效益见表3-11。

表3-11 非汛期骤降水位冲刷排沙效益

时段 (年-月-日)	水位降幅 (m)	水库平均流量 (m^3/s)	冲刷量 (万t)	排沙比 (%)
1968-04-02 ~ 09	10.8	554	183	586
1970-11-10 ~ 18	6.93	707	143	333
1973-10-15 ~ 26	3.57	1 970	1 030	270

至2005年1 156 m高程以下库容,尚有0.30亿 m^3 可供日调节发电之用。青铜峡水库库容变化见图3-17。

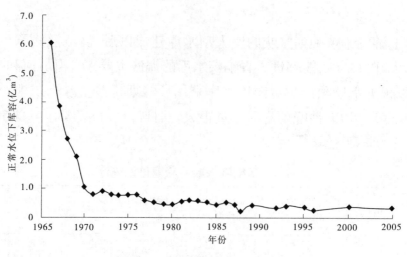

图 3-17 青铜峡水库库容变化

3.3.3 水库淤积形态

3.3.3.1 纵向淤积形态

青铜峡水库根据库区地质、地貌以及原始的河流形态可分为坝前段、峡谷段、开阔段及库区末端 4 个库段;而水库的淤积形态可分为坝前段、三角洲前坡段、三角洲顶坡段和三角洲尾部段,水库纵向淤积形态见图 3-18。

(1)坝前段。水库坝址以上 8.2 km 为峡谷段,两岸陡峻,河谷宽度在 300 ~ 500 m,本段淤积形态与原河床接近平行抬升。

(2)三角洲前坡段。本段淤积形态从外形上看为淤积三角洲前坡段,但是从机理分析,它主要受地形变化的影响构成前坡段淤积形态。从断面形态来看,水库黄淤 11 断面宽度 1 500 m,到黄淤 8 断面缩窄到 300 m。断面缩窄引起卡水壅高作用,泥沙在黄淤 11 断面以上发生淤积。由于河宽突然缩窄,单宽流量增大,泥沙淤积受到一定的限制,淤积坡度增大。因此,青铜峡水库的前坡段淤积形态,不能按照湖泊型水库的前坡段淤积形态来理解。青铜峡水库三角洲前坡段比降约为 24.5‰。

(3)三角洲顶坡段。顶坡段处在黄淤 11 断面至黄淤 24 断面,长度约 20 km。在本库段内,断面宽浅,受蓄水或壅水作用,大量泥沙淤积在本库段内,顶坡段比降约为 1.5‰。

(4)三角洲尾部段。自黄淤 24 断面至黄淤 30 断面是水库淤积尾部段。本库段淤积比降约为 5.3‰。

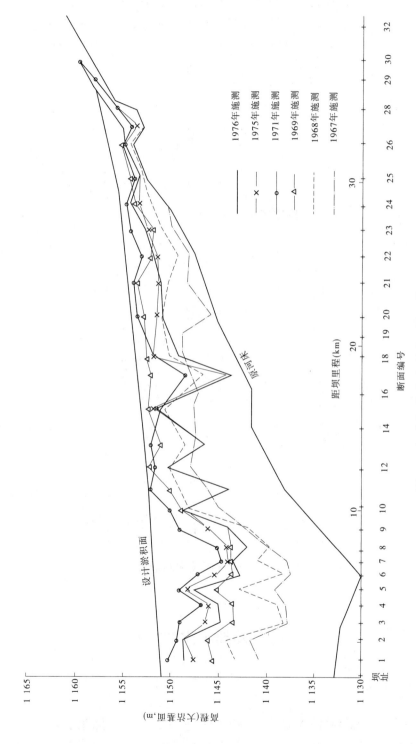

图 3-18　青铜峡水库淤积（最深点）纵剖面

3.3.3.2　横断面淤积形态

青铜峡水库黄淤 2 断面和黄淤 8 断面处在坝前段和前坡段。黄淤 15 断面和黄淤 22 断面处在淤积顶坡段。在坝前段和前坡段上的断面形态形成之后,基本上无大的变化;而在顶坡段上的断面,由于受库水位升降的作用,主槽左右摆动无常,类似游荡型河道的河床形态(见图 3-19)。

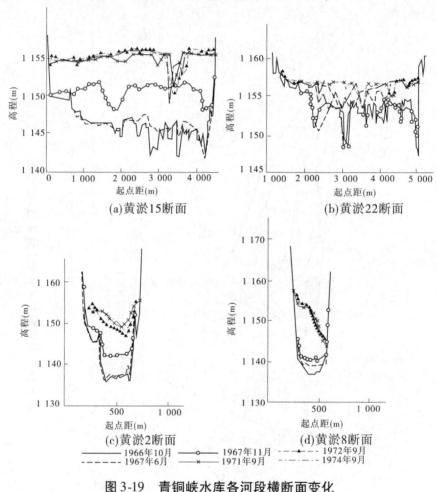

(a)黄淤15断面　　　　　　　　　(b)黄淤22断面

(c)黄淤2断面　　　　　　　　　(d)黄淤8断面

—— 1966年10月	—○— 1967年11月	—▲— 1972年9月
--- 1967年6月	—×— 1971年9月	--- 1974年9月

图 3-19　青铜峡水库各河段横断面变化

3.4　天桥水库

3.4.1　水库概况

天桥水库是一座以径流发电为主的中型水库,所以又称为天桥径流水电站,位于河口镇—龙门区间河府区段干流的义门峡谷河段。工程连接晋陕两

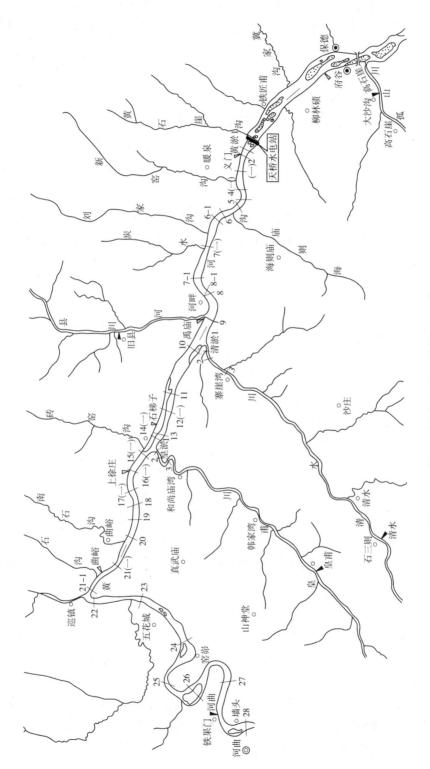

图 3-20 黄河天桥水库地理位置及河道形态图

省,坝址距黄河河口 1 792 km;距下游府谷水文站 6 km,距上游河曲水文站、万家寨枢纽工程分别为 47 km、97 km,地理位置见图 3-20;控制流域面积 403 880 km²,控制万家寨到天桥区间面积为 8 880 km²;1970 年 4 月开工,1975 年 12 月截流,1976 年年底一号机组开始发电,1978 年 7 月 4 台机组全部投产。大坝以上基本为矩形河道,平均宽约 300 m,两岸为石灰岩陡壁。库内有县川河、清水川、皇甫川等三条较大支流汇入。

天桥水库以发电为主,装机容量 13.6 万 kW,正常高蓄水位 834.0 m,兼有防洪功能。坝体全长 752.1 m,左岸为混凝土重力坝,长 422.1 m,右岸为土石坝长 330 m,最大坝高 53 m,坝顶高程 838 m(黄海基面,下同)。底层泄洪闸 7 孔,底坎高程 811 m;上层溢流堰 7 孔,堰顶高程 829 m;排沙洞 3 孔,底坎高程 811 m,机组进水口高程 816 m,下设冲沙底孔 8 个,底坎高程 809.5 m,泄流曲线见图 3-21。

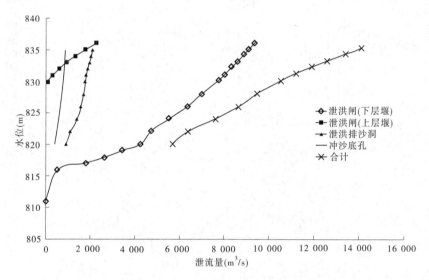

图 3-21　天桥水电站泄流曲线

3.4.2　库区冲淤概况

水库原始库容(836 m 高程以下)8 971 万 m³,调节运行近 27 年后的 2003 年,总库容仅剩 2 633 万 m³,库容淤积损失达 70.6%,库尾端也由初期的距大坝 25 km 下降至 20 km 以下。

天桥水库蓄水发电以来,河道水流条件发生了改变,特别是支流来水多为洪水,含沙量大,粗颗粒泥沙多,使水库淤积严重,库容损失非常大。库容最小时为 1 651 万 m³,出现在 1997 年汛后。

1976 年原始库容为 8 971 万 m³,4 个时期(跨度分别为 3 年、9 年、10 年和

5 年)末的 1979 年、1988 年、1998 年和 2003 年汛后淤积测验库容(断面法计算)分别为 5 198 万 m^3、3 105 万 m^3、1 981 万 m^3 和 2 633 万 m^3(见表 3-12)。

天桥水库发电运行初期(1976 年 10 月~1979 年 10 月),水库库容损失量为 3 773 万 m^3,平均每年损失库容 1 258 万 m^3,年损失率 14.0%;第二时期(1979 年 10 月~1988 年 10 月)水库库容损失量为 2 093 万 m^3,平均每年损失库容 233 万 m^3,年损失率 2.6%;第三时期(1988 年 10 月~1998 年 9 月)水库库容损失量为 1 124 万 m^3,平均每年损失库容 112 万 m^3,年损失率 1.2%。前三个时期的库容损失分别占原始库容的 42.1%、23.3%、12.5%。也就是说,到 1998 年 9 月时,实际库容 1 983 万 m^3,仅是原始库容 8 971 万 m^3 的 22.1%,比最小库容的 1997 年 1 651 万 m^3 略大;第四时期(1998 年 9 月~2003 年 9 月)库容增加了 652 万 m^3,平均每年增加库容 130 万 m^3,年增量为 1.5%,第四时期末的实际库容 2 633 万 m^3,是原始库容的 29.4%,比第三时期末的 22.1% 约增加了 7 个百分点。

水库年内冲淤变化较大,汛期一般为淤积。多年平均淤积量汛期为 979 万 m^3,非汛期冲刷 636 万 m^3,汛期平均为淤积,非汛期冲刷。汛期前三时期内平均淤积量接近,分别为 1 094 万 m^3、1 099 万 m^3、1 135 万 m^3,第四时期很小为 131 万 m^3;非汛期各个时期冲淤量分别为淤积 164 万 m^3、冲刷 761 万 m^3、冲刷 919 万 m^3、冲刷 293 万 m^3,从初期的淤积到后来的冲刷,以冲刷为主。

虽然汛期平均为淤积,非汛期平均为冲刷,但冲刷量一般比淤积量要小得多。总的来说,天桥水库以淤积为主,库容呈逐年减少趋势(见图 3-22)。

各个时期断面平均冲淤沿程分布差异很大。初期,淤积主要发生在 4.2 km 长的库前段(大坝—TD05)和 7.7 km 长的中段(TD05—TD09);长 8.8 km 的尾段(TD09—TD15(二))淤积相对较小,但也明显大于其他时期;河道段(TD15(二)以上)有轻微冲刷,变化极小。

第二、三时期断面平均淤积较小,库前段受闸门调度影响冲淤交替进行,库中、尾段到河道段淤积呈逐渐减弱趋势。前三个时期,淤积趋势由坝前逐渐向库尾转移。

第四时期断面平均变化表现为冲刷,库前段和河道段冲刷大于其他区段。

发电运行 27 年来断面平均淤积情况,库前段略小于中段,自中段向库尾趋势逐渐减弱,河道段淤积不明显。库前段淤积时间主要在初期;中段在初期和第二时期,以初期为主;尾段在初期和第二时期,以第二时期为主;河道段为初期;支流为初期和第二时期。

表 3-12 天桥水库历年实测冲淤量统计

年份	库容(万 m³)		冲淤量(万 m³)			备注
	汛前	汛后	非汛期	汛期	全年	
1976		8 971	原始库容			1. 冲淤量计算时
1977	8 167	7 334	804	833	1 637	间:非汛期从上年汛
1978	7 923	6 861	−589	1 062	473	后测量时间至本年汛
1979	6 584	5 198	277	1 386	1 663	前测量时间;汛期从
1980	5 786	6 427	−588	−641	−1 229	本年汛前至汛后;年
1981	6 108	5 280	319	828	1 147	计算时间从上年汛后
1982	6 065	3 700	−785	2 365	1 580	至本年汛后。
1983	4 588	4 663	−888	−75	−963	2. 括号表示统计
1984	5 509	3 953	−846	1 556	710	时段不全。
1985	4 632	—	−679	—	—	3. 带括号的平均
1986	5 243	3 960		1 283		值按实有次数计算
1987	5 607	4 017	−1 647	1 590	−57	
1988	4 992	3 105	−975	1 887	912	
1 989		3 457			−352	
1990	3 874	3 573	−417	301	−116	
1991	4 184	2 554	−611	1 630	1 019	
1992	3 617	2 417	−1 063	1 200	137	
1993	3 436	—	−1 019	—	—	
1994	3 688	3 546		142		
1995	4 074	3 019	−528	1 055	527	
1996	3 838	1 879	−819	1 959	1 140	
1997	3 201	1 651	−1 322	1 550	228	
1998	3 223	1 981	−1 572	1 242	−330	
1999	2 784	2 268	−803	516	−287	
2000	—	2 717			−449	
2001	—	2 434	—	—	283	
2002	2 354	2 472	80	−118	−38	
2003	2 627	2 633	−155	−6	−161	
合计	1977～1979		492	3281	3 773	
	1980～1988		(−6 089)	(8 793)	2 093	
	1989～1998		(−7 351)	(9 079)	1 124	
	1999～2003		(−878)	(392)	−652	
	1977～2003		(−13 981)	(21 545)	6 183	
年平均	1977～1979		164	1 094	1 258	
	1980～1988		(−761)	(1 099)	233	
	1989～1998		(−919)	(1 135)	112	
	1999～2003		(−293)	(131)	−130	
	1977～2003		(−636)	(979)	229	

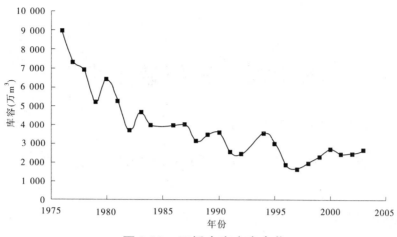

图 3-22　天桥水库库容变化

天桥水库纵向淤积基本呈三角洲形态。河道段淤积不明显,库尾开始淤积,向下游迅速增加。多年来,河道段淤积厚度为 0.3 m,库尾段、库中段、库前段依次为 4.1 m、11.1 m、9.8 m。各个时期淤积或冲刷在库区各段幅度不同,但趋势基本相似,从坝前至库尾逐渐减弱。

3.4.3　水库淤积形态

3.4.3.1　纵向淤积形态

汛期水库在 1979 年就形成了比较充分发展的锥体淤积,坝前平均河底高程为 826.7 m,在距坝 10 km 上、下的纵比降分别为 3.5‰、2.3‰,淤积末端在皇甫川口以下 500~1 000 m;非汛期为三角洲淤积,三角洲顶点距坝 7~8 km,洲面比降约为 2‰,前坡比降为 18‰,淤积末端在皇甫川口以上 2 km 的上徐庄。库区滩地比降约 2.3‰。滩地分布主要在禹庙以上。

3.4.3.2　横断面淤积形态

水库淤积形成河槽,其发展趋势接近水库上游的河槽形态。据天桥水库资料有如下关系:水面宽 $B = 27.2Q^{0.31}$,平均水深 $H = 0.121Q^{0.44}$,河槽边坡一般为 1∶10~1∶20。

第4章 三门峡水库

4.1 水库基本情况

4.1.1 水库概况

三门峡水库位于河南省陕县(右岸)和山西省平陆县(左岸)境内,是一座以防洪为主,兼有发电、减淤和航运等多种效益的综合性工程,控制流域面积占全流域面积的92%,并控制黄河下游来水量的89%和来沙量的98%。

原规划按陕县多年平均沙量13.8亿 t,最大沙量44.3亿 t(1933年)设计,并在中游大力进行水土保持和拦泥库建设,预计到1967年减少入库泥沙50%左右,按此计算,水库运用50年库区淤积泥沙为336亿 m^3。黄河下游下泄清水,河床刷深,河槽日趋稳定,以解除洪水威胁。

水库正常蓄水位为360 m,相应库容为647亿 m^3。为减少近期库区的淹没损失和确保水库回水不影响西安市,决定第一期工程先按高程350 m施工,坝前实际浇筑高程为353 m,相应库容为354亿 m^3,可将千年一遇洪水(推算的洪峰流量37 000 m^3/s)削减到6 000 m^3/s,解除洪水威胁,使下游河床刷深。水电装机8台,总装机容量101.5万 kW,水库蓄水位为350 m时,淹没耕地13.33万 hm^2,移民60万人。

库区范围包括黄河龙门—潼关及支流渭河、北洛河下游部分及潼关—三门峡,各河段的河道特性不同。当库水位不超过潼关,前3个河段已不属于库区范围。

4.1.2 水库运用与改建

1957年4月13日枢纽工程正式开工,1958年11月25日截流,1960年9月15日下闸开始蓄水拦沙运用,至1962年3月19日,在此期间,库水位有三次较大幅度的升降:第一次蓄水为 1960 年 9 月 15 日~1961 年 2 月 9 日,最高蓄水位为 332.58 m(1961 年 2 月 9 日),回水超过潼关,渭河回水达华县附近,距坝约 169 km,黄河回水距坝 145 km,其后库水位下降,至 6 月底,降至 319.13 m,7~8 月中旬,库水位变化在 316.75~321.89 m;8 月下旬库水位第二次抬高,至 10 月 21 日升至 332.53 m,正值渭河发生 2 700 m³/s 小洪水,黄河流量 2 000 m³/s,在渭河河口段长达 10 余 km 普遍淤高 3~5 m,在前期淤积和洪水淤积的共同影响下,渭河回水至赤水附近,距坝约 187 km,黄河回水距坝 152 km,其后库水位下降,至 12 月底降至 320 m;1962 年 2 月 17 日第三次蓄水,库水位达 327.96 m,3 月 20 日降至 312.41 m。

在此期间,除汛期异重流排沙外,大量泥沙淤在库内,排沙比仅有 6.8%,库区淤积 18.4 亿 m³。潼关站同流量(1 000 m³/s)的水位,从 1960 年 7 月 5 日的 323.5 m 至 1962 年汛前升至 326.10 m,升高 2.6 m,并在渭河口形成拦门沙,渭河下游泄洪能力迅速降低,两岸地下水位抬高,水库淤积末端上延,渭河下游两岸农田受浸没,土地盐碱化面积增大。

为了减缓水库淤积,1962 年 2 月,经国务院批准,三门峡水库由蓄水拦沙运用方式改为滞洪排沙运用方式,汛期闸门全开敞泄,只承担防御特大洪水的任务。

水库改变运用方式后,渭河口"拦门沙"逐渐冲出一个深槽,但潼关高程并未降低,至 1964 年汛后为 328.09 m,升高 1.99 m。又由于泄水孔位置较高,泄流能力较小,入库泥沙仍有 60% 淤在库内,淤积泥沙 26 亿 m³,特别遇 1964 年的丰水丰沙年,水库淤积非常严重,一年淤积泥沙 15.94 亿 m³。由此决定对工程进行改建。

三门峡枢纽工程的改建,实际上经历了两个阶段或两个时期,第一期改建包括了第一次改建和第二次改建,主要是增加及改建泄流设施以加大各级水位下的泄流能力。第二期改建主要是对底孔进行大修和改建,增开底孔以及改造和扩建机组等。

各时期泄流能力见表 4-1。可以看出,泄流工程由原设计的 12 个孔增至目前的 27 个孔,高程 300 m 的泄量由原设计的 0 增至目前的 3 633 m³/s,高程 315 m 的泄量由原设计的 3 084 m³/s 增至目前的 9 701 m³/s,为减少库区的淤积和水库的调度创造了非常灵活的条件。

表 4-1　三门峡水库各时期的泄流能力

项目		时段(年-月)					
		1960 ~ 1966-06	1968-08	1973-12	1990-12	1992 ~ 1999	1999 ~ 2000
泄水建筑物	深孔	12	12	7	5	5	3
	底孔			3	3	3	3
	双层孔			5	7	7	9
	隧洞		2	2	2	2	2
	钢管		4	3	3	1	1
	全部		18	25	27	25	27
各坝前水位下泄量（m³/s）	290	0	0	880	1 026	1 026	1 188
	295	0	254	1 894	1 992	1 992	2 385
	300	0	712	2 872	3 126	3 126	3 633
	305	612	1 924	4 529	4 859	4 859	5 255
	310	1 728	4 376	7 227	7 541	7 143	7 829
	315	3 084	6 064	9 059	9 441	8 991	9 701
	320	4 044	7 312	10 501	10 905	10 413	11 153
	325	4 800	8 326	11 736	12 160	11 636	12 420
	330	5 460	9 226	12 864	13 235	12 681	13 483
	335	6 036	10 016	13 741	14 116	13 536	14 350

注:未包括机组泄量。

4.2　水库运用对水沙条件的改变

三门峡水库 1957 年 4 月 13 日枢纽工程正式开工,1958 年 11 月 25 日截流,1960 年 9 月 15 日开始蓄水拦沙运用,至今已运用 40 多年。

1960 年 11 月 ~ 2005 年 10 月平均入库年水量 342.23 亿 m³,其中汛期占 54%,入库年沙量 10.865 亿 t,其中汛期占 87%。入库年水量中,黄河龙门以上地区占 75%,渭河华县以上占 20%,汾河以上占 3%,北洛河以上占 2%。入库沙量中,黄河龙门以上地区占 63%,渭河华县以上占 30%,汾河以上占 1%,北洛河以上占 6%。而黄河龙门以上的头道拐同期水量占龙门的 82%,沙量仅占 15%,也就是说,黄河干流龙门水量主要来自头道拐以上,沙量主要来自龙门—头道拐。明显地表现出入库水沙异源的特性。

根据三门峡水库不同运用方式的实施时间,划分为三门峡水库蓄水拦沙期(1960 年 9 月～1964 年 10 月)、三门峡水库滞洪排沙期(1964 年 11 月～1973 年 10 月)、三门峡水库蓄清排浑运用期(1973 年 11 月～2005 年 10 月)三个运用时期。其中三门峡水库 1973 年 10 月以来一直采取蓄清排浑的运用方式,但 1986 年 10 月龙羊峡水库投入运用,与此同时黄河流域气候条件变化较大,以及 1999 年 10 月小浪底水库投入运用都对黄河影响较大,因此将蓄清排浑时期分为三个时段分别阐述。以下分析各时期运用方式的改变特点、来水来沙变化特点和水库运用对水沙条件的改变。

4.2.1　三门峡水库蓄水拦沙期(1960 年 9 月～1964 年 10 月)

三门峡水库 1960 年 9 月～1962 年 3 月蓄水拦沙运用,除洪水期曾以异重流形式排出少量的细颗粒泥沙外,其他时间均下泄清水。1962 年 3 月～1964 年 10 月,水库改为防洪排沙运用,但由于水库泄流能力小,滞洪作用大,以及泄流排沙设施底坎高于原河床 20 m,水库死库容继续拦沙,出库泥沙仍较小,黄河下游河道继续冲刷。因此,将上述两个运用时期合起来视为水库拦沙期。

水库拦沙期来水来沙量都比较大,特别是 1964 年是丰水多沙年,水量为 678.49 亿 m^3,沙量为 30.485 亿 t,在历史上都是较大的。1960 年 9 月 15 日～1962 年 3 月 19 日为蓄水运用时期,在此期间两次蓄水超过 332 m 高程,一次达到 332.58 m,另一次达到 332.53 m。蓄水时期除通过异重流排出一部分泥沙外,绝大部分泥沙都淤在库内,排沙比只达到 7%,而且都是粒径小于 0.025 mm 的冲泻质泥沙。1962 年 3 月下旬起敞开 12 个深孔泄流至 1964 年 10 月,坝前最高蓄水位 325.9 m,水库排沙比增加到 40%。

4.2.1.1　洪峰流量大幅度削减,洪量减少

三门峡水库蓄水拦沙期间对洪水的调节使洪峰流量大幅度削减,洪量减少。据统计,三门峡水库库区潼关洪峰流量大于 5 000 m^3/s 的洪水,在水库修建前潼关—三门峡河段基本没有削峰作用。但建库后,该河段削峰明显。拦沙期洪峰流量大幅度削减,削减幅度与水库运用情况及入库洪峰流量大小有关,例如 1964 年 8 月 14 日潼关站洪峰流量 12 400 m^3/s,经三门峡水库削减出库为 4 910 m^3/s,削峰比达 60%;1960 年 8 月 4 日潼关站洪峰流量 6 080 m^3/s,经削减出库只有 3 080 m^3/s,削峰比为 49.3%。1960～1963 年三门峡水库入库洪峰流量均大于 6 000 m^3/s,经水库调节后只有 2 000～3 000 m^3/s,1964 年也只有 4 910 m^3/s。

4.2.1.2　中小流量级历时增长,流量过程趋于均匀化

经水库调节后流量过程改变,中小流量级历时增长,而大流量的历时和水

量减少,流量过程趋于均匀化。据统计,1961~1964 年汛期流量大于 3 000 m³/s 的历时入库 54 d,出库较入库年均减少 9.25 d;大于 5 000 m³/s 的历时入库年均 6.25 d,出库没有一天;而小于 3 000 m³/s 的历时出库 78.25 d,较入库增加了 9.25 d。

4.2.1.3　异重流排沙和明流排沙

在三门峡水库高水位运用时,泥沙只能通过异重流的形式出库。1961 年 7~8 月、1962 年 3~10 月、1963 年 5 月底~1964 年 8 月曾多次出现异重流,随着淤积向坝前推进与运用水位降低,异重流潜入点向大坝靠近,异重流的排沙比逐年增大。在水库采用低水位运用时,排沙的基本方式是明流排沙,排沙比逐年增大。

蓄水拦沙期于 1962 年 3 月改变运用方式,坝前水位降低,当坝前水位降低至淤积面以下时,就会发生自下而上的溯源冲刷,大量泥沙被排出库外。如 1962 年 3 月 20 日~6 月 30 日、1963 年 12 月 12 日~1964 年 1 月 31 日和 1964 年 5 月 12~25 日三次溯源冲刷,其中 1963 年的一次效果更为显著,排沙比可达 665%,冲刷量达 0.89 亿 t,1962 年虽然全库段排沙比只有 46%,但溯源冲刷效果较显著,但这种排沙对下游河道会造成一定的影响。

4.2.1.4　水库拦粗排细,出库泥沙大大细化

三门峡水库不仅拦截了大量泥沙,同时对于不同粒径组的泥沙起到不同的作用。据统计分析 1961 年 7 月~1964 年 10 月有级配资料的成果,总体看,粒径小于 0.025 mm、0.025~0.05 mm 和大于 0.05 mm 泥沙的排沙比分别为 58%、24% 和 25%,水库排沙比随着粒径增粗而变小;水库调节后,入出库泥沙组成发生较大变化,水库起到了一定的"拦粗排细"作用,入库泥沙组成分别为 54%、26% 和 20%,而出库泥沙组成分别为 73%、15% 和 12%。可见,出库泥沙大大细化,水库淤积绝大部分是大于 0.025 mm 的泥沙。随着水库运用水位的降低,汛期各级泥沙排沙比均在增加,1961 年汛期水库全沙排沙比只有 11%,1962 年和 1963 年分别增至 35% 和 49%,中泥沙排沙比分别为 1%、5% 和 27%,粗泥沙排沙比分别为 1%、5% 和 20%;但泥沙粗则排沙比小以及出库泥沙组成细化的规律没有改变,细泥沙排沙比仍远远大于中、粗泥沙,1961 年及 1962 年汛期水库下泄泥沙组成 95% 和 93% 为细泥沙,1963 年和 1964 年细泥沙比前两年比例略有减少,但仍占 80%~90%。

4.2.2　三门峡水库滞洪排沙期(1964 年 11 月~1973 年 10 月)

三门峡水库于 1962 年 3 月改为滞洪排沙运用,全年敞开闸门泄流排沙,

经过两次改建,1973 年 11 月开始蓄清排浑控制运用。前面已经说明,在水库改为滞洪排沙运用初期(1962 年 3 月~1964 年 10 月),死库容还未淤满,下泄泥沙很小,且泥沙较细,我们合并入蓄水拦沙期来分析,因此把 1964 年 11 月~1973 年 10 月作为滞洪排沙期来分析。

水库滞洪排沙运用对水沙过程的影响,一方面取决于入库的天然来水来沙条件,另一方面取决于水库的泄洪能力。在一定的来水来沙条件下,如果水库的泄流能力较大,则其对出库水沙过程的改变也较小。1966 年以后,三门峡水库增建的泄流排沙设施陆续投入运用,水库的泄流能力逐渐加大,出库的水沙过程也有所改善。

4.2.2.1 改变了泥沙的年内分配,非汛期沙量大大增加

由于三门峡水库只起着自然滞洪削峰作用,因此对总水量调节不大,但对泥沙的年内调节较大。该时期三门峡汛期年均沙量为 12.707 亿 t(见表 4-2),占运用年沙量的 78.6%,非汛期年均沙量为 3.46 亿 t,占潼关相应沙量的 149%。非汛期增加的泥沙主要是潼关以下库内的前期淤积物冲刷补给。有些年份这种改变比较突出,如 1965 年、1966 年和 1967 年非汛期三门峡沙量分别为 7.48 亿 t、1.95 亿 t 和 4.88 亿 t,为潼关沙量的 338%、181% 和 161%。

非汛期出库的泥沙主要是潼关以下库内前期淤积物,泥沙不但量大,同时较粗,年均补给泥沙 1.13 亿 t,其中粒径大于 0.025 mm 的泥沙 0.81 亿 t,占总补给量的 72%。其中 1964 年和 1965 年非汛期的影响更大,1964 年补给泥沙 5.27 亿 t 中大于 0.025 mm 的泥沙占 71%,而 1965 年补给的泥沙 0.877 亿 t 中大于 0.025 mm 的泥沙竟达 86%,使出库泥沙级配发生变化,潼关站大于 0.025 mm 泥沙占总沙量的 59%,而三门峡站则上升为 72%。

表 4-2 三门峡水库入库(潼关)和出库(三门峡)水沙量情况

项目	时段(年)	潼关			三门峡		
		汛期	运用年	汛期/运用年(%)	汛期	运用年	汛期/运用年(%)
水量(亿 m³)	1961~1964	302.37	501.56	60.3	288.02	506.81	56.8
	1965~1973	205.24	382.78	53.6	207.55	390.91	53.1
	1974~1980	212.06	371.06	57.1	211.17	370.75	57.0
	1981~1985	270.22	442.75	61.0	268.43	443.00	60.6
	1986~1999	120.47	264.02	45.6	118.25	260.36	45.4
	2000~2005	89.51	200.63	44.6	81.63	177.39	46.0

项目	时段 （年）	潼关			三门峡		
		汛期	运用年	汛期/运用年（%）	汛期	运用年	汛期/运用年（%）
沙量 （亿 t）	1961～1964	12.023	14.315	84.0	4.075	5.544	73.5
	1965～1973	12.079	14.406	83.8	12.707	16.168	78.6
	1974～1980	10.260	11.916	86.1	11.994	12.327	97.3
	1981～1985	6.938	8.484	81.8	9.288	9.636	96.4
	1986～1999	5.837	7.770	75.1	7.295	7.708	94.6
	2000～2005	2.911	3.983	73.1	3.978	4.258	93.4

4.2.2.2 洪峰流量削减幅度仍然较大

三门峡水库虽经过两次改建,但遇较大洪水,水库的自然滞洪削峰作用仍很大。该时期潼关每年都有洪峰大于 5 000 m^3/s 的洪水,其中大于 6 000 m^3/s 的洪水就有 6 次,潼关最大洪峰流量为 10 200 m^3/s(1971 年 7 月 26 日),而三门峡只有 5 380 m^3/s,削峰比为 47.5%,大部分洪水削峰比均在 34%～40%。

4.2.2.3 大水带小沙,小水带大沙

该时期汛期出库水沙过程发生大的调整,水库排沙比最大的流量级是 2 000～3 000 m^3/s。当流量超过 5 000 m^3/s 后,三门峡的沙量小于潼关沙量,库区发生淤积;反之,三门峡沙量大于潼关沙量,库区发生冲刷,流量在 5 000 m^3/s 以下的冲刷量可占汛期总冲刷量的 221%,特别集中在流量小于 3 000 m^3/s,冲刷量可占汛期总冲刷量的 275%。因此,这种水沙调节的模式是洪水削峰滞沙,峰后排沙多而较粗,使水沙关系非常不协调,形成"大水带小沙、小水带大沙",更不能发挥下游河道输沙能力的作用,对下游河道十分不利。

4.2.2.4 高含沙量洪水能在较小的水力条件下输送出库

1969 年、1970 年、1971 年、1973 年进入三门峡水库的 4 次高含沙量洪水,在水库自然滞洪壅水的条件下均可排出库外。1971 年入库最大含沙量 633 kg/m^3,出库含沙量为 666 kg/m^3。4 年间最大日均含沙量大于 200 kg/m^3 的历时最长可达 10 d,短者为 5 d,洪水期的排沙比均接近 100%,但落水期高含沙量历时加长。

4.2.3 三门峡水库蓄清排浑运用期(1973 年 11 月～1999 年 10 月)

1973 年 11 月三门峡水库实行非汛期蓄水拦沙、汛期降低水位泄洪排沙的蓄清排浑控制运用,即非汛期防凌前蓄水 11 月中旬～12 月底蓄水位仍然在 315 m 左右,防凌蓄水运用 1 月中旬～2 月底蓄水位仍然在 320 m 左右,防凌蓄水最高水位 326 m,6 月底降低至 305 m,必要时降低到 300 m 以下排沙;汛期一般洪水排沙运用,大洪水时敞泄滞洪运用。由于三门峡水库没有大的调节库容,汛初为降低潼关高程大量排沙,因此出库水沙过程虽比滞洪排沙期有所改善,但仍不能进行水沙的合理调节,1999 年 10 月小浪底水库运用以后两库联合运用,调水调沙才有所改善。

该时期进入下游的水沙特点既不同于蓄水拦沙期,也不同于滞洪排沙期,对水沙过程的改变主要表现在:

非汛期 8 个月水库基本下泄清水,流量过程有所调平,每年 3 月、4 月上游来的桃汛洪水被水库拦蓄,而汛期水库为尽快降低潼关高程,降低水位运用,也就是说,4 个月基本排泄全年泥沙,形成非汛期 8 个月清水,汛期 4 个月浑水,清、浑水交替出现的过程。

水库排沙比较大的流量级提高,水沙过程的搭配情况较滞洪排沙期有所改善,但非汛期水库淤积的泥沙主要集中在汛初小水时下排,汛初小流量时常泄空排沙,使小水挟带大量泥沙进入下游,水沙关系不匹配。

高含沙洪水通过水库进入下游,入出库含沙量变化不大,但洪峰仍有削减。

水库已有的泄流排沙设施由于种种原因不能全部使用,一般仅达到设计能力的 80%～90%,超过 5 000 m³/s 的洪水,水库仍然有自然滞洪削峰,但比前两个时期已经大大减弱。

根据各年的来水来沙情况和水库运用方式,以及对其下游水沙的影响,大致可分为 4 个阶段,即 1974～1980 年、1981～1985 年、1986～1999 年、2000～2005 年,分析其水沙特点不同。

4.2.3.1 1974～1980 年

三门峡水库蓄清排浑控制运用后出库的水沙过程较入库的水沙过程有很大的改变,主要表现在以下几点:

(1)非汛期 8 个月水库库水位一般控制在 320 m 左右,最高不超过 326 m。水库基本下泄清水,流量过程有所调平,每年 3 月、4 月上游来的桃汛洪峰都被水库调蓄。

（2）汛期水库降低水位排泄全年泥沙，泥沙年内分配发生根本性变化，非汛期沙量排沙仅占年沙量的 2.7%。这一时期汛期水库水位为 300～305 m，汛期平均排沙比达到 144%。由于水沙条件有利，潼关以下非汛期淤积，汛期冲刷，全年冲淤平衡。

（3）由于水库泄流能力限制，超过 5 000 m³/s 的洪水，水库仍自然滞洪削峰，使出库洪峰流量大大削减。该时段潼关洪峰流量在 5 000 m³/s 以上的洪水，水库削峰率都超过 13%，1977 年 7 月、8 月和 1979 年潼关洪峰流量分别为 13 600 m³/s、15 400 m³/s 和 11 000 m³/s，经三门峡水库削减后分别只有 7 900 m³/s、8 900 m³/s 和 7 350 m³/s，削峰率分别达到 41.9%、42.2% 和 33.2%。

（4）由于潼关以下库区没有调沙库容，无法等到汛期后期较大流量时排沙，因此非汛期水库淤积的泥沙主要集中在汛期中小水时下排，而且多在每年汛初小流量时泄空冲刷排沙，造成进入下游"小水带大沙"的不相适应水沙关系，三门峡来沙系数多在 0.02 kg·s/m⁶ 以上。如 1978 年汛初来沙系数达到 0.14 kg·s/m⁶。

（5）高含沙洪水时，入出库含沙量变化不大，但出库洪峰削减很多。如 1977 年 7～8 月潼关出现三场高含沙量洪水，洪峰流量分别为 13 600 m³/s、12 000 m³/s 和 15 400 m³/s，经三门峡水库调节后出库流量只有 7 900 m³/s、7 550 m³/s 和 8 900 m³/s，削峰率达到 41.9%、37.1% 和 42.2%，但含沙量过程没有衰减，三场洪水潼关最大含沙量分别为 616 kg/m³、238 kg/m³ 和 911 kg/m³，三门峡为 589 kg/m³、330 kg/m³ 和 911 kg/m³，与潼关几乎相同。

4.2.3.2　1981～1985 年

该时段水库运用对水沙的调节作用与 1974～1980 年基本相同，但调节程度不同。

（1）非汛期水库水位抬高运用，下泄泥沙少，出库沙量仅占年沙量的 5%，改变天然情况下泥沙的年内分配。

（2）入库洪峰流量最大仅 6 540 m³/s（1981 年），水库削峰比 3%，其他场次洪水洪峰流量小，水库削峰比不足 10%，较 1974～1980 年时段同流量洪峰削峰比小。

（3）入库水量小，大洪水少，水库年内达不到平衡，对水沙调节作用小，入出库各流量级特征变化不大。如汛期 1 000～3 000 m³/s 的流量级，入库和出库历时分别为 73.8 d 和 73.2 d；3 000～5 000 m³/s 的流量级，入库和出库历时分别为 37.6 d 和 37.4 d；5 000～7 000 m³/s 的流量级，入库和出库历时分别为 4.2 d 和 4.4 d。

4.2.3.3 1986～1999 年

黄河流域上中游地区从 20 世纪 80 年代开始进入降雨偏少时期,同时 1986 年龙羊峡水库投入运用,与刘家峡水库联合多年调节水量,沿黄引水量也基本上从 80 年代大量增加,同时水利水保措施也发挥了一定的减水减沙作用,上述气候变化和人类活动共同形成了下游 1986～1999 年比较特殊的来水来沙系列。

1)枯水少沙

年均水沙量减少。1986～1999 年下游年均来水 273.9 亿 m^3(见表 4-3),比长系列均值(1919～1985 年)偏少 41%。下游沿程各站水量偏少程度都较高,利津站年均水量只有 154.4 亿 m^3,偏少达 63%。该系列各年水量普遍减少,由图 4-1 可见,14 年水量都少于长系列均值较多,统计 1919 年以来水量最枯的前十年(运用年)(见表 4-4),1986 年以后就有八年,而且位于前五位,其中 1997 年水量仅 166.4 亿 m^3,是水量最少的一年。1986～1999 年下游年均来沙 7.62 亿 t,比长系列均值偏少 48%,其中 1987 年、1986 年、1997 年沙量分别列 1919 年以来沙量最少的第二、四、五位。但来沙减少并不稳定,暴雨强度大的年份沙量仍较大,1988 年、1992 年、1994 年、1996 年沙量都超过 10 亿 t。

表 4-3 黄河下游 1986～1999 年年均水沙情况

水文站	水量(亿 m^3)			沙量(亿 t)		
	1986～1999 年 ①	1919～1985 年 ②	①较② (%)	1986～1999 年 ①	1920～1985 年 ②	①较② (%)
三黑小	273.9	464.9	-41	7.62	14.72	-48
高 村	242.4	442.0	-45	5.11	11.34	-55
艾 山	212.8	439.4	-52	5.11	10.78	-53
利 津	154.4	417.3	-63	4.01	10.50	-62

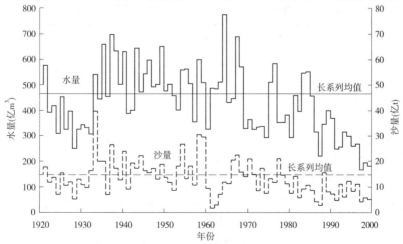

图 4-1 黄河下游历年来水来沙量过程

表 4-4　黄河下游年水量历史最小前十位统计

位数	一	二	三	四	五	六	七	八	九	十
年份	1997	1999	1998	1987	1991	1928	1992	1995	1996	1980
水量 （亿 m³）	166.4	181.2	196.2	220.8	249.0	251.1	255.2	258.2	267.0	292.5

沿程水量减少加剧,断流现象严重。下游来水来沙量的变化主要是上中游各种因素综合影响的反映,与此同时由于沿黄引水的影响下游水沙量沿程也在发生变化,突出表现在来水量大量减少的前提下,各河段沿程水量减少增多,引起下游部分河段断流现象加剧。由表 4-3 可见,长系列平均情况进入下游的水量沿程变化不大,从三黑小到高村、艾山、利津分别减少 22.9 亿 m³、25.5 亿 m³ 和 47.6 亿 m³,分别仅约占三黑小水量的 5%、5% 和 10%,下游河道沿程的损耗量约为来水量的 10%;而 1986～1999 年从三黑小到高村、艾山、利津分别减少量达到 31.5 亿 m³、61.1 亿 m³ 和 119.5 亿 m³,分别占到三黑小水量的 12%、22% 和 44%,近一半的来水量沿程损耗掉。在下游来水量大大减少的条件下,沿程水量的损耗又在增加,造成下游部分河段来水量剧减,断流现象日益突出。由表 4-5 可见,黄河下游 1972～1990 年 18 年间泺口、利津两站分别有 6 年和 13 年出现断流,断流历时一般在 1 个月内。而 90 年代以后断流次数增多、断流时间增长、断流长度增加(见图 4-2),1991～1999 年 9 年间,黄河下游年年出现断流,1992～1994 年断流历时每年超过 2 个月,1995～1996 年断流历时每年长达 4 个月,至 1997 年,黄河下游断流发展到最为严重,断流历时达 220 余天,长度接近 700 km,为 70 年代以来断流时间最长、断流次数最多、断流河段最长的年份。

表 4-5　黄河下游来水(日历年)及断流情况统计

年份	水量(亿 m³)		利津/三黑小(%)	断流长度(km)	利津断流次数	断流天数(d)			
	三黑小	利津				夹河滩	高村	泺口	利津
1972	298.2	222.7	75	310	3			6	19
1974	291.8	231.6	79	316	2			10	20
1975	550.1	478.3	87	278	2			4	13
1976	539.7	448.9	83	166	1				8
1978	357.9	259.2	72	104	4				5
1979	374.3	269.9	72	278	2			5	21
1980	287.7	188.6	66	104	3				8

年份	水量（亿 m³）		利津/三黑小（%）	断流长度（km）	利津断流次数	断流天数（d）			
	三黑小	利津				夹河滩	高村	泺口	利津
1981	468.8	345.9	74	662	5	2	11	16	36
1982	398.6	297.0	75	278	1			3	10
1983	580.1	490.8	85	104	1				5
1987	228.4	108.4	47	216	2				17
1988	349.2	193.9	56	150	2				5
1989	422.8	241.7	57	277	3				24
1991	237.1	123.3	52	131	2				16
1992	269.9	133.7	50	303	5			31	83
1993	311.4	185.0	59	278	5			1	60
1994	305.1	217.0	71	308	4			29	74
1995	243.4	136.7	56	683	3	4	8	77	122
1996	267.7	155.6	58	579	7			7	136
1997	149.2	18.6	12	700	13	18	25	132	226
1998	209.8	106.1	51	300	12			28	123
1999	170.6	68.4	40	300	2			10	38

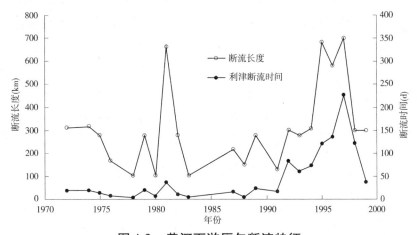

图 4-2 黄河下游历年断流特征

自 1999 年黄河实行全河水量统一调度以来，下游河道断流现象逐步得到解决。由表 4-5 下游河道的来水量及断流情况对比看，实施全河水量统一调度后，1999 年在水资源紧缺的情况下，下游河道断流当年就得到了缓解，与1998 年相比在花园口站来水量相当的情况下，断流次数和断流天数明显减少。但与此同时,近乎断流的小流量出现时间越来越长。由图4-3可见,70年代以来利津站日均流量在50 m³/s以下的历时逐年增加,由70年代的年均30.9 d增加到80年代的年均34.6 d,90年代达到年均出现118.5 d,1997年和1998年最多分别为222 d和209 d。1999年实行流域水量调度后这一恶劣趋势得到控制,1999年、2000年和2001年分别减少到89 d、81 d和45 d。2002年又有所增加,达到113 d。

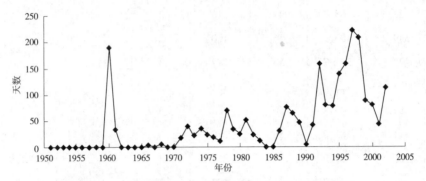

图4-3 利津站历年小于50 m³/s出现天数过程

2)水量在年内的分配发生改变

汛期、非汛期水量占全年的分配发生根本性改变。1986年以后下游水量减少主要集中在汛期,年均汛期水量只有132.5亿m³,较长系列均值减少52%;而非汛期减少不多,为155.6亿m³,仅减少16%。因此,下游水量年内分配发生了根本性改变(见表4-6)。长系列平均情况汛期水量较多,约占全年的60%,非汛期水量少,仅占40%;而1986年以后由于汛期水量的减少幅度远大于汛期,因此汛期水量小于非汛期,水量只占到全年的46%,相反非汛期水量占年水量的比例增大到54%。

表4-6 1986~1997年黄河下游水沙量及年内分配

项目	量值					占全年比例(%)			
	7~8月	9~10月	7~10月	11月~次年6月	全年	7~8月	9~10月	7~10月	11月~次年6月
水量(亿m³)	78.2	54.3	132.5	155.6	288.1	27.2	18.8	46.0	54.0
沙量(亿t)	6.33	1.21	7.54	0.46	8.00	79.2	15.1	94.3	5.7
含沙量(kg/m³)	80.9	22.4	56.9	2.9	27.8				

9~10月秋汛期减幅更大,9月下旬~10月水沙特征接近非汛期。汛期水沙量的大量减少,更主要地集中在9~10月。9~10月为黄河下游的秋汛

期,也是来水来沙的重要时期,长系列均值水量、沙量分别为 134.9 亿 m^3 和 3.675 亿 t,占到全年的 29% 和 25%,占到汛期水沙量的 50% 和 30%。而 1986 年以后 9~10 月水量、沙量只有 54.3 亿 m^3 和 1.21 亿 t,较长系列均值的减幅分别达到 60% 和 67%。因此,占全年总量的比例也下降到 19% 和 15%,占汛期的比例也只有 41% 和 16%(见表 4-6)。

尤其 9 月下旬~10 月水沙量减幅更大,除 1989 年下游水量偏多以外,其余年份 9 月下旬水量均较长系列减少一半以上,10 月减少 2/3 以上。沙量减少更多,1986 年后 9 月下旬、10 月水沙量年均只有长系列均值的 1/3 和 1/5,10 月沙量最少的年份(1997 年)只有 100 万 t,水沙量占全年的比例明显下降。这一时段的水沙特征已与非汛期非常接近。以花园口站为例,1986 年以前 9 月下旬~10 月花园口的月均水量 68.9 亿 m^3,是非汛期 11 月~次年 6 月和 4~6 月月均水量的 2.6 倍,而 1986 年后年均只有 22 亿 m^3,与非汛期月均水量接近,而且从图 4-4 可以看到基本上各年变化都与平均情况一致。沙量减少更大于水量,1986 年前花园口 9 月下旬~10 月月均沙量为 1.46 亿 t,是 1986 非汛期 11 月~次年 6 月和 4~6 月月均沙量的 6 倍,1986 年后只有 0.303 亿 t,与非汛期月均沙量相近。因此,从水沙量的平均和历年情况来看干流 9 月下旬~10 月的水沙特征已近似于非汛期。

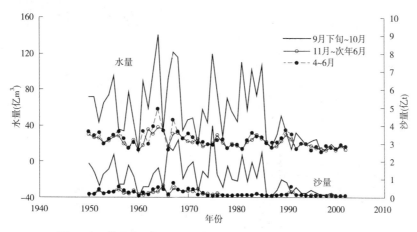

图 4-4 花园口站 9 月下旬~10 月水沙量与历年对比

3)水沙过程发生变化

汛期中大流量减少、枯水流量增加。黄河下游汛期水沙量减少,水沙过程也发生了较大变化,主要是枯水流量级历时增长,中大流量历时及相应输水输沙量明显降低。

由图 4-5 明显可见,与 1950~1985 年平均情况相比,花园口站 1986~1999

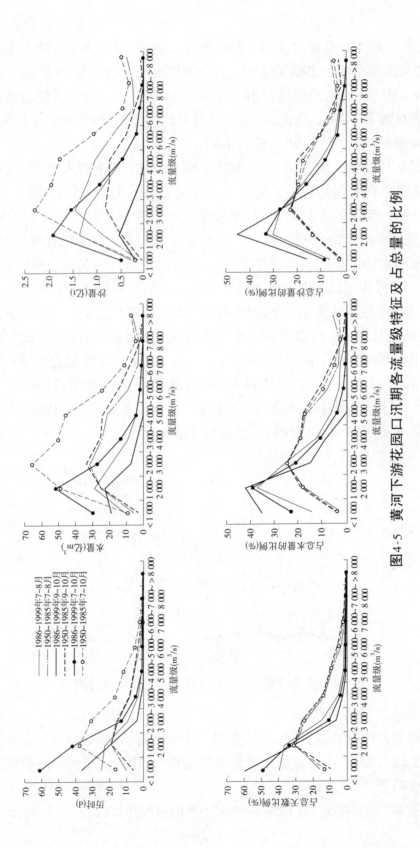

图4-5 黄河下游花园口汛期各流量级特征及占总量的比例

年从各流量级的历时、水量和沙量来看,基本上都是 1 000 m³/s 以下小流量数值增加,1 000 ~ 2 000 m³/s 数值变化不大,2 000 m³/s 以上数值开始减少,特别是 3 000 m³/s 以上较大流量级的减少最多。首先中大流量显著减少,由表 4-7 可见,3 000 m³/s 以上流量级历时由 1950 ~ 1985 年的年均出现 37.8 d 减少到 1986 ~ 1999 年的只有 6.7 d,减少了 82%;而 1 000 m³/s 以下的历时由 16.5 d 增加到 61.1 d,增加了 73%;特别是 500 m³/s 以下的枯水流量级出现天数由 3.8 d 增加到 23.8 d,增加了 84%。

汛期水沙量的减少主要集中在 3 000 m³/s 以上较大流量级。汛期水沙量 1986 ~ 1999 年分别为 131.1 亿 m³ 和 5.785 亿 t,较 1950 ~ 1985 年分别减少 138.4 亿 m³ 和 4.304 亿 t,减幅为 51% 和 43%。而 3 000 m³/s 以上流量级的水沙量减少值达 122.9 亿 m³ 和 4.374 亿 t,减幅达 85% 和 71%,占到汛期总减少量的 89% 和 102%,而 1 000 m³/s 以下小流量的水沙量有一定程度的增加,特别是水量增加较多。

各流量级水沙量的变化不同,引起水沙量在各流量级分配的变化。由图 4-5 中各流量级水沙量占汛期总量的比例可见,1950 ~ 1985 年水沙量主要在 1 000 ~ 6 000 m³/s 流量输送,约占到总水量、总沙量的 88% 和 84%,而且各流量级水沙量占总量的比例比较接近,相差不大,其中 2 000 ~ 3 000 m³/s 的比例最高,占总水量、总沙量的 25% 和 23%,说明这一流量级输送的水沙最多。但 1986 ~ 1999 年各流量级水沙量占总量的比例与 1950 ~ 1985 年明显不同,输送水沙的主要流量级减小,主要在 4 000 m³/s 以下流量级输送,占总水量、总沙量的 93% 和 85%,其中又以 1 000 ~ 2 000 m³/s 流量级的输水输沙比例最高,占总水量、总沙量的 39% 和 33%。从河道输沙的角度综合对比来看,黄河下游花园口站 1950 ~ 1985 年在汛期 31% 的时间里通过 3 000 m³/s 以上流量级的水流,输送了 54% 的水量和 61% 的泥沙,而 1986 ~ 1999 年变为 3 000 m³/s 以上流量级的水流仅能在 5% 的时间内,通过 17% 的水量输送 31% 的泥沙。

同时在图 4-5 中分别给出伏汛期 7 ~ 8 月和秋汛期 9 ~ 10 月各流量级的变化情况,可见其变化特点基本与汛期相同。但值得一提的是,秋汛期 2 000 m³/s 以上中大流量级的水沙量减幅更大,大于非汛期和汛期,因此水沙量在 2 000 m³/s 以下小流量的集中程度更高,分别占到总量的 77% 和 63%。

汛期水量在中小流量级的集中程度增大,出现优势流量级。水量是河床演变的主要动力条件,其在各流量级的分布情况对河道排洪能力的塑造起到决定作用。为更准确地分析水量分布的变化,以 200 m³/s 为一流量级计算了下游花园口和艾山不同时期各流量级的水量分布,见图 4-6 和图 4-7。由图可

表 4-7 花园口站不同时期汛期各流量级特征

项目	时段（年）	流量级（m³/s）						各流量级占汛期总量的比例（%）				
		<500	<1 000	1 000~3 000	3 000~5 000	>5 000	合计	<500	<1 000	1 000~3 000	3 000~5 000	>5 000
历时（d）	1950~1959	0.5	6.4	77.4	29.5	9.7	123.0	0.4	5.2	62.9	24.0	7.9
	1960~1964	9.4	13.8	61.6	31.4	16.2	123.0	7.6	11.2	50.1	25.5	13.2
	1965~1973	4.6	28.1	64.1	24.3	6.4	123.0	3.7	22.9	52.1	19.8	5.2
	1974~1980	5.0	25.0	70.7	23.0	4.3	123.0	4.1	20.3	57.5	18.7	3.5
	1981~1985	1.4	6.8	64.2	40.0	12.0	123.0	1.1	5.5	52.2	32.5	9.8
	1986~1999	23.8	61.1	55.3	5.8	0.9	123.0	19.3	49.7	44.9	4.7	0.7
	1950~1985	3.8	16.5	68.8	28.7	9.1	123.0	3.0	13.4	55.9	23.3	7.4
水量（亿m³）	1950~1959	0.2	4.4	134.2	97.1	58.1	293.9	0.1	1.5	45.7	33.0	19.8
	1960~1964	1.8	4.8	108.3	107.3	77.6	298.0	0.6	1.6	36.3	36.0	26.0
	1965~1973	1.5	16.6	100.8	79.4	33.3	230.0	0.6	7.2	43.8	34.5	14.5
	1974~1980	1.5	14.7	113.5	77.5	24.5	230.2	0.6	6.4	49.3	33.7	10.6
	1981~1985	0.4	3.9	110.0	140.1	64.6	318.6	0.1	1.2	34.5	44.0	20.3
	1986~1999	6.1	29.9	78.9	18.0	4.3	131.1	4.7	22.8	60.2	13.8	3.3
	1950~1985	1.0	9.4	114.9	96.2	49.0	269.5	0.4	3.5	42.6	35.7	18.2
沙量（亿t）	1950~1959	0.001	0.084	4.037	4.344	4.351	12.815	0	0.7	31.5	33.9	33.9
	1960~1964	0.027	0.090	2.057	2.339	1.240	5.726	0.5	1.6	35.9	40.9	21.7
	1965~1973	0.024	0.495	4.510	4.370	1.629	11.003	0.2	4.5	41.0	39.7	14.8
	1974~1980	0.012	0.284	4.185	3.378	1.901	9.748	0.1	2.9	42.9	34.7	19.5
	1981~1985	0.008	0.041	2.341	3.445	2.004	7.832	0.1	0.5	29.9	44.0	25.6
	1986~1999	0.060	0.500	3.480	1.437	0.369	5.785	1.0	8.6	60.2	24.8	6.4
	1950~1985	0.014	0.221	3.673	3.759	2.436	10.089	0.1	2.2	36.4	37.3	24.1

见,1986 年以前各时期汛期水量在各流量级的分布比较均匀,虽然由于有大洪水的发生使得各时期有水量较大、较突出的流量级,但明显可见基本上在 6 000 m³/s 以下时各流量级水量相差并不大,没有出现水量明显集中的流量级。而 1986～1999 年水量基本集中在 3 000 m³/s 以下,花园口和艾山水量分别占到汛期总水量的 86% 和 89%,而其他流量级水量很少,不到 15%,因此 3 000 m³/s 以下流量级的水量大、在河道塑造中起到最大作用,因此我们定义这种集中大部分水量、在各流量级中造床作用最大的流量级为"优势流量级"。

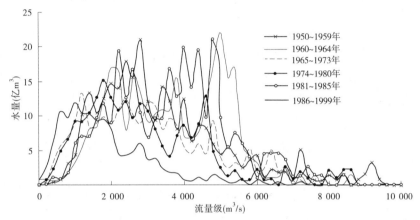

图 4-6　花园口各流量级水量分布

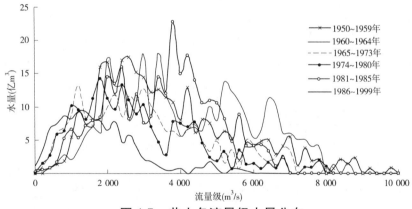

图 4-7　艾山各流量级水量分布

　　水量是河道演变最主要的因素,不同流量级水量需要的河道过流面积不同,各流量级水量相近说明必须有一个相当大的河道过流面积和宽度来适应各流量级的需要,特别是大流量级水量过流的需要。因此,在 1986 年以前各时期河道过洪的面积和宽度相对来说都比较大,即使在 1965～1973 年水少沙多的不利水沙条件时期,由于有较大流量级出现且维持一定的水量,形成水量在各流量级的分布仍比较均匀,因此该时期虽然河道淤积严重,但仍保持有较大的河宽,河道并未萎缩。而 1986～1999 年出现优势流量级,水量过分集中在中小流量级,大流量级水流出现时间很短,水量很小,不足以塑造相应的较大河宽,因此形成下游河道萎缩的局面。

汛期中大流量级含沙量增高。黄河下游 1986 年后汛期水沙量都在减少,因此汛期的含沙量与历史来沙量较多的时期相比变化并不大,而由于不同流量级水沙量减少的幅度不同,相应含沙量在各流量级的变化不一致,与 1950～1985 年相比,1 000 m³/s 以下流量级水流的含沙量减小,而 1 000 m³/s 以上含沙量增大,特别是 3 000 m³/s 以上较大流量含沙量增加较多,由表 4-8 可见,花园口站 1 000 m³/s 以下流量级含沙量 1950～1985 年平均为 23.5 kg/m³,1986～1999 年减小到 16.7 kg/m³,而 1 000～3 000 m³/s、3 000～5 000 m³/s 和 5 000 m³/s 以上流量级的含沙量分别从 32.0 kg/m³、39.1 kg/m³ 和 49.7 kg/m³ 增加到 44.1 kg/m³、79.8 kg/m³ 和 85.8 kg/m³,增幅达到 38%、104% 和 73%。

表 4-8　花园口站不同时期汛期各流量级含沙量特征　（单位:kg/m³）

时段（年）	流量级（m³/s）					
	< 500	< 1 000	1 000～3 000	3 000～5 000	> 5 000	汛期
1950～1959	5.0	19.1	30.1	44.7	74.9	43.6
1960～1964	15.0	18.8	19.0	21.8	16.0	19.2
1965～1973	16.0	29.8	44.7	55.0	48.9	47.8
1974～1980	8.0	19.3	36.9	43.6	77.6	42.3
1981～1985	20.0	10.5	21.3	24.6	31.0	24.6
1986～1999	9.8	16.7	44.1	79.8	85.8	44.1
1950～1985	14.0	23.5	32.0	39.1	49.7	37.4

4)洪水特点发生变化

大洪水减少,洪峰流量降低,但仍有发生大洪水的可能。统计 1950 年以来黄河下游花园口洪水发生场数(见表 4-9),1986 年以前年均发生 3 000 m³/s 以上和 6 000 m³/s 以上的洪水分别为 5 场和 1.4 场,1986 年后分别减少到年均仅 2.6 场和 0.4 场,大洪水出现频率显著降低,而且 1986 年后洪峰流量普遍降低,由图 4-8 可见,1986 年后连续 13 年未出现大洪水,经常出现的是洪峰流量在 3 000 m³/s 左右的小洪水,花园口最大洪峰流量仅 7 860 m³/s (1996 年 8 月),1991 年洪峰流量只有 3 120 m³/s,是 1950 年以来到小浪底水库运用前洪峰流量最小的一年。

表4-9　花园口年均洪水发生场次统计

时段 （年）	全年		秋汛期（9~10月）	
	>3 000 m³/s	>6 000 m³/s	>3 000 m³/s	>6 000 m³/s
1950~1985	5	1.4	1.8	0.4
1986~2000	2.6	0.4	0.4	0

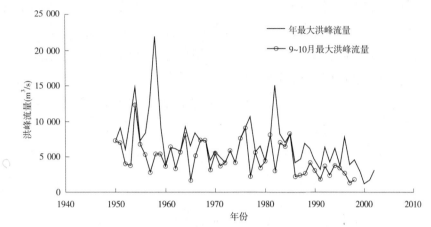

图4-8　黄河下游花园口站历年最大洪峰流量过程

　　黄河下游9~10月为秋汛期,洪水多来自上游清水来源区,因而洪峰流量较伏汛期低,洪水历时较长,含沙量低,是黄河下游洪水的一个重要组成部分。但1986年以来,9~10月来水量大为减少,洪水发生几率大大降低。根据统计情况,1986年以前年均发生3 000 m³/s以上和6 000 m³/s以上的洪水分别为1.8场和0.4场,即秋汛期发生3 000 m³/s以上洪水的频率为1年近2场、发生6 000 m³/s以上洪水的频率为5年2场,而1986年以后发生3 000 m³/s以上洪水的频率降低到5年2场,6 000 m³/s以上洪水未再出现过。9~10月大部分处于平水期。同时由图4-8可见,秋汛期洪峰流量也明显降低。1986年前洪峰流量在4 000 m³/s以下的小洪水只占全部秋汛洪水的45%,洪峰流量最大的是1954年,达到12 300 m³/s;而1986年后洪峰流量都在4 000 m³/s以下,60%在3 000 m³/s以下,最大的是1989年,只有3 960 m³/s。

　　但另一方面黄河洪水主要来源于黄河中游的强降雨过程,由于中游总体治理程度还比较低,现有水利水保工程对于一般洪水过程的影响比较明显,但对于由强降雨过程所引起的大暴雨洪水的影响程度则十分微弱,因此一旦遭遇中游的强降雨,仍有发生大洪水的可能。比如,龙门水文站在1986年后的1988年、1992年、1994年、1996年都发生了10 000 m³/s以上的大洪水,2003年府谷站又出现了13 000 m³/s的实测最大洪水。

洪水含沙量增大。在洪峰流量降低的同时,洪水期的含沙量却明显增高,高含沙量洪水出现频率增大。1988年、1992年、1994年和1997年最大洪水都是中小洪水,三门峡站出库最大含沙量却都超过300 kg/m³。其中1992年发生的高含沙量洪水,含沙量大于300 kg/m³持续时间长达67 h,为近年来黄河下游洪水中高含沙量持续时间最长的。由图4-9洪水期水沙量关系的变化情况可见,图中点群可大致分成两部分,偏右部分洪水期相同水量下沙量小,洪水含沙量较低,为一般洪水;偏左部分洪水沙量大,发生的是高含沙量洪水,如1973年、1977年。而1986年后的点子都集中于左边部分,水沙关系与高含沙量洪水相近,尤其是水量很小,洪峰流量很低的一些小洪水,沙量偏大。如1997年洪水洪量不到10亿m³,沙量却超过2亿t,洪峰流量只有4 020 m³/s,花园口最大含沙量达到571 kg/m³。

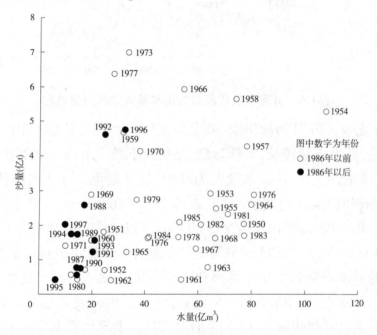

图4-9　洪水期水量与沙量的关系

洪水期洪量减少。河道基流的减少造成洪水期水量变化,图4-10表明,在相同洪水历时条件下,1986年后的洪量大大减少。从平均情况来看,洪水期日均水量从1986年前的3.87亿 m³/d减少到2.13亿 m³/d,减少达45%,而且洪峰流量大于5 000 m³/s的中大洪水减少较多。洪量的减少是与中大流量级的减少并存的,这一洪水特性的改变不利于下游宽河道泥沙的输送,是河道萎缩的重要原因。

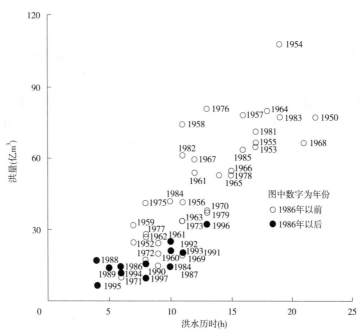

图 4-10　花园口洪水期洪量与洪水历时的关系

　　秋汛期洪水的洪量减少更加明显。图 4-11 表明,除 1989 年外各年的洪量都很小,相同洪水历时洪量远小于 1986 年前洪水,而且无论洪水历时长短,洪量基本都在 20 亿 m³ 以下,只有 1989 年上游龙羊峡水库汛期未大量蓄水,因此下游秋汛期水量较大。从这一点也可看出,上游水库运用对下游水沙条件的影响极大。

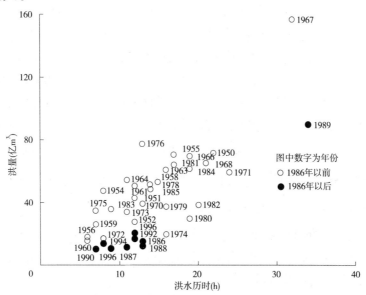

图 4-11　秋汛期洪量与洪水历时的关系

汛期沙量在洪水期的集中程度增高。虽然洪峰流量降低了,但由于汛期洪水出现频率减少,平水期增长,因此沙量仍主要来自洪水期,而且集中程度增高。由图4-12可见,1986年前共36年只有2年洪水期沙量占汛期的比例超过40%,而1986年后的12年中就有4年,而且1997年这一比例达到64%,是各年中最高的。这表明下游汛期的沙量主要来自时间很短的洪水期,这期间水流含沙量很高,河道变化相对较大。而洪水期外的汛期其他时间,多是低含沙量的小流量过程,对河道冲淤的影响相对较小。

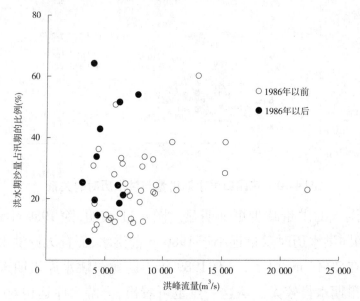

图4-12   花园口洪水期沙量占汛期的比例与洪峰流量的关系

汛初高含沙量中小洪水增多。1986年以来,由于7~8月来水量偏少,同时受三门峡水库汛初降低水位排沙的影响,下游汛初经常出现小水带大沙的不利来水来沙条件,多次发生低洪峰高含沙量洪水。由表4-10列出的1986年以来各年汛初小洪水排沙的情况,1986~1996年每年都有小洪水排沙,潼关最大流量在451~4 080 m³/s,库区冲刷0.01亿~0.967亿t,排沙比高达107%~786%,出库含沙量明显增高,来沙系数多在0.05 kg·s/m⁶以上。1996年7月三门峡最大出库流量为2 700 m³/s时,最大含沙量达603 kg/m³。

4.2.4　三门峡水库蓄清排浑控制运用期(2000~2005年)

1999年10月位于三门峡水库下游的小浪底水库投入运用,三门峡水库承担的防洪、防凌、灌溉和调沙减淤任务有所改变。在大水年份和严重的凌汛年份,必须配合小浪底水库分担防洪和防凌;一般年份在减轻水库淤积的前提下,充分发挥三门峡水库的效益。

为提高三门峡水库对下游河道的淤积效益,汛期原承担的调沙减淤任务

表 4-10　三门峡水库汛初小水排沙情况

时间 (年-月-日)	潼关		三门峡				潼关—三门峡		下游河道冲淤量（亿 t）				
	最大流量 (m³/s)	沙量 （亿 t）	平均流量 (m³/s)	平均含沙量 (kg/m³)	来沙系数 (kg·s/m⁶)	沙量 （亿 t）	排沙比 (%)	冲淤量 （亿 t）	三门峡— 花园口	花园口— 高村	高村— 艾山	艾山— 利津	三门峡— 利津
1975-07-10~14	2 470	0.171	1 740	86.8	0.049 9	0.651	381	-0.48	0.44	0.019	-0.032	-0.001	0.426
1975-07-15~12	1 950	0.099	1 760	58.5	0.033 2	0.626	632	-0.527	0.443	-0.008	-0.034 4	-0.037 4	0.363
1976-06-30~07-15	1 840	0.208	1 487	46.5	0.031 3	0.956	460	-0.748	0.728	0.106	-0.04	0.020 6	0.815
1976-07-16~27	2 040	0.275	1 874	31.9	0.017	0.620	225	-0.345	0.274	0.001	-0.112	-0.07	0.093
1978-07-11~19	2 050	1.84	1 481	207	0.14	2.38	129	-0.54	0.853	0.375	0.12	0.012	1.36
1978-07-20~27	2 730	2.04	1 863	189	0.101	2.41	118	-0.37	0.515	0.349	0.208	-0.004	1.068
1979-06-30~07-20	1 090	0.387	741	60.2	0.081 2	0.81	209	-0.423	0.414	0.128	-0.013	-0.022	0.507
1980-06-30~07-13	2 560	0.741	1 089	85.7	0.078 7	1.129	152	-0.388	0.492	0.133	-0.14	0.052	0.537
1980-07-14~08-03	2 390	1.178	1 360	165.3	0.121 5	2.021	172	-0.843	1.216	0.155	0.06	0.064	1.495
1981-07-03~14	4 250	1.231	2 286	81.2	0.035 5	2.086	169	-0.855	0.738	0.200	-0.287	0.054	0.705
1982-07-11~28	1 640	0.241	2 760	28.3	0.010 3	0.54	224	-0.299	0.307	-0.015	-0.004	-0.013	0.275
1983-06-23~07-04	1 660	0.196	1 355	22.6	0.016 7	0.318	162	-0.122	0.134	0.022	-0.038	0.062	0.18
1983-07-05~14	1 840	0.129	1 296	35.9	0.027 7	0.482	374	-0.353	0.765	0.003	-0.006	0.027	0.789
1984-07-02~06	3 320	0.186	1 379	56.4	0.040 9	0.604	325	-0.418	0.332	0.048	-0.165	-0.043	0.172
1984-06-30~07-06	594	0.009	525	117	0.222 9	0.037	411	-0.028	0.001	0.011	0.007	0.006	0.025
1985-06-23~07-01	1 830	0.281	1 531	49.1	0.032 1	0.585	208	-0.304	0.341	0.036	-0.051	-0.031	0.295

续表 4-10

时间 (年-月-日)	潼关		三门峡				潼关—三门峡		下游河道冲淤量（亿 t)				
	最大流量 (m³/s)	沙量 (亿 t)	平均流量 (m³/s)	平均含沙量 (kg/m³)	来沙系数 (kg·s/m⁶)	沙量 (亿 t)	排沙比 (%)	冲淤量 (亿 t)	三门峡— 花园口	花园口— 高村	高村— 艾山	艾山— 利津	三门峡— 利津
1986-07-02~08	3 140	0.416	1 934	76.1	0.039 3	0.89	214	-0.474	0.291	0.005	0.011	0.111	0.418
1986-07-09~25	3 690	0.937	2 494	43.4	0.017 4	1.588	170	-0.651	0.390	0.096	0.03	0.054	0.57
1987-07-01~30	1 440	0.328	742	20.9	0.028 2	0.403	123	-0.075	0.052	0.05	0.023	0.013	0.138
1988-07-01~15	2 760	1.152	1 425	102.4	0.071 9	1.892	164	-0.74	0.688	0.303	-0.023	0.065	1.033
1988-07-16~19	2 860	0.543	1 707	110	0.064 4	0.646	119	-0.103	0.255	0.143	-0.011	0.012	0.399
1989-06-30~07-10	519	0.014	332	34.9	0.105 2	0.11	786	-0.096	0.067	-0.036	-0.015	-0.091	-0.075
1990-06-30~07-06	1 990	0.185	1 265	74.5	0.058 9	0.57	308	-0.385	0.302	-0.271	0.04	0.005	0.076
1990-07-07~14	4 080	0.754	1 918	94.6	0.049 3	1.254	166	-0.5	0.467	-0.797	0.234	-0.057	-0.153
1991-06-27~07-12	451	0.02	265	19.12	0.072 1	0.11	550	-0.09	-0.011	-0.012	0.001	-0.030	-0.052
1992-06-30~07-25	977	0.144	305	22.6	0.074 1	0.154	107	-0.01	0.002	0.020	0.017	0.012	0.051
1993-06-30~07-20	1 360	0.497	637	80.2	0.125 8	0.926	186	-0.429	0.453	0.06	0.019	-0.002	0.53
1993-07-21~31	2 800	0.549	1 758	90.7	0.051 6	1.516	276	-0.967	0.625	0.233	-0.101	-0.021	0.736
1994-07-08~14	4 020	1.887	2 110	206.9	0.098	2.641	140	-0.754					
1995-07-14~30	2 090	1.234	1 049	133.6	0.127 4	2.059	167	-0.825					
1996-07-16~21	2 720	1.51	1 399	332	0.237 3	2.41	160	-0.90	1.21	0.59	0.06	0.06	1.92
1996-07-22~26	1 800	0.34	1 116	129	0.115 6	0.62	182	-0.28	0.03	0.16	0.06	0.07	0.32
1996-07-28~08-01	2 290	2.16	1 535	351	0.228 7	2.33	108	-0.17	1.05	0.69	-0.08	-0.09	1.57

由小浪底承担;非汛期很少承担防凌任务,在5~6月来水较少时,能维持1~2台机组发电,配合小浪底水库春灌蓄水。2003年非汛期开始最高水位控制不超过318 m,汛期配合小浪底水库调水调沙。

该时段潼关年平均水沙量分别为200.63亿 m³和3.983亿 t(见表4-2),较前几个时期均减少,汛期水沙占年水沙比例与1986~1999年接近,均属于枯水枯沙期。

水库对水沙的调节作用与前阶段相同,但具体程度有所不同。水库淤积泥沙主要在2002年以前,仍然采用汛初排沙,2002~2005年与小浪底水库联合运用,在调水调沙期间或洪水期间排出。汛期出库流量小于1 000 m³/s的历时达到94.5 d,占汛期总历时的77%。

4.3 库区河道调整及相关问题

4.3.1 潼关—三门峡河段

4.3.1.1 蓄水拦沙期(1960年9月~1964年10月)

三门峡水库蓄水拦沙期(1960年9月~1962年3月),因水库淤积严重,1962年3月改为滞洪排沙运用,至1964年,因水库泄流规模较小,水库淤积仍严重,所以把以上时段归为一个时期来分析。

三门峡—大坝库段直接受水库运用方式的影响,库区冲淤特点变化随着水库运用方式的变化而变化,库区淤积见表4-11及图4-13。该时期淤积泥沙35.75亿 m³,沿程分布呈现出两头小,中间大的格局,断面12—22、断面22—31、断面31—36河段各占全库段的24.5%、37.5%和21.9%。

表4-11 三门峡水库库区不同运用时期的冲淤量 （单位:亿 m³)

时期	河段				
(年-月)	潼关—三门峡	龙门—潼关	渭1—37	泺1—23	累计
1960-09 ~ 1964-10	35.752	6.343	1.873	0.481	44.449
1964-11 ~ 1973-10	-9.225	12.028	8.470 2	0.8	12.073 2
1973-11 ~ 1986-10	0.554	0.562	-0.235 2	0.148	1.028 8
1986-11 ~ 2006-10	0.867	4.666	3.052	1.548	10.133
1973-11 ~ 2006-10	1.421	5.228	2.817	1.696	11.162
1960-09 ~ 2006-10	27.948	23.599	13.16	2.977	67.684

淤积后引起纵横剖面的变化,图4-14、图4-15为主河槽高程和滩地高程的变化,1964年10月主河槽和滩地平均高程均达到最高点。黄淤36断面以下,主河槽较1960年淤高10~25 m,滩地较1960年淤高6~18 m;黄淤37—

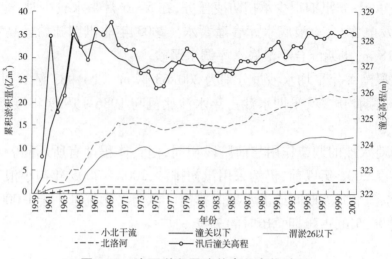

图 4-13　库区淤积及潼关高程变化过程

45 断面,主河槽较 1960 年淤高 3～5 m,滩地淤高 2～5 m。1961 年的水库淤积为三角洲形态,顶坡比降为 1.5‰～1.7‰,约为原河床比降的 50%,前坡比降为 6‰～9‰。主河槽淤积厚度逐渐向上游减少,如黄淤 2、黄淤 12 和黄淤 45 分别淤高了 19.6 m、20.2 m 和 2 m。其滩地变化则受水库蓄水拦沙运用库水位较高和 1964 年丰水来沙淤积的影响,塑造了高滩,黄淤 12、黄淤 31 和黄淤 36 分别升高了 9 m、5.0 m 和 5.3 m,黄淤 45 升高了 1.8 m,横向淤积分布较均匀(见图 4-16～图 4-22)。

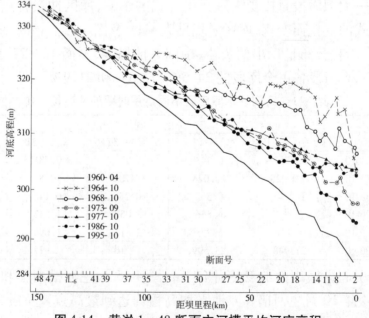

图 4-14　黄淤 1—48 断面主河槽平均河床高程

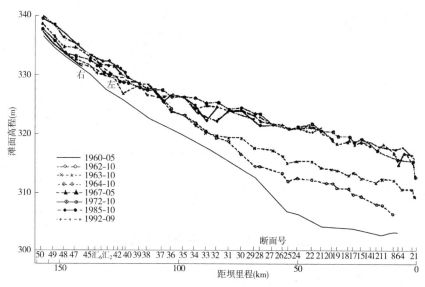

图 4-15　黄淤 1—50 断面平均滩面高程

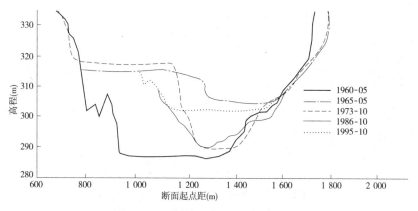

图 4-16　黄淤 2 断面历年套绘图

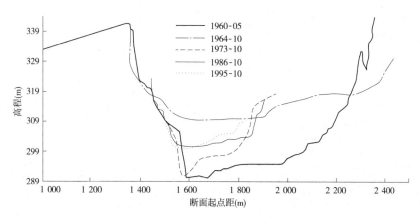

图 4-17　黄淤 12 断面历年套绘图

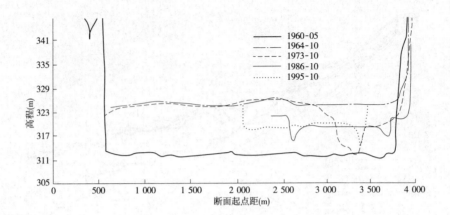

图 4-18　黄淤 31 断面历年套绘图

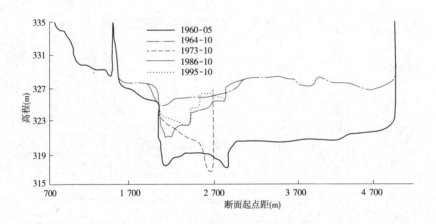

图 4-19　黄淤 36 断面历年套绘图

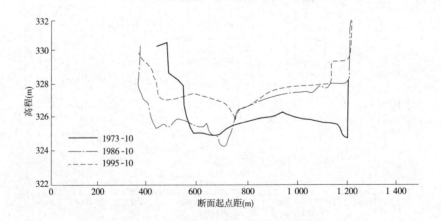

图 4-20　黄淤 41 断面历年套绘图

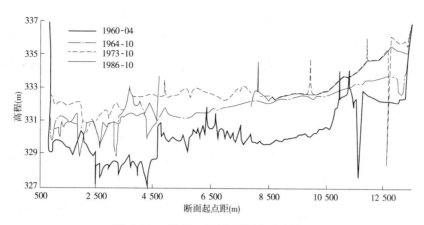

图4-21 黄淤45断面历年套绘图

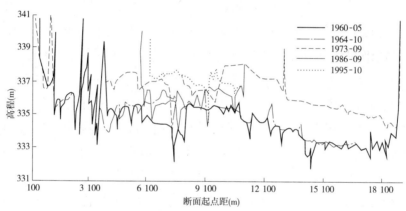

图4-22 黄淤49断面历年套绘图

另外,从同流量(1 000 m³/s)的水位变化也可反映库区纵向的变化(见表4-12)从上向下逐渐增加,潼关上升4.69 m至北村上升13.55 m。

表4-12 潼关以下各水位站同流量(1 000 m³/s)水位变化

时间	水位(m)				水位升降值(m)			
	潼关	坫埝	太安(大禹渡)	北村	潼关	坫埝	太安	北村
1960 年汛前	323.4	317.39	312.28	301.82	4.69	7.91	10.75	13.55
1964 年汛末	328.09	325.3	323.03	315.37				
1973 年汛末	326.64	320.83	315.22	306.76	-1.45	-4.47	-7.81	-8.61
1986 年汛末	327.18	323.08	317.45	309.93	0.54	2.25	2.23	3.17
1995 年汛末	328.28	323.8	317.58	308.91	1.1	0.72	0.13	-1.02

4.3.1.2　滞洪排沙期(1964年10月~1973年10月)

由于水库运用方式的改变及改建工程的先后投产,加大了泄流规模,降低了坝前水位,三门峡—大坝库段发生了冲刷,冲刷泥沙9.225亿 m³,其中黄淤12—22和黄淤22—31断面各占总冲刷量的29.6%和33.4%。至1973年10月潼关以下断面,主河槽冲刷下降(见图4-14),冲刷由下向上逐渐减小,黄淤2断面下降12 m,直至黄淤41断面下降1.2 m,呈现出溯源冲刷的特点,但滩地仍保持1964年形成的滩面高程,具有明显的高滩深槽。淤积形态逐渐变成锥体淤积形态,主槽纵比降为2‰~2.3‰,滩地比降约为1.7‰。在滩面以下形成了有一定容积的河道主槽,除遇大洪水漫滩或局部河段滩地坍塌外,冲淤主要发生在主河槽内,冲刷形成的横断面较窄(见图4-16~图4-22)。

同流量(1 000 m³/s)水位变化(见表4-12),水位下降从下往上减少,北村太安和坫埼分别下降8.61 m、7.81 m和4.47 m,与上述断面成果一致。

4.3.1.3　蓄清排浑调水调沙控制运用期(1973年11月~2000年10月)

三门峡水库实行蓄清排浑运用以来,潼关—三门峡库段具有汛期冲刷、非汛期淤积的特点。其淤积量分布随来水来沙及水库运用水位的变化而异,大致可分两个时段,1973年11月~1986年10月,来水来沙条件较为有利,库区泥沙淤积较少,淤积量为0.554亿 m³,1986年以后由于来水来沙过程和人为因素的影响,使水沙条件发生较大改变,来水量和洪峰流量均减小,虽然水库运用水位较低,但仍引起库区的淤积,淤积量为0.867亿 m³,1973年11月~2006年10月,淤积量为1.421亿 m³,其中1977年淤积量为2.39亿 m³,1978~1985年呈下降趋势,1985年达最小值0.59亿 m³,1986~1991年为上升时段,1996年减小到0.92亿 m³,后又是一个上升过程。

1960年9月~2006年10月共淤积泥沙27.948亿 m³。从纵向分布来看,淤积最多的是黄淤12—22断面,约占全库段淤积总量的29%。1973~1986年河槽黄淤12断面淤高4.0 m,黄淤31断面淤高1.6 m,黄淤41断面淤高0.7 m,至1986~1995年黄淤12断面升高0.4 m,黄淤36断面升高1.3 m。1995年河槽平均河床高程在黄淤30断面以下大体介于1973~1977年平均高程变化范围,在黄淤30—36断面还低于1964年淤积高程,而黄淤36断面以上均高于1964年、1973年、1986年1~2 m。横断面变化见图4-16~图4-22。

从同流量水位来看(见表4-12),1973~1986年汛末,潼关、坫埼、太安和北村分别升高0.54 m、2.25 m、2.23 m和3.17 m,而1986~1995年分别升高1.1 m、0.72 m、0.13 m和下降1.02 m,两个时段合并分别升高1.64 m、2.97 m、2.36 m和2.15 m,形成两头小中间大的局势。

4.3.2 北干流(禹门口—潼关)河段冲淤特性及纵横向变化

北干流河道属于堆积游荡型河道,过去许多同志对该河段多年平均淤积量进行估算,从目前收集到的资料看,大体有三种估算方法:输沙率法、历史资料与野外调查推估法和地形法。

地形法还是详细得多,地形测量的测点平均 100 m² 有 4 个测点覆盖在 1 130 km² 的范围内,将近几十万的测点,比起调查法应该有代表性。因此,综合各种方法的结果,可以提出一个淤积量的范围为 0.5 亿~0.8 亿 t 较为合适。但是,随着来水来沙条件不同,有的时段可能偏大,有的时段可能偏小。

从沿程分布来看,1950~1960 年呈自然条件下的沿程淤积形式(见图 4-23),中段淤积厚度约 1.0 m,而下段约 0.5 m。

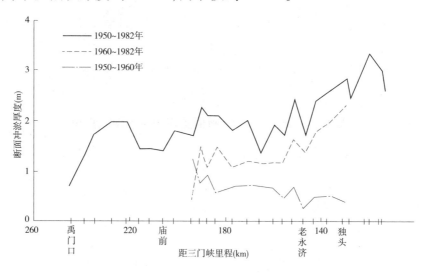

图 4-23　天然情况下黄河北干流冲淤厚度沿程变化

另外,以同流量的水位来表示河床的冲淤变化。龙门站 1934~1960 年同流量(700 m³/s)的水位差 7.14 m,平均每年上升 0.27 m。

水库修建后,蓄水拦沙期回水超过潼关,下段河道发生壅水淤积。当水库运用方式改变后,坝前水位降低,基本脱离直接回水影响,但由于前期淤积引起河床调整仍发生冲淤变化。当不受回水影响时,河道主要受来水来沙的影响。

从表 4-11 可看出,1960~1964 年龙门—潼关河段淤积 6.343 亿 m³,淤积比例从下游往上游逐渐增加,具有明显的溯源淤积形式。其纵向淤积剖面形态如图 4-24、图 4-25 所示、横断面变化如图 4-26~图 4-30 所示。

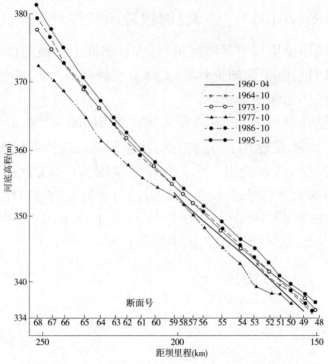

图 4-24 黄淤 48—68 断面主河槽平均河床高程

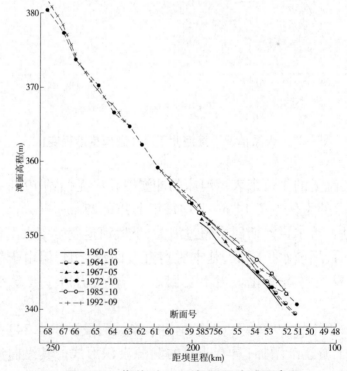

图 4-25 黄淤 51—68 断面平均滩面高程

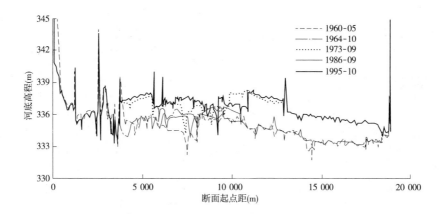

图 4-26　黄淤 49 断面历年套绘图

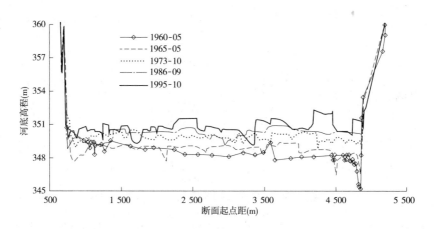

图 4-27　黄淤 56 断面历年套绘图

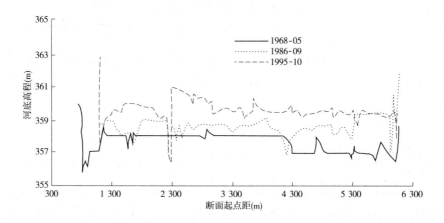

图 4-28　黄淤 61 断面历年套绘图

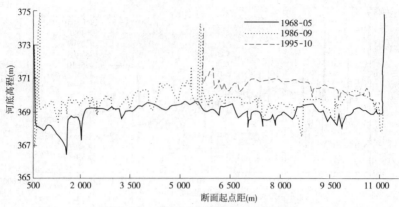

图 4-29　黄淤 65 断面历年套绘图

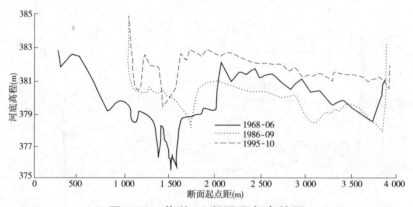

图 4-30　黄淤 68 断面历年套绘图

同流量(1 000 m³/s)水位变化与上述结果一致(见表 4-13),呈现出溯源淤积形式。

表 4-13　小北干流汛末同流量(1 000 m³/s)水位变化

年份	水位(m)					水位差(m)				
	龙门	尊村	老永济	上源头	潼关	龙门	尊村	老永济	上源头	潼关
1960	380.39			329.76	323.4					
						− 0.04			1.50	4.69
1964	380.35			331.26	328.09					
						− 1.26			− 0.29	− 1.45
1973	379.09			330.97	326.64					
						2.70			0.1	0.54
1986	381.79	343.84	335.56	331.07	327.18					
						1.64	0.61	0.78	1.45	1.10
1995	383.43	344.45	336.34	332.52	328.28					

水库改变运用方式后的 1964 ~ 1973 年,受前期河床淤积调整的作用龙门—潼关河段共淤积 12.028 亿 m³(见表 4-11),黄淤 41—45 的淤积比例明显减小,其纵横断面调整见图 4-24 ~ 图 4-30)。1973 ~ 1986 年由于水沙条件较

有利,淤积泥沙 0.562 亿 m³,但 1986～2006 年由于水沙条件不利,淤积泥沙 4.666 亿 m³。1960～2006 年共淤积泥沙 23.599 亿 m³。

4.3.3 渭河下游和北洛河河道

从河流沉积相资料分析,咸阳—泾河口河段,河床接近冲淤平衡;泾河口—赤水为微淤性向冲淤平衡的过渡河段;赤水—河口为微淤性河段。从输沙平衡计算,咸阳—华县 1919～1960 年平均每年淤积 0.07 亿 t。从同流量水位变化来看,华县同流量(200 m³/s)水位 1935～1960 年上升 1.64 m,平均每年上升 0.066 m;咸阳同流量(150 m³/s)水位 1934～1960 年上升 0.86 m,平均每年上升 0.033 m。同时,根据调查分析,可以认为渭河下游河道在长期内有缓慢上升的趋势,是一条微淤或基本平衡的河道。

三门峡水库修建后渭河下游 1960 年 9 月～1964 年 10 月共淤积 1.873 亿 m³(见表 4-11),1964 年 11 月～1973 年 10 月淤积 8.47 亿 m³,淤积从下往上减少,呈现出溯源淤积的形式。1974 年三门峡水库实行蓄清排浑运用后,虽降低了坝前水位,但作为渭河下游的侵蚀基准面潼关高程抬升,在渭河的来水来沙条件共同作用下,渭河下游 1973 年 11 月～1986 年 10 月约冲刷 0.235 亿 m³,1986 年 11 月～2006 年淤积 3.052 亿 m³,1960 年 9 月～2006 年 10 月渭河下游共淤积 13.16 亿 m³,渭河下游淤积量分布见图 4-31。

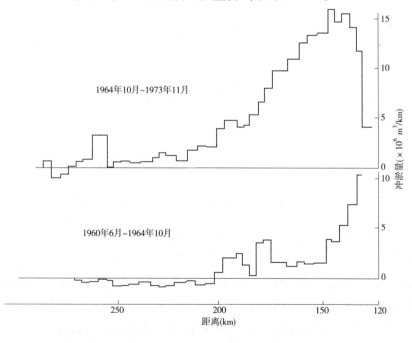

图 4-31　渭河下游淤积量分布

渭河下游同流量(200 m³/s)水位变化见表4-14和图4-32。可见,1960~1964年具有明显的溯源淤积的形状,1964~1973年水位以华县抬高最多,1973年后以陈村以下抬高最多1 m左右。渭河下游河道的变化,一方面受潼关高程(相当于侵蚀基准面)的影响,另一方面又受自身来水来沙的影响,河道作出自动调整。

表4-14　1973~1995年渭河下游同流量水位变化　　　(单位:m)

时间	临潼	交口	渭南	华县	陈村	华阴	吊桥	潼关
1960年汛末				333.34				323.4
1964年汛末	353.12			334.5	331.1	328.39	328.28	328.09
1973年汛末	353.5	345.78	345.75	335.95	331.17		327.54	326.64
1991年汛末	353.87	346.67	343.18	336.42	332.31	329.61	328.58	327.9
1995年汛末	353.21			337.05		330.94		328.34
1960~1964年				1.16				4.69
1964~1973年	0.38			1.45	0.07		-0.74	-1.45
1973~1995年	-0.29			1.1				1.7

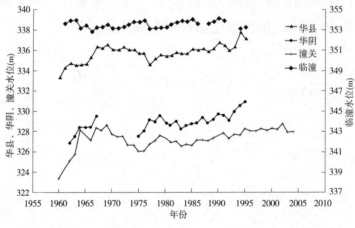

图4-32　渭河下游同流量(200 m³/s)水位变化

渭河下游纵剖面变化,可看出渭淤21断面以下河槽和滩地几乎是平行抬高。从横断面看(见图4-33),主河槽河宽大大缩窄,面积随之减少。

北洛河在赵渡镇以东穿过黄淤45断面向南汇入渭河。黄淤45断面与渭淤1断面到潼关黄淤41断面,为黄、渭、北洛河汇流区,因此洛淤1断面到北洛河口17.7 km(1969年新改道河口)未布设淤积断面,其冲淤变化划归汇流区计算。

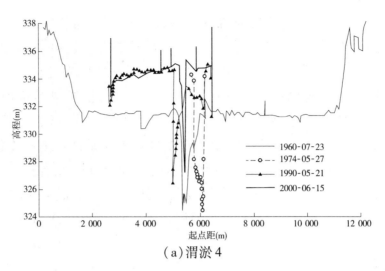

（a）渭淤4

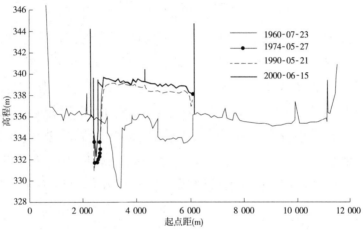

（b）渭淤8

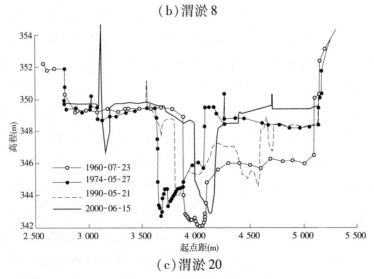

（c）渭淤20

图 4-33　渭淤横断面变化

北洛河下游河道为弯曲性河流,曲折系数为1.5。常发生高含沙量洪水,塑造了窄深河槽。洪水漫滩时滩地淤积,河槽冲刷。三门峡水库建库前十多年河槽未发生明显淤积。三门峡水库修建后,北洛河下游河道有不同程度的淤积,水库蓄水拦沙运用期北洛河淤积0.481亿 m^3,滞洪排沙期淤积0.8亿 m^3,蓄清排浑期1.696亿 m^3,1960年9月~2006年10月淤积2.977亿 m^3。

从以上可看出:各河段的冲淤变化随着来水来沙条件及运用水位的改变,不同河段进行自身的调整。自1960年9月~2006年10月,龙门—潼关河段、渭河下游、北洛河和潼关—三门峡河段分别淤积23.60亿 m^3、13.16亿 m^3、2.98亿 m^3 和27.95亿 m^3,分别占总淤积量67.68亿 m^3 的34.9%、19.4%、4.4%和41.3%。

4.3.4 潼关高程(流量1 000 m^3/s)变化

研究表明,潼关高程在三门峡水库建库前呈微升状态,三门峡水库蓄水拦沙运用,由于运用水位较高,从323.4 m升至328.09 m。水库改变运用方式后,随着运用水位的高低及来水来沙条件的变化,经历了上升、下降、上升的变化(见图4-13),其中1969年汛前达328.7 m,至1975年汛后最低为326.04 m,1986年以后运用水位虽有所降低,但由于水沙条件非常不利,造成累积性淤积趋势,特别是2002年6月最高水位达329.1 m,后由于来水来沙量较小,非汛期运用水位较低及汛期洪水敞泄运用,至2006年汛后为327.79 m。

4.3.5 水库淤积末端变化分析

河流修建水库后,水库壅水,由于回水作用回水末端发生淤积,淤积引起回水的抬高,同时促使上游河段的淤积。在回水和淤积的相互作用下,淤积末端的位置向上游延伸,这是水库淤积的正常现象,而三门峡水库末端的变化有它的特点及其重要意义。三门峡水库的末端位于关中平原,水库淤积末端延伸的长短,对关中地区工农业生产、古都名城西安影响很大。由于水库改变运用方式和加大泄流规模后,上游河段虽然已脱离回水的影响,不存在由于直接回水作用而发生的淤积,而是由于前期淤积起着降低比降的作用,这个比降不能适应来水来沙时,河床就又通过来水来沙条件与河床冲淤来调整比降,这就是由于前期淤积引起的河床自动调整作用,河床的这种淤积抬高并向上延伸,其延伸的终点称淤积末端,淤积末端远离回水范围以上的部位称为水库末端的延伸部分,常称为"翘尾巴"部分。但是,这种淤积过程除比降调整外,河床组成和河床形态也进行调整,从而重新建立起新的相对平衡,所以淤积末端的变化是各种因素综合作用的结果。

淤积末端的变化一方面与河床特性有关,另一方面又取决于来水来沙条件,因此渭河下游河槽淤积末端不是单一的上延,而是上延下移交替进行,较明显的上延有 5 次,其影响因素则不同:①水库蓄水影响回水淤积及来水来沙作用后末端上延,如 1961~1963 年;②潼关河床抬高和洪水冲刷后回淤,使末端上延,如 1964~1965 年;③渭河口尾闾淤堵,使末端上延,如 1967 年汛前至1970 年;④三门峡水库虽改建,坝前水位降低,潼关河床下降,对末端上延起着抑制作用,但由于前期淤积的影响,末端仍上延,如 1970 年汛后至 1976 年;⑤潼关高程基本稳定,但由于 1977 年的揭河底冲刷,冲刷后比降变缓,床沙粗化,河床不能适应来水来沙条件,重新调整,末端上延,以恢复到 1976 年的位置(约渭淤 25 断面),这是建库后最远的位置,其高程分别超过汛期最高库水位和潼关高程 33.6 m 和 25.3 m。历年河槽淤积末端位置的高程一般为345~348 m,最高达 351.66 m,最低为 335.84 m,末端高程与汛期最高水位差为 14~42.8 m。

泾河高含沙量洪水有揭河底冲刷作用,对淤积末端起着冲刷下移的作用,有 4 次较明显的冲刷下移。如 1977 年 7 月洪水,使末端下移了 63 km,可见作用显著。

滩地淤积末端上延是由于主槽淤积后,过水面积减小,平滩流量减小,漫滩几率增加,引起滩地淤积。滩地淤积末端的位置只上延不下移,每遇洪水漫滩一次,则上延一次。滩地淤积上延一般滞后于河槽末端上延。如 1973 年河槽淤积末端位于渭淤 22—23 断面附近,而滩地淤积末端位于渭淤 20—21 断面附近。

黄河北干流、北洛河下游淤积末端的变化,在水库的影响下产生的淤积延伸具有共同点,但也有各自的特点(见表 4-15)。由表可知,黄河淤积末端于1970 年 9 月最远,距坝 199 km(黄淤 59—60 断面),末端最高高程为 355.00 m,末端高程与汛期坝前最高水位和潼关高程差分别为 41.69 m 和 27.20 m,末端常水位达到最高高程时间滞后于潼关高程最高的时间,自 1975 年滞后于潼关高程达最高的时间,后逐渐下移,目前末端位于距坝约 165.6 km,高程为342.7 m。北洛河淤积末端于 1967 年 10 月达最远位置约 224 km,高程为351.20 m,分别高出汛期坝前最高水位与潼关河床高程 31.07 m 和 22.70 m,主要是由于 1967 年 8 月北洛河河口淤堵引起的上延,目前末端位于距坝约215 km,高程为 346 m 左右。

表 4-15 淤积末端最远距离

河流	时间 (年-月)	末端距坝 里程(km)	末端位置 断面号	末端最高 常水位(m)	末端高程与汛期 最高水位差(m)	末端高程与 潼关高程差(m)
黄河	1970-09	199	黄淤 59—60	355.00	41.69	27.20
渭河	1976-10	238	渭淤 25	351.54	33.57	25.32
北洛河	1967-10	224	洛淤 18—19	351.20	31.07	22.70

4.3.6 可用库容问题

在多沙河流上修建水库,在蓄水兴利与泥沙淤积之间存在尖锐的矛盾。如果兴利指标定得过高,水库经常在较高水位下处于壅水状态,淤积发展迅速,则可能大部分兴利指标不能实现。如为综合利用要保留一部分长期可用库容,则在蓄水和排沙之间必须保持一定的平衡,要有一定时间蓄水,有一定时间排沙。三门峡水库在这方面创造了成功的经验。

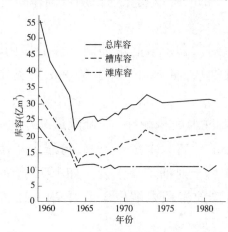

图 4-34 三门峡水库历年 330 m 高程
以下库容变化

三门峡水库库容的变化经过损失、恢复、稳定的过程(见图 4-34)。其变化过程与水库的泄流规模、运用方式、地形地质条件和来水来沙情况密切相关。可用库容分为槽库容和滩库容两部分,建库前潼关以下 330 m 高程以下槽滩库容各占总库容的 42% 和 58%。建库后至 1964 年 10 月,为蓄水运用及滞洪排沙运用初期,水库水位较高,为库容损失阶段,损失总库容 34.9 亿 m³,为原库容的 61% 左右,其中槽库容损失 12.6 亿 m³,为原库容的 54%;滩库容损失 21.4 亿 m³,为原库容的 66%,滩库容的损失大于槽库容的损失。使槽库容、滩库容的比例发生变化,槽库容、滩库容约各占 50%。由于对工程进行改建,扩大了泄流能力,并敞泄运用,降低坝前水位,使潼关以下发生冲刷,至 1973 年为库容恢复阶段,总库容恢复到 31.7 亿 m³,为原库容的 57%,恢复库容约 10 亿 m³,主要是槽库容的恢复,现已恢复到库容的 95%。滩库容变化不大,滩库容、槽库容约各占总库容的 70% 和 30%。滩库容、槽库容比例由建库前的 4∶6 变成 7∶3。改为蓄清排浑控制运用后,汛期降低水位排沙,该水位下洪水一般不漫滩,滩库容不再损失,并得以冲走前期淤积物,槽库容可以恢复;在非汛期蓄水进行防凌、发电和春灌等综合利用。十几年的运用表明,潼关以下库区冲淤变化较小,槽库容在冲淤交替中保持一定值,滩库容也较稳定,保持了 330 m 高程以下一定的库容供综合利用。

从以上三门峡水库库容变化的全过程可以看出,滩库容、槽库容变化特点不一。对滩库容来说,每上一次水,滩地发生淤积,滩地纵剖面基本上与漫滩时的水面线平行,随着滩面的升高,平滩流量加大,漫滩机会减少,滩地库容损失速率也降低。滩地淤积物一般不易被冲掉,只是由于水流的摆动,造成滩坎坍塌时一部分滩地便转化为主槽。而槽库容的变化则不同,水库壅水,槽库容损失,当坝前水位降低后,河槽发生冲刷,槽库容得以恢复。这些特性可概括为"死滩活槽"、"淤积一大片,冲刷一条线"等规律。

4.4 不同运用期下游河道的冲淤调整

4.4.1 三门峡水库蓄水拦沙期下游河道冲刷调整

三门峡水库蓄水拦沙运用期(1960 年 9 月～1962 年 3 月),出库流量削减,下游输沙能力降低,但大量泥沙淤积在库内,水库下泄清水,来沙量的减少远大于输沙能力的降低,下游河道发生冲刷。在此期间,水库在汛期曾排泄异重流,泥沙颗粒较细,属于下游河道的冲泻质,一般不参与造床作用,不影响河道冲刷的发展。1962 年 3 月改为滞洪排沙运用后,至 1964 年汛期,水库仍为淤积状态,库水位的降低主要起到调整库内泥沙淤积部位的作用,出库泥沙很少且较细。因此,1962 年 3 月～1964 年 10 月下游河道处于冲刷状况,我们把蓄水拦沙期(1960 年 9 月～1962 年 3 月)及滞洪排沙初期(1962 年 4 月～1964 年 10 月)作为一个时期来分析下游河道的冲刷调整特点。

4.4.1.1 下游河道的沿程冲刷

清水下泄后,下游河道发生冲刷,冲刷发展的距离和流量大小、冲刷历时、河床边界条件(河床组成、河床比降等)密切相关。河流比降大,河床组成细,流量大,历时长,则冲刷能力强,冲刷距离远;反之,则冲刷能力弱,冲刷距离近。

河床冲刷的过程,是在下游河道来水变清的情况下重新建立平衡的过程,在一定的水流条件下,这个过程的开始阶段发展较为迅速,随着时间的推移,逐步趋于缓慢,最后趋向于建立新的相对平衡。三门峡水库蓄水拦沙期下游河道共冲刷泥沙 23.1 亿 t,年均 5.78 亿 t。各年冲刷量的大小与来水量的大小有关,如 1962 年来水量为 440 亿 m^3,下游河道冲刷 3.5 亿 t,1963 年来水量为 574 亿 m^3,下游河道冲刷量为 5.3 亿 t,而 1964 年汛期水量达 488 亿 m^3,下游河道冲刷达8.5亿t。

冲刷量的沿程分布见表4-16及图4-35。三门峡—小浪底为峡谷型河段(长130 km),河床由基岩与砂、卵石组成,除边滩及碛石滩上游的深潭有少量细沙可以冲刷外,泥沙补给不多。小浪底—铁谢河段(长26 km)河床亦为砂、卵石,三门峡水库下泄清水,含沙量从铁谢以下河段才开始恢复。冲刷在很短时间内就发展到距坝900多km的利津附近(利津以下河段由于河口以下处于神仙沟流路发育的后期,产生自河口向上发展的溯源淤积,限制了自上向下发展的沿程冲刷),由于水库拦沙期仅为4年,冲刷主要集中在距坝449 km的高村以上河段,其冲刷量占下游河道冲刷量的73%,而建库前这一段的淤积量也占全下游淤积量的绝大部分,表明建库前的强烈淤积河段正是冲刷期的强烈冲刷河段。

表4-16　黄河下游蓄水拦沙期下游河道年均冲淤量

| 河段 | 冲淤量(亿t) | | | 各河段所占(%) | | | 主槽/全断面 |
	全断面	主槽	滩地	全断面	主槽	滩地	(%)
铁谢—花园口	−1.9	−0.97	−0.93	33	24	53	51
花园口—夹河滩	−1.47	−1.11	−0.36	25	28	20	76
夹河滩—高村	−0.84	−0.45	−0.39	15	11	22	54
高村—孙口	−1.03	−0.96	−0.07	18	24	4	93
孙口—艾山	−0.22	−0.21	−0.01	4	5	1	95
艾山—泺口	−0.19	−0.19	0	3	5	0	100
泺口—利津	−0.13	−0.13	0	2	3	0	100
全下游	−5.78	−4.02	−1.76	100	100	100	70

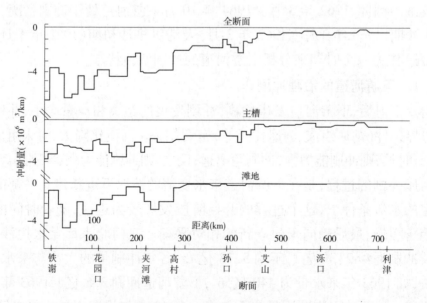

图4-35　黄河下游滩槽冲刷量沿程变化

从横向分布来看,全下游河道主槽冲刷量占全断面的 70% 左右,约有 30% 主要是滩地坍失引起的,共 7 亿 t 左右,年均 1.76 亿 t 左右。其中主槽的冲刷主要集中在高村以上河段,占全下游的 63% 左右,相反滩地坍失量占全下游河道的 95% 左右。

4.4.1.2 下游河床床沙的粗化

黄河下游河床由于清水冲刷发生粗化,河床粗化现象可分为 3 种类型:

(1)卵石夹沙河床在冲刷过程中,卵石不能被水流带动,聚集于河床表面,形成抗冲铺盖层。这在小浪底—白坡河段十分明显。

(2)河床表层为细沙,下层有卵石层,当表层细沙被冲走,卵石层露头后,河床急剧粗化,河床下切也受到抑制。经过 4 年的冲刷,1964 年 10 月花园镇以上 30 km 的细沙覆盖层在深槽部分全被冲走,露出卵石层,使冲刷停止,三门峡以下直至花园镇,除有时滩岸崩塌,补给少量泥沙外,一般皆为清水。

(3)细沙河床由于水流的分选作用,细颗粒泥沙被冲走,河床发生粗化。三门峡水库下游冲积性河段,河床在冲刷过程中全河均有粗化现象(见表 4-17)。

表 4-17 冲刷过程下游河道各断面床沙中径变化

断面	床沙中径(mm)					
	建库前平均	1961 年 9 ~ 11 月	1962 年 10 月	1963 年 5 月	1964 年 5 月	1964 年 10 月
铁谢	0.164	0.379	0.52	0.565	0.366	0.608
官庄峪	0.097	0.191	0.251	0.139	0.191	0.192
花园口	0.092	0.128	0.168	0.145	0.133	0.187
辛砦	0.072	0.113	0.132	0.173	0.154	0.156
高村	0.057	0.062	0.096		0.11	0.118
杨集	0.059	0.09	0.076	0.077	0.10	0.104
艾山	0.057	0.097	0.082	0.074	0.08	0.085
泺口	0.057		0.091		0.096	0.091
利津	0.057		0.082		0.08	0.091

4.4.1.3 下游河道河床形态变化

1)纵比降的调整

河床在冲刷过程中,纵比降的变化很复杂,主要取决于原河床比降与河床质组成,亦取决于冲刷强度与冲刷发展的距离。如果河床组成物质比较细而均匀,沿程变化不大,在冲刷时不易形成抗冲铺盖层,则冲刷发展距离较短,在冲刷过程中比降趋向调平,如近坝河段的床沙组成较粗,而形成铺盖层,则纵比降还有可能加大。如果冲刷可以发展较远的距离,则纵比降的调平并不明显。三门峡水库下泄清水期,铁谢以上卵石夹沙河段细沙含沙量很少,很快被冲走,纵比降没有发生什么变化,铁谢—花园口河段,河床以下切为主,同流量水位下降的幅度自上而下递减,纵比降有调平趋势,花园口—孙口河段河床接近平行下切,纵比降维持不变;孙口—刘家园河段河床刷深,而刘家园以下河段受河口影响,冲刷甚微,因而孙口—刘家园河段纵比降也略有调平。表4-18为流量3 000 m³/s时下游河道各河段的纵比降变化,可见对于长河段而言,纵比降变化不大。

表4-18　流量3 000 m³/s时下游河道各河段的纵比降变化

日期 (年-月)	纵比降(‰)			
	铁谢—花园口河段	花园口—高村河段	高村—艾山河段	艾山—利津河段
1960-10	2.55	1.65	1.27	1.05
1964-10	2.40	1.65	1.25	1.00

2)断面形态变化

河床在冲刷过程中,断面形态的变化取决于以冲刷为主或是以展宽为主,即取决于冲刷形态。冲刷形态又取决于水库下泄流量的大小、过程、历时、冲刷强度及河床边界条件,河床的边界条件可用河底与河岸的相对抗冲性衡量。因此,下游河道在冲刷过程中是以下切深蚀为主,还是以侧蚀展宽为主是一个十分复杂的问题,对不同的河流或同一河流不同的河段,以及处于冲刷发展过程的不同阶段,应进行具体的分析。对于比降较大、河岸与河床均由细沙组成、可动性大的游荡型河道,一般清水下泄初期,冲刷强度大的河段,深蚀作用大于侧蚀作用,河道以下切为主,断面形态变得窄深,后期河床粗化侧蚀作用有可能属主导地位,断面形态又会变得较宽浅。

三门峡水库下泄流量小于平滩流量时,冲刷较强烈的铁谢—花园口河段,一岸有邙山崖坝控制,河床冲刷以纵向下切为主,河宽减小,滩槽高差加大,断面趋于窄深。在花园口—高村河段,边界控制较差,河床冲刷既有下切又有展宽,河槽宽度平均展宽约1 km,与此同时,水深有所加大,$\sqrt{B/H}$(B河宽,H水深)基本保持不变。在高村—艾山河段,两岸土质较游荡性河段好,又有较多的工程控制,冲刷以下切为主,河槽宽度增加不多,$\sqrt{B/H}$变小。艾山以下河段两岸控制性好,河宽变化不大,水深在1964年汛期有所增加,$\sqrt{B/H}$相应减小(见表4-19)。

表 4-19　三门峡水库蓄水拦沙期黄河下游断面形态变化

河段	平均河宽 B(m)			平均水深 H(m)			$\sqrt{B}/H$		
	1960-11	1962-05	1964-08	1960-11	1962-05	1964-08	1960-11	1962-05	1964-08
(一)二滩之间的河槽									
铁谢—官庄峪	3 850	3 820	3 460	0.99	1.73	2.27	62.7	35.7	25.9
秦厂—高村	2 450	3 050	3 590	1.53	1.76	1.92	32.4	31.4	31.2
苏泗庄—王坡	1 230	1 090	1 000	1.85	2.83	3.45	18.9	11.7	9.2
艾山—利津	492	481	485	4.7	4.90	6.74	4.7	4.5	3.3
(二)河槽内的主槽									
铁谢—官庄峪	964	1 140		0.92	1.55		33.7	21.8	
秦厂—高村	805	960		1.15	1.35		24.7	23.0	

图 4-36 为清水冲刷期典型断面的变化,花园镇断面在建库前是一个宽、浅、散、乱的断面,滩槽高差很小,建库后下切,又经过 1964 年大水冲刷,河床下切,经过冲刷调整,建库前的嫩滩已成了高滩,在 1964 年汛期亦未上水,而在高滩之间又出现新的嫩滩和深达 10 m 的主槽。东坝头至高村间的油房寨断面,在 1964 年虽有冲刷,但低滩多汊并未改变,1964 年后,才出现一个深槽。刘家园断面在洰口以下,深槽位置固定,在深槽内有冲有淤。

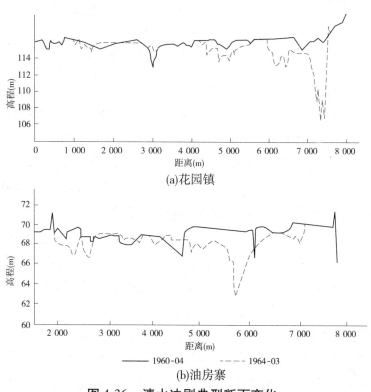

(a)花园镇

——— 1960-04　　　- - - 1964-03

(b)油房寨

图 4-36　清水冲刷典型断面变化

3）平面形态变化

在冲刷期,铁谢—裴峪河段主流靠右岸邙山,断面以下切为主,水流归槽,河势规顺,由图4-37可见,1960年8月水流分散,沙洲众多,河势散乱,经过冲刷至1963年7月水流已集中右股,水流向单一河槽转化,1964年水量特丰,经大水冲刷主槽进一步缩窄。而花园口—高村的黑岗口—府君寺、油房寨—周营两个河段,经过四年清水冲刷,平面形态不但没有改善,甚至变得更为散乱。高村以下河段经过清水冲刷后,河道形态仍维持原有的单一规顺的窄深河槽。

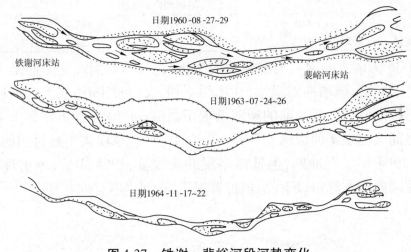

图4-37 铁谢—裴峪河段河势变化

4）河势变化,滩地坍塌及险情

三门峡水库下泄清水期,黄河下游发生过两次大的河势变化,一次是在1961年,一次是在1964年。1961年是三门峡下泄清水的第一年,来水来沙剧烈改变,下游河道有一个适应的过程,这一年的河势变化较大。经过调整以后,1962年及1963年两年流量仍与1961年一样,没有超过6 000 m³/s,下游河道比较稳定,1964年水量突然增大,河势有新的变化。

三门峡水库蓄水拦沙运用后,由于中水流量历时长,水流主流顶冲位置较稳定,坐弯很死,加上清水冲刷能力强,长时间的中水淘刷滩地及险工坝头,造成滩地大量坍塌和险情增加。四年内共坍塌滩地约300 km²,表4-20塌滩最严重的是花园口—高村河段,除北岸常堤附近塌到1855年形成的老滩外,一般坍失的都是1958年、1959年形成的二滩。由于主流摆动,坍掉的滩地高程高,淤出的滩地高程低、泥沙粗,成滩与塌滩作用之间不能保持平衡,二滩滩坎之间的河槽逐渐展宽,不同于建库前含沙量高,滩地此塌彼淤,滩地总面积变化不大,结果给滩区人民的生活和生产带来很大的困难。

表 4-20　三门峡水库蓄水拦沙期下游河道滩地坍塌情况

河段	滩地坍塌面积 (km²)	二滩间宽度（m）	
		1960 年	1964 年
铁谢—花园口	82.2	4 115	2 580
花园口—东坝头	125.2	2 563	3 633
东坝头—高村	70.2	2 340	3 610
高村—陶城铺	49.0	1 240	1 415

4.4.1.4　下游河道排洪能力变化

清水冲刷使下游河道过洪能力增加,水位下降(见表 4-21 和图 4-38)。同流量(3 000 m³/s)水位从上段下降 2.8 m 逐渐衰减至利津站基本没下降,反而上升 0.01 m,年均变化从下降 0.70 m 至上升 0.002 m。表 4-22 为各站 1960 年及 1964 年汛后同水位时的过洪能力,可见对于 1960 年通过流量 1 000 m³/s 的水位,1964 年下游各站增加了 1 250 ~ 8 000 m³/s,其中高村以上河段增加最多。河道的冲刷,水位下降,使平滩流量加大,夹河滩站和高村站 1964 年分别为 11 500 m³/s 和 12 000 m³/s。

表 4-21　黄河下游蓄水拦沙期(1960 ~ 1964 年)汛末同流量(3 000 m³/s)水位变化

站名	水位下降值（m）		站名	水位下降值（m）	
	总值	年均		总值	年均
铁谢	− 2.8	− 0.70	孙口	− 1.56	− 0.39
裴峪	− 2.16	− 0.54	南桥	− 0.64	− 0.16
官庄峪	− 2.08	− 0.52	艾山	− 0.76	− 0.19
花园口	− 1.32	− 0.33	官庄	− 0.44	− 0.11
夹河滩	− 1.32	− 0.33	北店子	− 1.12	− 0.28
石头庄	− 1.44	− 0.36	泺口	− 0.68	− 0.17
高村	− 1.32	− 0.33	刘家园	− 0.17	− 0.043
刘庄	− 1.32	− 0.33	张肖堂	− 0.22	− 0.055
苏泗庄	− 1.36	− 0.34	道旭	− 0.3	− 0.075
邢庙	− 1.8	− 0.45	麻湾	− 0.4	− 0.10
杨集	− 1.84	− 0.46	利津	0.01	0.002

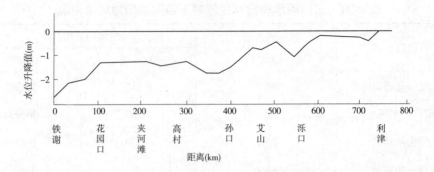

图 4-38　1960~1964 年黄河下游河道各站同流量(3 000 m³/s)水位变化

表 4-22　黄河下游各站 1960 年和 1964 年过洪能力对比

站名		花园口	夹河滩	高村	艾山	泺口
水位(m)		92.3	72.95	60.7	37.15	26.3
流量 (m³/s)	1960 年	1 000	1 000	1 000	1 000	1 000
	1964 年	7 800	9 000	7 285	2 250	2 300
1964 年比 1960 年 增加流量(m³/s)		6 800	8 000	6 285	1 250	1 300

4.4.2　三门峡水库滞洪排沙运用期下游河道的淤积调整

三门峡水库在 1962 年 3 月改为滞洪排沙运用,全年敞开闸门泄流排沙,经过两次改建,1973 年 11 月开始控制运用。前面已经说明,在水库已经改为滞洪排沙初期(1962 年 3 月~1964 年 10 月)水库死库容还未淤满,库内淤积泥沙向坝前搬移,下泄泥沙很小且细,下游河道仍处于冲刷状态,因此我们把 1964 年 10 月~1973 年 10 月作为滞洪排沙期来分析。本时期年均来水量 426 亿 m³,来沙量 16.3 亿 t,年均含沙量 38.3 kg/m³,分别相当于多年平均的 92%、104% 和 103%。由于水库运用的影响,出库水沙过程发生极大变化,主要表现为水库在降低水位过程中大量排沙,下游河道在前期冲刷的基础上发生回淤,主要冲淤特点表现为如下几个方面。

4.4.2.1　淤积量大,改变年内淤积分配

该时期下游河道年均淤积量为 4.39 亿 t,淤积量占来沙量的 27%,大于建库前 1950~1960 年天然状况下的年均淤积量 3.61 亿 t。9 年中有 5 年来沙量超过 15 亿 t,而来水量较枯,1969 年和 1970 年来水量分别为 329 亿 m³ 和 366 亿 m³,而来沙量分别为 14.3 亿 t 和 21.8 亿 t,下游河道淤积量竟分别达 6.5

亿 t 和 10.9 亿 t。更主要的是改变年内淤积分配,由于水库的滞洪运用,非汛期下泄泥沙增多,多年平均由建库前平均来沙量的 2.6 亿 t 增加为 3.5 亿 t,个别年份增加更多,如 1964 年和 1966 年非汛期,进入下游河道的泥沙竟达 7.5 亿 t 和 4.9 亿 t,在这种情况下,下游河道的年内淤积分配发生变化,非汛期由建库前年均淤积量 0.71 亿 t,增加为 1.19 亿 t,后者为前者的 1.7 倍,其中1964 年非汛期淤积量达 6.6 亿 t,因此引起年内淤积分配的变化,非汛期的淤积量占年淤积量的比例由建库前的 20% 增至 27%。

4.4.2.2 三门峡水库滞洪排沙运用的影响波及全下游

两头淤积比重增大,中段淤积比重减小,淤积的沿程分布如图 4-39 所示。

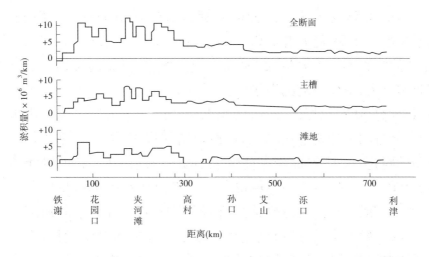

图 4-39 1964 年 10 月~1973 年 10 月黄河下游滩槽淤积量沿程变化

铁谢—高村河段全断面的淤积量占下游淤积量的比重由建库前的 55% 增加至 68%,下段艾山至利津河段的淤积比重由建库前的 12.4% 增至 15%,而中段的高村—艾山河段的比重由建库前的 32.4% 降至 17%。就淤积的绝对量而言,铁谢—高村河段和艾山—利津河段分别由建库前的年均淤积量1.99 亿 t 和 0.45 亿 t,增至 2.97 亿 t 和 0.68 亿 t,后者均约为前者的 1.5 倍,而高村—艾山河段则由建库前的 1.17 亿 t 降至 0.74 亿 t,可见全断面的沿程淤积调整是较大的。应该指出,滞洪排沙运用所造成的河道淤积,不仅限于近坝的上段,这是因为小水排沙的淤积在上段较大,但通过汛期较大流量可以把淤积物向下游搬移,使全下游都发生淤积。

此外,黄河下游河道的平面形态上宽下窄,在天然情况下,汛期洪水在艾山以上河段的宽河道漫滩淤积,进入艾山的含沙量大大减小,艾山—利津河段是冲刷的,而三门峡水库滞洪排沙运用后,由于水库泄流规模不足,下泄流量较小,大流量的机遇减少,进入艾山的水沙条件变得不利,造成该河段严重淤积。

4.4.2.3 改变横向淤积部位,主槽淤积比重增加,局部河段形成"二级悬河"

三门峡水库滞洪排沙运用对下游河道的影响更主要的是从根本上改变了下游河道的横向淤积部位,局部河段形成"二级悬河",使河道向不利方向发展。与20世纪50年代对比可以看出:从全下游来看,主槽淤积量由天然状况下的0.82亿t增至2.94亿t,主槽淤积量占全断面的淤积量由23%增加至67%,各河段的变化也不尽相同,高村以上河段主槽淤积量由0.62亿t增至1.72亿t,占全断面的比例由31%增加到58%,高村—艾山河段主槽淤积量由0.19亿t增至0.58亿t,占全断面的比例由16%增至78%,而艾山—利津河段主槽淤积量由0.01亿t增至0.64亿t,占全断面的比例由2%增至94%。可见,主槽的淤积不仅绝对量大,而且比例大增,特别是对艾山—利津河段的窄河道影响更大,由建库前的微淤变为严重淤积。

与20世纪50年代相比,横向淤积部位的改变主要是大流量洪水的机遇减少、中小流量洪水的机遇增加,而且沙量增加很多,因此中小流量使主槽淤积加重,滩槽高差减少,平滩流量降低至历史最低值,花园口的平滩流量只有2 600~3 500 m³/s,排洪能力急剧降低。当然滩槽高差的减少以及平滩流量的降低,也给一般洪水的漫滩创造条件,但是1958年开始下游河道两岸滩地修有生产堤,一般洪水漫滩后,只能在两岸生产堤之间发生淤积,而生产堤与大堤之间的滩地并不能淤高,这样就形成了两岸生产堤之间的河床高于生产堤与大堤之间的滩地。过去黄河下游本来就是横贯华北大平原的地上河,两岸大堤之间的河床高于大堤以外的地面,叫做"悬河"。而由于三门峡水库滞洪排沙运用和两岸生产堤的影响,在两岸生产堤之内又形成了一条河床高于生产堤以外的滩地的"悬河",成为"二级悬河"。一些典型断面见图4-40。

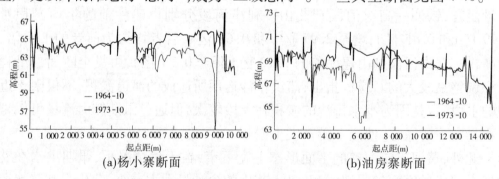

(a)杨小寨断面　　　　　　　　(b)油房寨断面

图4-40　黄河下游河道典型断面

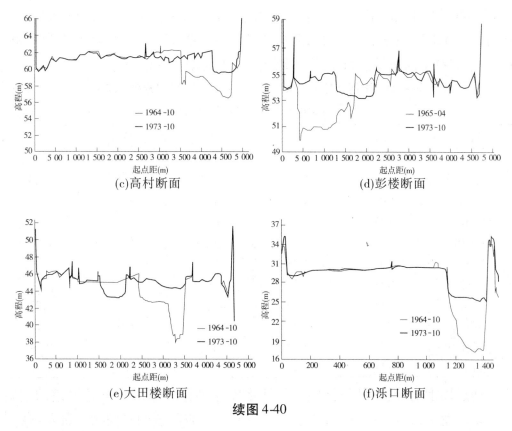

(c)高村断面   (d)彭楼断面

(e)大田楼断面   (f)泺口断面

续图 4-40

4.4.2.4 过洪能力急剧降低

整个滞洪排沙期同流量(3 000 m³/s)水位上升值如表 4-23 和图 4-41 所示。除铁谢—裴峪河段外,官庄峪—利津长达 700 km 的河段上升了 2 m 左右,平均上升 0.25 m 左右(其中邢庙—北店子附近河段约上升了 3 m)。1973 年黄河下游出现花园口洪峰流量为 5 890 m³/s 的洪水,大部分水文站比 1959 年花园口洪峰流量 9 480 m³/s 的洪水位还高,可见排洪能力下降较多,特别是艾山以下河段的河道由建库前的微淤变为严重淤积,使得下游河道排洪能力上

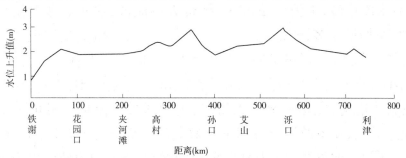

图 4-41 1964~1973 年黄河下游河道同流量(3 000 m³/s)水位变化

大下小的矛盾更加突出,1963 年加高山东大堤时,是按泄洪流量 13 000 m³/s 设计的,由于河道淤积,平均每年降低 500～600 m³/s,防洪形势非常严峻。1974 年起在黄河下游进行了第三次加高加固大堤工程建设。

表 4-23　黄河下游滞洪排沙期(1964～1973 年)汛末各水文站同流量(3 000 m³/s)水位上升值　　　　　　(单位:m)

站名	总值	年均	站名	总值	年均
铁谢	0.64	0.07	孙口	1.89	0.21
裴峪	1.54	0.17	南桥	2.21	0.25
官庄峪	2.02	0.22	艾山	2.25	0.25
花园口	1.85	0.21	官庄	2.35	0.26
夹河滩	1.94	0.22	北店子	2.9	0.32
石头庄	2.07	0.23	泺口	2.63	0.29
高村	2.37	0.26	刘家园	2.17	0.24
刘庄	2.35	0.26	张肖堂	1.94	0.22
苏泗庄	2.20	0.24	总旭	1.95	0.22
邢庙	2.94	0.33	麻湾	2.12	0.24
杨集	2.24	0.25	利津	1.64	0.18

通过以上的分析可以看到,三门峡水库滞洪排沙运用对下游河道的主要影响是改变了来水来沙过程,从根本上改变了下游河道的横向淤积部位,使河道朝不利方面发展。在天然情况下,下游河道的淤积主要发生在几次较大洪水,洪水在下游漫滩,主槽发生冲刷,并有所扩宽,如果洪水含沙量很大,则主槽和滩地都发生淤积。因此,在天然的来水来沙条件下,不同的水沙条件对滩地和主槽冲淤的影响也不同,但是在长期的发展过程中,滩地与主槽可以通过相互间的调整和转化,形成滩槽同步抬高的趋势,滩槽高差和断面形态不会发生根本性的改变。水库滞洪排沙运用后,由于水库滞洪削峰作用,下游水流一般不漫滩,从根本上改变了天然洪水漫滩的冲淤特性,滩地不能淤高。另一方面,在汛后水库排沙,下泄流量较小,挟带大量泥沙,这些泥沙只淤积在主槽内。这种"主槽淤得多,滩地淤得少"的冲淤过程,实质上是把天然情况下可以在滩地淤积的泥沙,通过水库的滞洪作用,暂时把它留在库内,然后通过洪水过后的小水排沙,把这些泥沙淤在下游河道的主槽内,对防洪非常不利。下游河道的排洪能力,主槽比滩地大得多,主槽通过的流量一般可占全断面的80% 以上。显然,在下游河道淤积不可避免的前提下,淤滩较为有利,而淤槽是不利的。同时,加重艾山—利津窄河道的淤积,下游河道防洪能力上大下小的矛盾更加突出。

三门峡水库滞洪排沙期下游河道出现的情况说明,在多沙河流上修建滞洪水库,如果水库不承担拦沙任务,一般年份泥沙基本是全部排出库内,则下游河道处于淤积状态,而且由于水库的滞洪削峰作用和出库水沙过程极不适应,下游河道将向不利方向发展。

4.4.3 三门峡水库蓄清排浑调水调沙控制运用以后下游河道河床的演变特点

吸取三门峡水库蓄水拦沙和滞洪排沙两个不同运用期的经验教训,根据黄河泥沙85%来自汛期、非汛期来沙量较少的特点,以及"在两个确保(确保西安、确保黄河下游)的前提下,合理防洪、排沙放淤、径流发电"的原则,三门峡水库自1973年11月开始采用蓄清排浑的调水调沙控制运用方式,非汛期(11月~次年6月)来沙较少,三门峡水库适当抬高水位蓄水,进行发电、防凌、灌溉,基本下泄清水,河道发生冲刷。来沙多的汛期(7~10月)则降低水位防洪排沙,下泄浑水,河道的冲刷或淤积随来水来沙条件而异。

这种演变过程,不同于建库前,也不同于滞洪排沙期,主要是改变年内过程。在这种特定的条件下,全下游河道淤积泥沙约39.04亿t,年均约1.5亿t。但随着来水来沙条件的不同,下游河道经历了淤积—冲刷—淤积的演变过程。依据1973年11月~1999年10月黄河的来水来沙条件和河道演变特点,可分为1973年11月~1980年10月、1980年11月~1985年10月和1985年11月~1999年10月三个时期,进行下游河道的河床演变分析。

4.4.3.1 1973年11月~1980年10月下游河道河床演变

1. 下游河道的冲淤特点

该时期实行蓄清排浑运用方式,非汛期下泄清水,汛期集中排泄全年泥沙,年内水沙量及过程的变化,改变了年内的冲淤过程及纵横向淤积部位,整体来看是非汛期下泄清水,部分河段发生冲刷,汛期水库排沙,加大来沙量,增加了河道淤积。

1)淤积量较小

该时期基本属于略偏枯的水沙系列,洪峰较多,因此下游全断面总淤积量为12.67亿t,年均淤积1.81亿t,只有20世纪50年代淤积量的50%。对比各时期冲淤情况来看,河道淤积量及淤积比都是较少的一个时期(见表4-24)。

2)年内冲淤分配发生变化

天然情况下,非汛期下游河道发生淤积,20世纪50年代年均淤积0.71亿

t,占全年淤积量的 20%,滞洪排沙期年均淤积 1.45 亿 t,占全年淤积量的 32%,而该时期则转为冲刷,平均每年冲刷 0.89 亿 t。汛期淤积量年均为 2.7 亿 t,与 50 年代接近。非汛期的冲刷对减少河道的淤积起到一定的作用。全年的淤积比小于前两个时期,仅为 15%。

表4-24 黄河下游河道年均冲淤量年内分配

时段 (年-月)	冲淤量(亿 t)			各占年冲淤量 的比例(%)		来水量 (亿 m³)	来沙量 (亿 t)	(年冲淤量/年来沙量) 河道淤积比(%)
	汛期	非汛期	全年	汛期	非汛期			
1950-07～1960-06	2.9	0.71	3.61	80	20	480	17.9	20
1964-11～1973-10	3	1.39	4.39	68	32	425	16.3	27
1973-11～1980-10	2.7	-0.89	1.81	149	-49	395	12.4	15
1980-11～1985-10	-0.04	-0.93	-0.97	4	96	482	9.7	-10
1985-11～1999-10	2.88	-0.65	2.23	129	-29	273	7.6	29

3)淤积沿程分布变化特点

由表4-25 可知,该时期花园口以上河段发生冲刷,以下沿程淤积,淤积集中在夹河滩—孙口河段,占全下游淤积量的 62%,所占比例大于建库前的 50%,同时艾山以下窄河段的淤积比例升高,该时期艾山以下淤积量为年均 0.46 亿 t,与 20 世纪 50 年代 0.45 亿 t 接近,但占全下游的比例达到 25%,而 50 年代仅占 13%。

4)淤积的横向分布较大变化特点

该时期由于发生了 1975 年、1976 年的大漫滩洪水,黄河下游绝大部分泥沙淤积在滩地,主槽年均仅淤积 0.02 亿 t(见表4-26),但不同河段有所差别,花园口以上滩槽皆冲,主槽、滩地冲刷量分别为年均 0.18 亿 t 和 0.04 亿 t,滩地冲刷是发生塌滩引起的;花园口以下滩槽皆淤,对主槽而言,冲刷主要发生在花园口以上,以下沿程微淤。主槽淤积具有两头小、中间大的特点,高村—孙口主槽淤积量相对较多,年均达 0.1 亿 t。绝大部分河段滩地淤积量占全断面的 80% 以上,滩地淤积主要集中在夹河滩—孙口河段,年均淤积 0.99 亿 t,占全河段滩地淤积量的 55%。虽然大滩区泥沙淤积分布相对于 1964～1973 年有所好转,但滩唇高、堤根洼的局面未得到根本缓解,"二级悬河"的形势仍十分严重。

2.排洪能力变化

同流量水位和平滩流量的变化直接反映了不同时期下游河道冲淤演变所引起的排洪能力的变化。

表 4-25　黄河下游河道冲淤量纵横向分配比例

河段	各河段/全下游全断面冲淤量（%）				各河段/全下游主槽冲淤量（%）				各河段主槽/全断面冲淤量（%）			
	1950-07~1960-06	1964-11~1973-10	1973-11~1980-10	1985-11~1999-10	1950-07~1960-06	1964-11~1973-10	1973-11~1980-10	1985-11~1999-10	1950-07~1960-06	1964-11~1973-10	1973-11~1980-10	1985-11~1999-10
铁谢—花园口	17	22	-12	19	39	16	-900	17	52	49	-81	64
花园口—夹河滩	16	25	19	29	20	25	50	28	28	69	3	67
夹河滩—高村	22	21	29	23	17	18	150	22	18	54	6	71
高村—孙口	25	10	33	11	18	12	500	10	16	80	17	64
孙口—艾山	7	7	6	5	5	8	150	6	17	77	27	82
艾山—泺口	6	5	9	7	1	7	150	10	5	96	19	100
泺口—利津	7	10	16	6	0	14	0	7	0	93	0	92
铁谢—利津	100	100	100	100	100	100	100	100	23	67	1	73

表 4-26 黄河下游各时段平均冲淤量纵横向分配

（单位：亿 t）

时段（年-月）	项目	铁谢—花园口	花园口—夹河滩	夹河滩—高村	高村—孙口	孙口—艾山	艾山—泺口	泺口—利津	铁谢—高村	高村—艾山	艾山—利津	铁谢—利津
1950-07~1960-06	主槽	0.32	0.16	0.14	0.15	0.04	0.01	0	0.62	0.19	0.01	0.82
	滩地	0.3	0.41	0.66	0.78	0.2	0.19	0.25	1.37	0.98	0.44	2.79
	全断面	0.62	0.57	0.8	0.93	0.24	0.2	0.25	1.99	1.17	0.45	3.61
1960-07~1960-08	全断面	0.19	-0.32	0.6	0.11	0.6	0.1	0.25	0.47	0.71	0.35	1.53
1960-09~1964-10	全断面	-1.9	-1.47	-0.84	-1.03	-0.22	-0.19	-0.13	-4.21	-1.25	-0.32	-5.78
1964-11~1973-01	主槽	0.47	0.74	0.51	0.35	0.23	0.22	0.42	1.72	0.58	0.64	2.94
	滩地	0.48	0.34	0.43	0.09	0.07	0.01	0.03	1.25	0.16	0.04	1.45
	全断面	0.95	1.08	0.94	0.44	0.3	0.23	0.45	2.97	0.74	0.68	4.39
1973-11~1980-10	主槽	-0.18	0.01	0.03	0.1	0.03	0.03	0	-0.14	0.13	0.03	0.02
	滩地	-0.04	0.33	0.5	0.49	0.08	0.13	0.3	0.79	0.57	0.43	1.79
	全断面	-0.22	0.34	0.53	0.59	0.11	0.16	0.3	0.65	0.7	0.46	1.81
1980-11~1985-10	主槽	-0.3	-0.34	-0.29	-0.13	-0.01	-0.07	-0.12	-0.93	-0.14	-0.19	-1.26
	滩地	-0.07	-0.1	-0.09	0.53	0.07	-0.04	0	-0.26	0.59	-0.04	0.29
	全断面	-0.37	-0.44	-0.38	0.40	0.06	-0.11	-0.12	-1.19	0.45	-0.23	-0.97
1985-11~1999-10	主槽	0.27	0.46	0.36	0.16	0.09	0.15	0.12	1.09	0.25	0.27	1.61
	滩地	0.15	0.2	0.15	0.09	0.02	0	0.01	0.50	0.11	0.01	0.62
	全断面	0.42	0.66	0.51	0.25	0.11	0.15	0.13	1.59	0.36	0.28	2.23
1950-07~1999-10	全断面	9.89	19.01	22.16	19.19	7.16	6.17	9.49	51.06	26.35	15.66	93.07

1)同流量(3 000 m³/s)水位变化

1973年汛后三门峡水库蓄清排浑控制运用后,下游年内水位变化为:每年非汛期花园口、夹河滩等站经过三门峡水库下泄清水冲刷,主槽刷深,水位下降,而高村以下(特别是孙口以下)则表现为河道淤积,水位升高;每年汛期河道冲淤决定于来水来沙量及过程,水位有升有降。从各年的变化过程看,下游各站的水位变化与河道冲淤变化过程是一致的(见图4-42)。

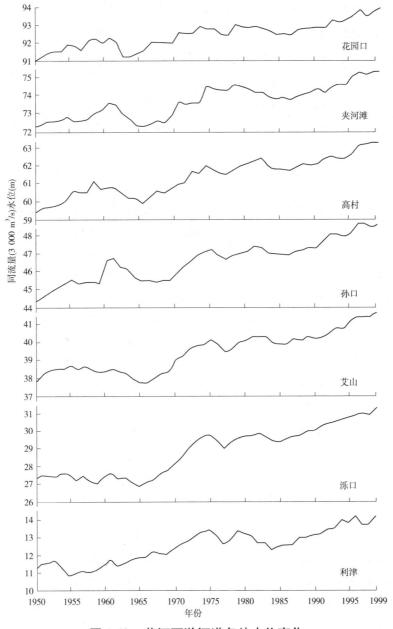

图4-42 黄河下游河道各站水位变化

该时期黄河泥沙主要淤积在滩地,主槽淤积较小,滩槽冲淤分布对河槽排洪有利,因此虽然该时期全断面是淤积的,但河槽的排洪能力减少不多。由表4-27可见,水位表现呈两端上升小、中间上升大的特点。花园口以上同流量水位有所下降;花园口—泺口除苏泗庄、邢庙两站年均上升约0.10 m外,大部分站均小于0.05 m,泺口以下年均上升仅0.03 m左右。逐年同流量水位的变化可见,游荡型河段经过1977年高含沙洪水后水位明显上升,其后到1980年都未发生较大洪水,水位变化不大,因此到1980年汛后同流量水位与1973年汛后接近,甚至略有升高,主槽排洪能力未大幅度增加。

表4-27　黄河下游各时段汛末同流量(3 000 m³/s)水位年均升降值　(单位:m)

站名	平均水位升(+)降(-)值						总抬升值	
	1950 ~ 1960 年	1960 ~ 1964 年	1964 ~ 1973 年	1973 ~ 1980 年	1980 ~ 1985 年	1985 ~ 1999 年	1960 ~ 1999 年	1950 ~ 1999 年
铁谢		- 0.70	0.07					
裴峪		- 0.54	0.17	- 0.05	- 0.16	0.10	- 0.38	
官庄峪		- 0.52	0.22	- 0.02	- 0.09	0.09	0.57	
花园口	0.12	- 0.33	0.21	0.02	- 0.11	0.10	1.56	2.68
夹河滩	0.12	- 0.33	0.22	0.02	- 0.14	0.12	1.78	2.98
石头庄		- 0.36	0.23	0.04	- 0.10	0.10	1.81	
高村	0.12	- 0.33	0.26	0.06	- 0.07	0.12	2.77	3.97
刘庄	0.11	- 0.33	0.26					
苏泗庄		- 0.34	0.24	0.10	- 0.15	0.15	2.85	
邢庙		- 0.45	0.33	0.09	- 0.08			
杨集		- 0.46	0.25	0.05	- 0.10	0.14	2.22	
孙口	0.22	- 0.39	0.21	0.05	- 0.06	0.12	2.06	4.26
国那里						0.13		
南桥		- 0.16	0.25	0.05	- 0.05	0.13	3.53	
艾山	0.06	- 0.19	0.25	0.04	- 0.06	0.14	3.43	4.03
官庄		- 0.11	0.26	0.07	- 0.09			
北店子	0.04	- 0.28	0.32	0.09	- 0.13	0.14	3.70	4.10
泺口	0.03	- 0.17	0.29	0.05	- 0.09	0.15	3.93	4.23
刘家园		- 0.04	0.24	0.00	- 0.02	0.11	3.44	
张肖堂	0.02	- 0.06	0.22	0.05	- 0.14	0.12	3.07	3.27
道旭	0.02	- 0.07	0.22	0.03	- 0.14	0.14	3.17	3.37
麻湾		- 0.10	0.24	0.02	- 0.16	0.12	2.78	
利津	0.02	0.002	0.18	0.02	- 0.14	0.12	2.75	2.95

2）平滩流量变化

黄河下游河道断面多呈复式，滩槽不同部位的排洪能力存在很大差异，因此平滩流量的变化在相当程度上反映了主槽的过洪能力。1973～1980年受1975年、1976年漫滩洪水淤滩刷槽的影响，河道排洪能力增加，到1980年汛前下游河道的平滩流量增大到4 300～5 500 m³/s（见图4-43），但1980年水沙条件不利，平滩流量又有所减小。整个时期来看，这一时期平滩流量约增加1 000 m³/s，河道过洪能力较1973年汛后有所增加。

(a)花园口站

(b)利津站

图4-43　平滩流量变化过程

4.4.3.2　1980年11月～1985年10月下游河道河床演变

1.下游河道冲淤特点

1981～1985年蓄清排浑控制运用期来水较多来沙较少，年均来水量480亿m³，年均来沙量接近10亿t。来水来沙条件十分有利，是除1961～1964年三门峡蓄水拦沙期外，历史上进入下游含沙量最少的时期，同时河口条件较为有利(1980年河口区河道归股成槽,进入输水输沙能力强的中期阶段),下游河道累积冲刷泥沙4.85亿t,年均冲刷约1亿t,是除三门峡水库拦沙期外,下游河道少有的有利时期。

1)下游河道连续4年冲刷

该时期下游河道发生了较大幅度的冲刷(见表4-24),5年中只有1981年淤积了0.84亿t,1982～1985年连续冲刷,共冲刷5.69亿t,年均达1.41亿t,其中1982年和1983年冲刷量分别为2亿t和2.2亿t。

2)下游河道非汛期、汛期都发生冲刷,但不同河段差别较大

非汛期三门峡水库下泄清水,下游河道发生冲刷,5年共冲刷4.65亿t,年均冲刷0.93亿t。但各河段不同,冲刷主要发生在高村以上,年均达1.13亿t,河道中段高村—艾山冲刷很少,年均仅0.03亿t,而艾山—利津发生了淤积,年均淤积0.23亿t。

黄河下游汛期一般以淤积为主,除1960～1964年三门峡水库蓄水拦沙期外,其余各时期几乎都是淤积的(见表4-24)。但1981～1985年汛期下游发生了少量冲刷,年均冲刷0.04亿t,主要发生在1982年、1983年和1985年,3年汛期冲刷量都在1亿t左右。从汛期冲淤的沿程分布来看,冲刷主要发生在花园口—高村和艾山—利津河段;而花园口以上河段在非汛期大冲的前期条件下汛期大淤,年均淤积达0.49亿t;高村—艾山河段淤积量也达到年均0.48亿t。

3)沿程冲淤分布呈两头冲、中间淤的格局,艾山以下冲刷较多

1981～1985年下游河道发生冲刷,但冲刷集中在高村以上和艾山以下,年均冲刷量分别达1.19亿t和0.23亿t。高村以上是由于非汛期和汛期都冲刷,其中花园口—夹河滩河段冲刷最为剧烈,年均冲刷强度达45万t/km;艾山以下是汛期的冲刷量大于非汛期的淤积量,因此年均为冲刷。而中段高村—艾山河段非汛期冲刷量较小、汛期淤积量较大,造成年内河道淤积,年均淤积0.45亿t(见表4-26)。

1981～1985年河道冲淤的另一特点是艾山以下冲刷较多。对比各时期艾山以下冲淤量可见,艾山以下基本为淤积,只有1960～1964年发生了冲刷,年均冲刷约0.3亿t,大于1981～1985年的年均0.23亿t。但从艾山以下河段冲刷量占全下游的比例来看,1981～1985年达到24%,远高于1960～1964年的仅占6%。艾山以下冲刷较多,除与来水来沙条件有利外,还与河口地区河道演变对下游河道的有利反馈影响有关。1976年河口改道走清水沟流路,1980年以后,河道单股入海,河势规顺,水流集中,同时遇1981～1984年有利水沙条件,河口河道溯源冲刷与沿程冲刷相结合,近河口段水位普遍下降,增

加了近河口段下游河道的冲刷强度。

4）主槽连续 5 年冲刷,各河段滩槽冲淤不同

该时期河道的横向调整较好,主槽连续 5 年发生冲刷,年均冲刷达 1.26 亿 t,而滩地仅淤积了 0.29 亿 t。

主槽是沿程冲刷,但高村以上冲得多,高村以下冲得少。高村以上主槽年均冲刷 0.93 亿 t,占全下游主槽冲刷量的 75%;高村以下年均仅冲刷 0.33 亿 t,占全下游的 25%,其中孙口—艾山冲刷最少,年均仅 0.01 亿 t。

滩地的沿程变化情况与主槽不同。高村以上滩地年均冲刷 0.26 亿 t,高村—艾山滩地淤积较多,年均达 0.59 亿 t,艾山以下滩地变化不大,稍有冲刷。高村以上滩地冲刷主要在于塌滩,这一时期为中水少沙,尤其是低含沙量中常洪水持续时间长,大漫滩洪水少且含沙量低,水流侧蚀强烈,主流线的大幅度频繁摆动造成滩地的坍塌,而含沙量低又导致新淤滩地达不到原滩地高程。高村—艾山河段淤积主要是 1982 年大漫滩洪水淤滩刷槽的作用,其中又以高村—孙口河段最明显。

因此,各河段的滩槽冲淤情况各不相同,高村以上是滩槽皆冲,但主槽冲刷量大,占全断面的 79%;高村—艾山是槽冲滩淤,但滩地淤积量大,全断面表现为淤积;艾山以下也是滩槽皆冲,主槽冲刷量占全断面的比例更大,达到 83%。

2. 排洪能力变化

黄河下游为复式断面且具有宽广的滩地,河道的排洪能力主要取决于主槽的冲淤变化及阻力变化。下游河床冲淤演变的一个主要规律就是洪水漫滩后,滩槽水流泥沙交换十分强烈,大量泥沙通过水流交换,由主槽进入滩地,造成了滩地大量淤积,主槽强烈冲刷,"淤滩刷槽"使得涨水过程中主槽迅速扩大,排洪能力增加,洪水漫滩后,增加了过水面积,滩地阻力随着水深增加不断减少,滩地流速相应增大,故黄河下游洪水的涨率随着流量增大而有不断减少的趋势,滩地起着决定性作用。此外,黄河下游河道平面形态上宽下窄,滩地主要集中在陶城铺以上宽河道,洪水漫滩后大量泥沙在宽河道滩地落淤,降低了进入窄河道的含沙量,有利于窄河道的冲刷,故有"洪水漫滩,艾山以下河道冲刷"的冲淤演变规律。

1981～1985 年下游河道普遍冲刷,河道排洪能力也基本以增大为主。

1）同流量水位变化

1981～1985 年下游河道同流量水位的变化过程,与河道的冲淤调整过程一致(见表 4-27 及图 4-42),水位明显下降,一般在 1984 年汛后 3 000 m³/s 流量水位下降表现最低,到 1985 年汛末花园口、夹河滩水位继续下降,孙口、艾

山等站变化不大,高村、泺口、利津等站明显升高。

由图4-42还可以看出,随着水沙条件及河床边界条件、河口条件的不同,水位的变化幅度和过程是有很大差异的。1980～1985年汛后,同流量水位累计高村以上河段降低0.3～0.6 m,高村—艾山降低0.2～0.5 m,艾山以下河段降低0.4～0.8 m。其中高村以上河段受频繁的低含沙量中常洪水的影响,河床基本处于持续的冲刷状态,汛期及非汛期水位均有所降低。艾山以下河段主要受河口区有利条件的影响,冲刷幅度及过程自下而上发展,尤其1979～1984年汛后,刘家园以下近河口段同流量水位降低1 m多(见表4-28),并且全年持续冲刷,可见河口区边界条件变化对近河口区河段排洪能力的影响是明显的。

表4-28　艾山以下1979～1984年汛末同流量(3 000 m³/s)水位变化　（单位:m）

站名	艾山	北店子	泺口	刘家园	张肖堂	道旭	麻湾	利津
累积变化	-0.25	-0.64	-0.50	-0.30	-0.98	-0.97	-1.12	-1.12
年均变化	-0.05	-0.13	-0.10	-0.06	-0.20	-0.20	-0.22	-0.22

为了更清楚地了解20世纪80年代河道排洪能力的变化情况,选择了典型相似洪水进行分析(见表4-29),两场洪水分别为1981年9月和1985年9月,花园口洪峰流量分别为8 060 m³/s和8 260 m³/s,洪水期平均含沙量分别为37.8 kg/m³和37.6 kg/m³。可以看出,虽然1985年洪水较1981年洪水水位升降在量值上与5 000 m³/s水位有所区别,但在定性上同样反映了中水河槽排洪能力增大的特点。

表4-29　相似洪水水位对比

站名	1981年9月		1985年9月		流量差 (m³/s)	水位差 (m)	汛期5 000 m³/s 水位差(mm)
	洪峰流量 (m³/s)	水位 (m)	相应流量 (m³/s)	相应水位 (m)			
花园口	8 060	93.56	8 260	93.44	200	-0.12	-0.43
夹河滩	7 730	75.31	7 670	74.95	-60	-0.36	-0.73
高村	7 390	63.37	7 370	63.31	-20	-0.06	-0.60
孙口	6 500	48.75	6 480	48.48	-20	-0.27	-0.35
艾山	6 260	42.02	6 200	41.92	-60	-0.10	-0.35
泺口	5 380	31.06	5 310	30.90	-70	-0.16	-0.36
利津	5 000	13.92	5 120	13.72	120	-0.20	-0.18

2)平滩流量的变化

下游河道为复式断面,不同部位的排洪能力存在很大差别,中水河槽(高村以下河段为主槽)是输水排沙的主要部分,即使对于大漫滩洪水,河槽排洪能力也占 60% ~ 80%。因此,平滩流量的变化在相当程度上反映了河道的排洪输沙能力。分析 1981 ~ 1985 年平滩流量的变化过程(见图 4-43),该时期平滩流量是逐渐增大的变化过程。1980 年水沙条件不利,平滩流量均明显减小,平均减少约 330 m³/s,只有利津以下近河口段的平滩流量有所增大。1981 ~ 1984 年平滩流量明显增大,其中孙口以上河段主要由 1981 年和 1982 年汛期淤滩刷槽引起,孙口以下河段则因主槽的持续冲刷而逐渐增大,到 1985 年,汛前下游平滩流量一般为 6 000 ~ 7 000 m³/s,平均为 6 544 m³/s,较 1981 年汛前(平滩流量为 4 000 ~ 6 000 m³/s,平均为 5 040 m³/s)明显偏大。

以上情况表明,黄河下游河道只要维持较大的水量和洪峰流量,就能通过河床自动调整,恢复一定的平滩流量和排洪能力,河槽并不发生萎缩。

3)滩槽行洪条件变化与洪水涨率增大

按照黄河下游河道各部位行洪能力的不同,将河道断面分为中水河槽(包括嫩滩(边滩)及心滩)、内滩、外滩三部分。滩唇到生产堤之间称为内滩,生产堤至大堤之间称为外滩,如大堤到河槽之间没有生产堤,则划为内滩。

从 1982 年航测平面上量得,铁谢—利津内滩面积 969 km²,外滩面积 1 818 km²,外滩面积几乎是内滩的两倍。中水河槽面积 1 017 km²,占下游河道总面积的 26.7%,内滩与外滩分别占总面积的 25.5% 与 47.8%。内滩由于主流摆动,滩地坍塌,没有村庄等阻水建筑物,植被也较外滩稀疏,阻力较外滩小,洪水漫滩后流速较大,过流较多。前述分析表明,1981 ~ 1985 年下游滩面横比降增大,局部河段"二级悬河"发展。东坝头—高村河段滩地很大,泥沙淤积不均衡,特大洪水时,有可能发生"滚河"的危险。

由于生产堤与控导护滩工程连坝的影响,滩地行洪能力减少(见表 4-30),滞洪能力增加,淤滩刷槽作用减弱,使得洪水漫滩后同流量洪水涨率变大,洪水位变高,断面排洪能力降低。如花园站 1982 年 8 月洪峰流量 15 300 m³/s 的洪水与 1954 年 8 月的洪峰流量 15 000 m³/s 的洪水沿程流量基本相同,但沿程各站流量 6 000 m³/s 的水位与最高洪水位的差值,在夹河滩—孙口河段,1954 年为 0.4 ~ 0.7 m,而 1982 年为 1.0 m 左右,比 1954 年增加 0.3 ~ 0.6 m。

表 4-30　高村站 1958 年与 1982 年洪水对比

流量级 (m³/s)	滩地分流比(%)		滩地过水面积(%)		主槽流速(m/s)		滩地流速(m/s)	
	1958 年	1982 年	1958 年	1982 年	1958 年	1982 年	1958 年	1982 年
<5 000	5.8		9.8		2.28	2.24	0.14	
5 000 ~ 8 000	6.8	1.4	17.4	10.5	2.51	2.43	0.32	0.25
>8 000	15.2	11.7	30.9	41.7	2.91	2.44	0.68	0.23

还需指出的是,在平面形态分析中已表明,1982 年与 1956 年及 1972 年相比,中水河槽有所缩窄,面积减少,1972～1982 年中水河槽面积减少了 178 km²,这种变化不仅对大洪水时河道排洪不利,而且还会促使洪水涨率增大。

4.4.3.3　1985 年 11 月～1999 年 10 月下游河道河床演变

1. 下游河道冲淤特点

1986 年以后,进入黄河下游的水沙条件发生了很大变化,汛期来水比例减小,非汛期比例增加,洪峰流量大幅度减小,枯水历时增长,主河槽行洪面积明显减小,河槽萎缩是本时期主要演变特点。

1）河道冲淤量不大,但淤积比较大

1986～1999 年下游河道总淤积量为 31.22 亿 t,年均淤积量为 2.23 亿 t,见表 4-24。从淤积的绝对量值看淤积并不多,淤积量约为 50 年代天然情况下下游河道年均淤积量 3.61 亿 t 的 62%,为滞洪排沙期年均淤积量 4.39 亿 t 的 51%,但是这一时期来沙量少,年均仅 7.62 亿 t,因此淤积比较大,达到 29%,也就是说,来沙量的近 1/3 淤积在河道内,是 1950 年以来下游各淤积时期中淤积比最高的。

1986 年以来下游来水量减少,特别是枯水历时增长,中大流量减少,河道输沙能力降低,造成即使来沙量很小,河道仍发生淤积,而且淤积比较大。如 1997 年,来水量为 166.4 亿 m³,来沙量仅 4.29 亿 t,淤积量为 2.14 亿 t,淤积比接近 50%（见表 4-31）。1997 年是 1920 年到小浪底水库投入运用前 80 年间下游来水量最小的一年（运用年）,也是下游断流时间最长、断流长度最长的一年,由此看来水量的减少和大流量过程的减少严重降低了河道的输沙能力。此外,1986 年、1987 年也是在来沙量不大的条件下淤积比偏大,来沙量分别只有 4.15 亿 t 和 2.89 亿 t,而淤积比高达 36.9% 和 40.2%。由此可见,即使来沙量减少至 3 亿～4 亿 t,但随着来水量的减少,特别是大流量过程的减少,河道仍会发生淤积,淤积比仍较大。

表 4-31　黄河下游 1986～1999 年来水来沙及河道冲淤情况

年份	来水量（亿 m³）	来沙量（亿 t）	含沙量（kg/m³）	淤积量（亿 t）	淤积比（%）
1986	315.6	4.15	13.1	1.53	36.9
1987	220.8	2.89	13.1	1.16	40.2
1988	345.7	15.50	44.8	5.01	32.3
1989	399.7	8.06	20.2	-0.22	-2.7
1990	367.1	7.23	19.7	1.35	18.7
1991	249.0	4.87	19.5	0.58	11.9

年份	来水量(亿 m³)	来沙量(亿 t)	含沙量(kg/m³)	淤积量(亿 t)	淤积比(%)
1992	255.2	11.07	43.4	5.75	51.9
1993	316.2	6.09	19.3	0.31	5.1
1994	296.9	12.31	41.4	3.91	31.8
1995	258.2	8.24	31.9	1.34	16.3
1996	267.0	11.24	42.1	6.65	59.1
1997	166.4	4.29	25.8	2.14	49.9
1998	196.2	5.75	29.3	0.80	13.9
1999	181.2	4.98	27.5	1.03	20.7
年均	273.9	7.62	27.8	2.24	29.4

2）年际间冲淤变化较大，淤积主要集中在发生高含沙量洪水的年份

这一时期各年水沙条件有所差异，因此冲淤量年际变化也较大。发生高含沙量洪水、来沙量大的年份淤积量较大，1988 年、1992 年、1994 年及 1996 年的淤积量分别达到 5.01 亿 t、5.75 亿 t、3.91 亿 t 和 6.65 亿 t（见表4-31），4 年淤积量占时段总淤积量的 68%，而且这几年淤积比也较大，都在 30% 以上，1996 年更高达 59.1%。而来水相对较多、来沙较少的年份淤积量较少，甚至冲刷，如 1989 年来水量达 399.7 亿 m³，来沙量仅有长系列的一半，年内河道略有冲刷。因此，河道演变仍遵循丰水少沙年河道冲刷或微淤，枯水多沙年则严重淤积的基本规律。

3）非汛期冲刷减少，汛期淤积比重加大

由于三门峡水库蓄清排浑运用，汛期下泄浑水、非汛期下泄清水，非汛期冲刷、汛期冲淤与来水来沙条件有关。非汛期冲刷量的大小与水量有一定关系，也就是冲刷量随水量的增大而增加。但非汛期一般流量较小，冲刷不能普及全下游，根据以往的研究，当流量大于 2 500 m³/s 时，水量达 22 亿 m³ 左右，冲刷才能普及全下游。因此，艾山以下河道非汛期大多数年份是淤积的。

对汛期河道冲淤量而言，除来水来沙总量外，还与水流过程关系极大，黄河下游的输沙能力与流量关系密切，流量大，输沙能力大。根据以往的研究，作为汛期平均情况，平滩流量时输沙能力最大，枯水流量排沙能力小。因此，在总水量相同的情况下，流量过程均匀则输沙能力较小。

在相同含沙量情况下，淤积量相差较大，仔细分析与流量过程有关，如1995 年与 1997 年相比，含沙量较接近，分别为 67.4 kg/m³ 和 68.8 kg/m³，但

单位水量淤积量相差较远,1995 年单位水量淤积量 0.017 t/m^3,而 1997 年为 0.040 t/m^3,主要原因一方面是虽然含沙量基本接近,但 1997 年水量小,沙量也少,另一方面是因为 1997 年汛期流量大于 2 000 m^3/s 的天数只有 10 d,大于 3 000 m^3/s 的流量 0 d,相反 500 m^3/s 以下的流量历时长达 78 d;而 1995 年大于 2 000 m^3/s 的流量有 65 d,也曾出现 3 000 m^3/s 以上的流量。对比看来,水流过程的变化对河道冲淤的影响极大。

4)淤积横向分布不均,主槽淤积严重

由于该时期枯水流量历时长,80% 的时间由流量 2 000 m^3/s 以下通过的,而且前期河床是 1981~1985 年来水来沙系列塑造成的较大河槽,因此最主要的河道演变特点是主槽淤积严重。由表 4-26 滩槽泥沙分布可见,1986~1999 年下游河道主槽年均淤积量达到 1.61 亿 t,占全断面的 72%,大部分淤积在主槽里,艾山以上主槽淤积量约占全断面的 70%,艾山以下几乎全部淤积在主槽里。与 20 世纪 50 年代相比,1986~1999 年泥沙滩槽的淤积分布发生了较大的变化,该时期全断面年均淤积量只有 50 年代下游年均淤积量的 62%,而主槽淤积量却是 50 年代年平均淤积量的近 2 倍,因此 50 年代主槽淤积量仅占全断面淤积量的 23%。

5)艾山—利津河段主槽淤积严重

由 20 世纪 50 年代的冲淤基本平衡转为淤积,占全下游淤积量的比重加大。表 4-25 为各时段冲淤量的沿程分配,对比 1950~1960 年及 1964~1973 年的变化,可以看出,全断面的沿程淤积分布与 1964~1973 年三门峡水库滞洪排沙期相似,由于流量较小,泥沙集中淤积在上段,以花园口—夹河滩河段占全下游比重最大达 29%,而 1950~1960 年所占比重仅 16%;而艾山—利津窄河道年均淤积量达到 0.28 亿 t,占全下游淤积量的 17%,与 50 年代年均淤积量 0.45 亿 t 相比淤积量虽然少,但 50 年代艾山—利津河段淤积量仅占全下游淤积量的 12%,因此淤积比例升高。尤其是艾山—利津河段主槽年均淤积量达到 0.27 亿 t,占到全断面淤积量的 96%,几乎全部淤积在主槽里。而 50 年代该河段主槽基本冲淤平衡,可见变化很大。根据以往的研究认为,艾山—利津河段的冲淤不仅受流域来水来沙的影响,还受上段河道的调整作用,一般认为在浑水情况下,当流量大于 4 000 m^3/s,艾山—利津河段可以冲刷,而在清水条件下,当流量大于 2 500 m^3/s 以上才能冲刷,小水是造成该河段淤积的主要原因。由此可知,近期大部分时间均不满足这个条件,不能发挥大水冲、小水淤的规律,使该时期汛期不但没有冲刷反而有淤积。因此,淤积加重是不可避免的,是汛期与非汛期两重作用的结果,另一方面,泺口以下经常断流也会造成影响。必须指出的是,由于该河段较窄,同样的淤积量水位上升就快,该河段是防洪的重点,上段宽河道能通过 22 000 m³/s 洪水,该段只能通过 10 000 m³/s,因此如何控制窄河段尽量少淤或不淤是一个重要课题。

6)漫滩洪水期间,一般主槽发生冲刷,对河道排洪有利

漫滩洪水在下游河道演变中起到很大的塑造、维持河槽的作用,洪水漫滩后,滩槽水流泥沙交换,大量泥沙不断从主槽进入滩地,滩地发生淤积,主槽发生冲刷,主槽过水面积特别是平滩下主槽过水面积得以明显扩大,从而增大了主槽的过洪排沙能力。同时泥沙在孙口以上宽河段滩地大量落淤,降低了进入艾山以下河段的含沙量,也有利于艾山以下河段的冲刷。近期黄河下游大洪水出现几率减少,洪水漫滩次数少是下游河道严重萎缩的重要原因之一。

在河道萎缩过程中,漫滩洪水仍起到较好的淤滩刷槽作用。1996 年 8 月花园口洪峰流量 7 860 m³/s 的洪水过程中,下游出现了大范围的漫滩,淹没损失很大,这从经济角度看是不利的;但从河道演变角度看,发生大漫滩洪水对改善下游河道河势及增加河道过洪能力非常有利。"96·8"洪水期间,滩槽水流泥沙进行交换,主槽刷深、滩地淤高,洪水期花园口来沙量 3.39 亿 t,下游花园口—利津河段滩地淤积 4.45 亿 t,主槽冲刷 1.61 亿 t,全断面淤积泥沙 2.84 亿 t。可见下游中、大洪水的发生虽然会使防洪形势紧张,但这类洪水,对提高下游河道的过洪能力及改善河势起到了重要的作用。

7)高含沙洪水几率增加,主槽及嫩滩严重淤积,对高村以上防洪威胁较大

1986 年以来,黄河下游高含沙洪水较多。高含沙洪水主要来源于多沙粗沙区,泥沙较粗,洪水过程中河床变化迅速,淤积量大,淤积主要集中在高村以上,特别是夹河滩以上河段。河床淤积使断面形态窄深,水位陡涨猛落,如前期河槽淤积严重,则往往出现高水位,洪水传播过程中洪峰变形,这些特殊性的变化对下游防洪构成严重威胁。高含沙洪水具有以下演变特点:①河道淤积严重,如 1992 年高含沙洪水期下游河道淤积 3.58 亿 t,占全年淤积量的 62%。淤积主要集中在高村以上河段的主槽和嫩滩上;②1996 年高含沙洪水期三门峡来沙为 5.54 亿 t,高村以上淤积 4.02 亿 t,占全下游淤积量的 73%;③洪水水位涨率偏高,易出现高水位,如"92·8"、"94·8"洪水;④洪水演进速度慢,出现下站较上站洪峰流量大的洪峰变形现象,如"92·8"花园口站洪峰流量为小浪底站洪峰流量的 1.34 倍。

8)断面形态调整特点

1985 年前黄河下游河道长期以来是淤积抬高的,但并没有发生萎缩,但 1986 年以来,长期的枯水少沙使黄河下游河道横断面形态发生极大的调整,

发生严重的萎缩,萎缩的形式不仅与来水来沙条件有关,还与所处河段的特性有关,不同河型的萎缩特点及发展过程各有差异。以下对不同河段断面形态调整模式进行分析:

(1)夹河滩以上河段。处于游荡型河段的夹河滩以上河段,断面形态的调整主要表现为两个特点:一是宽河道嫩滩大量淤积,一般嫩滩淤高 1~2 m,又淤成一个新的滩唇;二是随着嫩滩淤积,中水河槽宽度明显缩窄,一般缩小几百米至 2 000 m,过水面积大幅度减小,逐步形成一枯水河槽。

秦厂断面布设较早,能较好地反映不同时期断面变化特点(见图 4-44 和表 4-32),由表 4-32 可以看出,该断面 1950 年全断面河宽约 5 600 m,中水河槽宽 3 734 m,其中主槽河宽 1 126 m,在 2 608 m 的嫩滩范围内滩地横比降不太明显,至 1975 年汛前,中水河槽宽 4 086 m,其中主槽河宽 1 588 m,之后遇 1976~1985 年有利水沙条件,断面还有所扩大,但至 1997 年汛前中水河槽也仅为 1 003 m,仅为 50 年代河槽宽度的 27%。另外,从标准水位(99 m)下面积也可看出,50 年代中水河槽过水面积为 15 345 m²,主槽过水面积为 5 209 m²,至 1975 年分别为 10 513 m² 和 4 459 m²,基本维持在一个数量级变化,但至 1997 年则都为 2 057 m²,仅分别为 50 年代的 14% 和 39%,可见过水面积的大量减少,原中水河槽内的广大嫩滩逐渐趋于稳定并开始耕种,滩面横比降发育,已演变成二滩。通过统计滩唇高程及平滩水位下过水面积(见表 4-33),可见滩唇高程下的中水河槽过水面积和河槽宽度,1950 年分别为 4 172 m² 和 3 734 m,1975 年为 4 801 m² 和 4 080 m,而 1997 年为 1 451 m² 和 1 003 m,说明主槽河宽和过水面积也大为减少。从以上可以看出,1975 年前黄河下游河道虽淤积抬高,但中水河槽的萎缩并不突出,而 1985 年后严重萎缩。

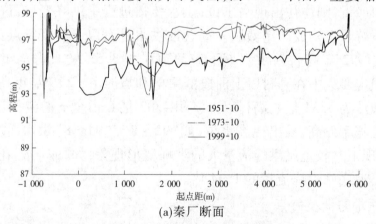

(a)秦厂断面

图 4-44 秦厂、马寨断面的变化过程

· 146 ·

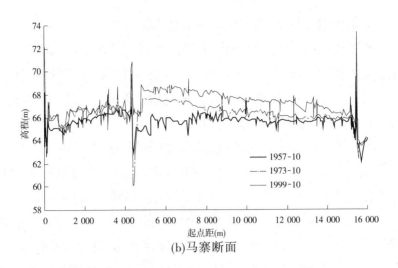

(b)马寨断面

续图 4-44

表 4-32 秦厂断面标准水位(99 m)下过水面积比较

日期 (年-月)	河宽(m)			过水面积(m²)		
	全断面	中水河槽	主槽	全断面	中水河槽	主槽
1950-05	5 602	3 734	1 126	21 843	15 345	5 209
1975-05	5 738	4 086	1 588	13 529	10 513	4 459
1997-05	5 780	1 003	1 003	10 189	2 057	2 057
1975－1950	136	352	462	－8 314	－4 832	－750
1997－1950	178	－2 731	－123	－11 654	－13 288	－3 152

表 4-33 秦厂断面滩唇高程及平滩水位下过水面积比较

日期 (年-月)	中水河槽			主槽		
	滩唇高程(m)	河槽宽度(m)	过水面积(m²)	嫩滩高程(m)	主槽宽度(m)	过水面积(m²)
1950-05	96	3 734	4 172	95.5	1 126	1 831
1975-05	97.6	4 080	4 801	97.1	1 588	2 236
1997-05	98.4	1 003	1 451	98.4	1 003	1 453
1975－1950		346	629		462	405
1997－1950		－2 731	－2 721		－123	－378

(2)夹河滩—孙口河段。该河段的断面调整,除具有上述中水河槽变化特点外,两生产堤间滩地(内滩)大量淤积,而生产堤至大堤向外滩淤积较少,

"滩唇高仰、堤根低洼"的不利局面进一步加剧。

从杨小寨断面的变化过程(见图4-45(a)和表4-34)可以看出,1958年杨小寨断面标准水位(68 m)下宽约9 500 m,中水河槽宽约4 200 m,其中主槽宽约2 700 m,至1997年,中水河槽宽和主槽宽仅620 m。而1958年标准水位下全断面中水河槽过水面积和主槽过水面积分别为39 336 m²、18 574 m² 和12 510 m²,至1997年汛前三部分过水面积分别为25 788 m²、1 978 m² 和1 978 m²,分别为1958年的66%、11%和16%;此外,滩唇高程下的中水河槽宽及面积也大大减少(见表4-35),河槽宽度由1958年的4 212 m减至1997年的620 m,1997年的河槽宽度仅为1958年的15%,过水面积由1958年的6 594 m² 至1997年的1 210 m²,1997年的过水面积仅为1958年的18%;因此,主槽宽度及过水面积也大大减少。原中水河槽中的嫩滩全部转变成二级滩地,中水河槽成了主槽。

表4-34　杨小寨断面标准水位(68 m)下过水面积比较

日期 (年-月)	河宽(m)			过水面积(m²)		
	全断面	中水河槽	主槽	全断面	中水河槽	主槽
1958-05	9 527	4 212	2 732	39 336	18 574	12 510
1975-06	9 796	1 762	1 762	32 172	13 897	6 897
1982-05	9 596	1 179	1 264	28 446	4 882	4 882
1997-05	9 499	620	620	25 788	1 978	1 978
1975－1958	269	－2 450	－970	－7 164	－4 677	－5 613
1997－1958	－28	－3 592	－2 112	－13 548	－16 596	－10 532

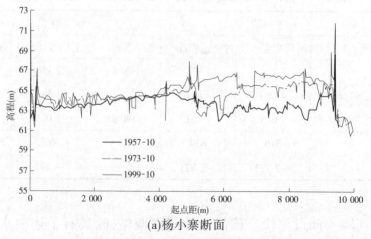

(a)杨小寨断面

图4-45　杨小寨、油房寨断面变化过程

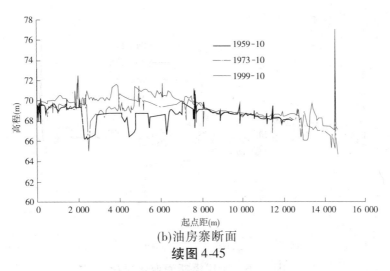

(b)油房寨断面

续图 4-45

表 4-35　杨小寨断面滩唇高程及平滩水位下过水面积比较

日期 （年-月）	中水河槽			主槽		
	滩唇高程（m）	河槽宽度（m）	过水面积（m²）	嫩滩高程（m）	主槽宽度（m）	过水面积（m²）
1958-05	65.15	4 212	6 594	64.44	2 732	2 815
1975-06	65.58	1 762	2 750	65.58	1 762	2 750
1982-05	66.43	1 264	3 033	66.43	1 264	3 033
1997-10	66.6	620	1 210	66.60	620	1 210
1975 – 1958		– 2 450	– 3 844		– 970	– 65
1997 – 1958		– 3 592	– 5 384		– 2 112	– 1 605

由于嫩滩的大量淤积,1997 年该断面滩唇高程较堤河低洼地带高约 2.5 m,滩地平均横比降 4‰,其中生产堤附近 2 ~ 3 km 范围内滩面高程 2 m,最大横比降可达 8‰,为纵比降的 5 倍。

（3）过渡性河段。过渡性河段的断面形态调整主要是在原深槽淤积的同时,以贴边淤积为主进而使主槽明显缩窄。原有的窄深断面的底部都有不同程度的淤积,深泓点高程也在不断地淤高,一般淤高 1 ~ 2 m,主槽平均淤高 1.7 m 左右,主河槽内过水面积大幅度减少,有的断面平滩水位下面积减小一半左右。如大田楼 1999 年与 1986 年相比,过水断面面积减小 1 400 m²,减少 53%（见图 4-46）。

（4）弯曲性河段。艾山以下弯曲性河段,深槽产生淤积,深泓点高程持续抬高,如泺口断面深泓点淤高近 4 m。在宽约 300 m 的主槽内淤积 1 000 m²,淤高达 3.0 m 左右。在深槽淤积的同时,内壁也发生严重的淤积,过水断面面积都有不同程度的减小（见图 4-47）。

综上所述，无论以什么淤积形式进行断面形态调整,1986 ~ 1999 年黄河

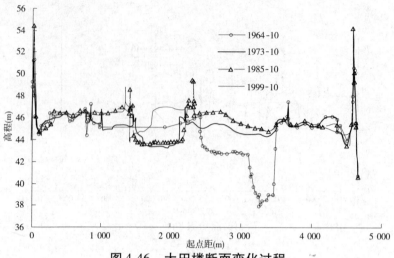

图 4-46 大田楼断面变化过程

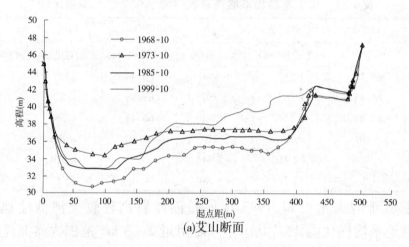

(a)艾山断面

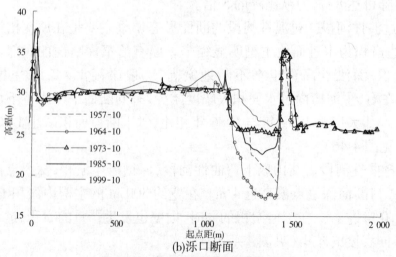

(b)泺口断面

图 4-47 艾山、泺口断面变化过程

下游河道的断面都处于严重萎缩状态,过水面积在减小,平均河底高程抬高,主河宽都有不同程度的缩窄。这种调整过程随水沙条件的改变和时间的推移而不断发生调整,主要集中在高含沙量洪水期,频繁的高含沙量洪水是萎缩的主要原因,随后长期的小水作用又加剧萎缩的发展。

2.过洪能力变化

1)同流量(3 000 m³/s)水位大幅度降低

该时期河道在1981~1985年的冲刷基础上进行冲淤调整,河槽发生严重淤积,水位急剧上升花园口以上年均水位上升0.10 m左右,花园口—高村水位年均上升0.12 m左右,苏泗庄入沨口水位年均上升0.15 m左右,沨口以下水位年均上升0.12 m左右(见表4-27、图4-42)。

2)平滩流量大大减小

河床的淤积抬高、断面的缩小使平滩流量大大减少,可以看出,大部分水文站已降至历史最低值,为3 000~3 900 m³/s。高村站平滩流量最小值为3 000 m³/s。

根据1998年汛后的河道边界条件,如遇1958年洪峰流量22 300 m³/s洪水,由表4-36可以看出,下游沿程水位与1958年同流量级洪水位相比偏高1.9~3.9 m,在1958年洪水位下,1999年只能排泄洪峰流量2 000~5 000 m³/s,可见排洪能力极大地降低,防洪形势非常严峻。

表4-36 黄河下游主要站洪水位比较

站名	1958年洪峰流量(m³/s)	1958年洪水位(m)	相应1958年洪峰流量的1999年计算洪水位(m)	1999年与1958年水位差(m)	相应1958年水位下的流量(m³/s)
花园口	22 300	94.42 (93.82)	95.72	1.9	2 000
夹河滩	20 500	74.52 (76.73)	79.50	2.77	2 000
高村	17 900	62.96	65.46	2.5	2 500
孙口	15 900	48.91	51.81	2.90	3 000
艾山	12 600	13.13	46.43	3.30	5 000
沨口	11 900	32.09	36.05	3.96	4 000
利津	10 400	13.76	17.06	3.30	3 000

注:( )中数值为换算成1999年同一断面位置的水位。

4.5 三门峡水库运用40年水库上下游河道冲淤调整及面临的问题

三门峡水库的运用极大地改变了水库上下游河道的演变特性。1960年以来,伴随着水库各时期不同的运用方式,河道冲淤不断变化。

4.5.1 整体冲淤概貌

三门峡水库上下游河道冲淤特性变化受来水来沙和三门峡水库运用方式的影响。由图4-48及表4-37可见,1950~1960年基本为自然状况,泥沙淤积主要集中在下游,淤积泥沙36.1亿t,小北干流淤积6.5亿t左右;自三门峡水库1960年投入运用至1997年,泥沙淤积分配发生重大变化,北干流、渭河、北洛河、潼关—三门峡、下游河道各河段均发生淤积,共淤积泥沙141亿t,各河段分配约为31.9亿t、17.2亿t、3.5亿t、36.5亿t和51.9亿t,各占总淤积量的22%、12%、3%、26%和37%,同时下游引黄泥沙约48亿t。河道淤积造成同流量水位抬高(见图4-49、表4-38),从图可看到1950~1960年渭河华县(流量200 m³/s)及潼关(1 000 m³/s)抬高甚微,下游河道抬高较大,但1960~1997年各河段均抬高,北干流上塬头抬高2.95 m,华县和潼关抬高超过4 m,下游河道沿程抬高1.5~3.6 m。这就是近50年黄河中下游泥沙淤积分配及水位表现的整体概貌。

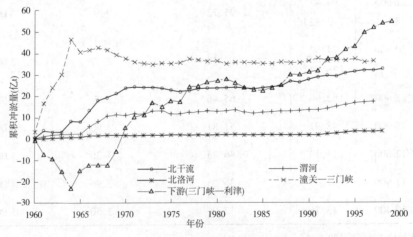

图4-48 三门峡水库上下游河道累积冲淤量分布

表4-37　黄河三门峡水库上下游河道冲淤量时空分布　（单位：亿 t）

时段（年）	冲淤量						下游引沙量	利津沙量
	龙门—潼关	渭河下游	北洛河下游	龙门+渭河+北洛河	潼关—三门峡	下游		
1950~1960	6.5	0.91				36.1	10.7	132
1960~1964	8.25	2.20	0.63	11.07	46.48	-23.10	3.16	44.8
1964~1973	15.64	10.73	1.04	27.40	-11.99	40.00	9.89	96.3
1973~1980	-0.35	-0.25	0.27	-0.33	1.92	10.32	12.92	57.4
1980~1985	0.24	-0.36	-0.14	-0.27	-1.34	-4.81	6.13	44.0
1985~1997	8.13	4.91	1.68	14.72	1.42	29.51	16.22	50.2
1960~1997	31.90	17.23	3.47	52.60	36.48	51.92	48.31	292.7

如果以水沙条件及水库运用方式的不同来分析,实际上是泥沙在水库上下游的不同分配。在三门峡水库蓄水运用的1960~1964年,由于受回水的影响,水库上游均发生严重淤积,集中淤积在潼关—三门峡河段,但下游河道冲刷;"滞洪排沙"期潼关以上继续淤积,潼关—三门峡河段发生冲刷,而下游河道严重淤积;1973年蓄清排浑运用后,水库运用水位降低,同时遇较为有利的水沙条件,各河段淤积均不大,形势较好;但是1986年后水沙条件发生极大变化,各河段均发生淤积,由于流量较小,大部分泥沙集中淤积在中水河槽(或主槽)内,防洪形势全线紧张。以下着重分析1986年以来各河段河道冲淤特性的变化及其带来的问题。

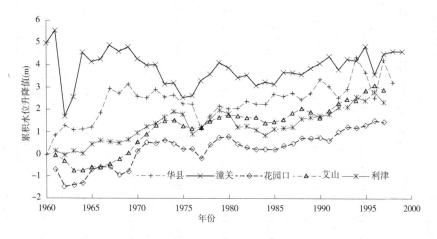

图4-49　三门峡水库上下游各站累积水位升降

表4-38　三门峡水库上下游主要站同流量水位变化

时段（年）	水位升降值（m）									水位升降年均值（m）								
	渭河	潼关	花园口	夹河滩	高村	孙口	艾山	泺口	利津	渭河	潼关	花园口	夹河滩	高村	孙口	艾山	泺口	利津
1950~1960	0.60	0.35	1.19	1.23	1.17	2.19	0.56	0.26	0.2	0.06	0.035	0.12	0.12	0.12	0.22	0.06	0.03	0.02
1960~1964	1.11	4.57	-1.3	-1.32	-1.33	-1.56	-0.75	-0.69	0.01	0.28	1.14	-0.32	-0.33	-0.33	-0.39	-0.19	-0.17	0.00
1964~1973	1.45	-1.43	1.93	1.94	2.37	1.86	2.25	2.63	1.64	0.16	-0.16	0.21	0.22	0.26	0.21	0.25	0.29	0.18
1973~1980	-0.53	0.74	0.14	0.16	0.39	0.35	0.25	0.35	0.14	-0.08	0.11	0.02	0.02	0.06	0.05	0.04	0.05	0.02
1980~1985	0.67	-0.74	-0.57	-0.69	-0.35	-0.31	-0.3	-0.45	-0.7	0.13	-0.15	-0.11	-0.14	-0.07	-0.06	-0.06	-0.09	-0.14
1985~1997	1.52	1.38	1.23	1.57	1.41	1.73	1.44	1.79	1.22	0.13	0.11	0.10	0.13	0.12	0.14	0.12	0.15	0.10
1960~1997	4.22	4.52	1.43	1.66	2.49	2.07	2.89	3.63	2.31	0.11	0.12	0.04	0.04	0.07	0.06	0.08	0.10	0.06
1950~1997	4.57	4.87	2.62	2.89	3.66	4.26	3.45	3.89	2.51			0.06	0.06	0.08	0.09	0.07	0.08	0.05

注：- 为下降，+ 为上升。

4.5.2 小北干流河段冲淤特性变化

1986年以来河道冲淤特性变化主要受来水来沙和边界条件的共同影响。

4.5.2.1 中水河槽淤积严重,洪水位抬升,平滩流量降低

1986~1997年小北干流河道共淤积泥沙8.13亿t,年均淤积0.68亿t左右,但年际变化较大,集中淤积在多沙年,如1988年和1994年两年淤积达4.6亿t,占12年总淤积量的50%。小北干流河道呈沿程淤积形态(见图4-50),上段抬高约1.8 m,中段抬高约1.3 m,下段抬高约0.9 m。上源头同流量(1 000 m³/s)水位上升0.58 m。1985年漫滩流量为5 000 m³/s,1996年降低为3 000 m³/s左右。表4-39为历年最大洪峰流量沿程水位统计,以洪峰流量相近的1988年8月6日洪水和1994年8月5日洪水对比,龙门洪峰流量各为10 200 m³/s和10 900 m³/s,大石嘴水位上升2.1 m,庙前水位上升0.64 m,城西0#坝水位上升0.21 m,存在着中流量高水位现象,说明排洪能力降低。原治理工程设计防御龙门21 000 m³/s洪水的标准降为8 000~12 000 m³/s。

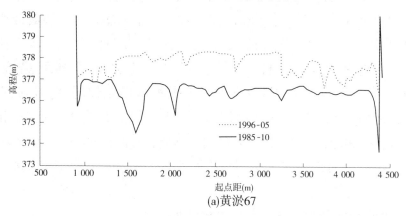

(a)黄淤67

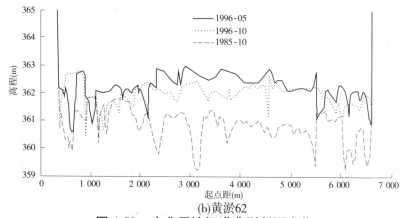

(b)黄淤62

图4-50 小北干流河道典型断面变化

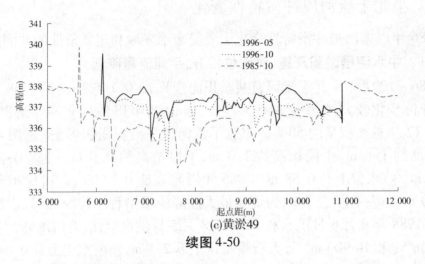

(c)黄淤49

续图 4-50

4.5.2.2 排凌能力降低,造成水位突涨

1996 年 1 月凌期,小北干流的蒲州老城—潼关河段发生了 60 年不遇的特大凌灾。1996 年 1 月 8 日,受寒潮入侵影响,气温下降 5 ~ 7 ℃,最低气温降至 −8 ℃,大禹渡以下首先插冰封冻,壅水上延,1 月 18 日潼关开始受下段河道壅水影响,水位逐渐升高,20 日河面全部封冻,潼关(六)断面最高水位达 329.92 m,壅高 1.49 m,比 1994 年 8 月 7 360 m³/s 洪水位还高。其后 2 月 4 日发展到蒲州老城城西工程中段,壅高 1.2 m,25# 坝最高水位 337.15 m,相当于龙门 13 500 m³/s 的洪水位,由于主河槽封冻冰塞,使两岸滩区受淹,人民损失很大。发生凌汛的原因是多方面的,但中水河槽严重淤积,断面缩窄是一个重要因素。

4.5.2.3 洪峰传播历时加长,演进速度减慢

1985 年前,洪峰流量在 10 000 ~ 15 000 m³/s 时,传播时间一般为 13 h,1986 年后增加 4.5 h。洪峰削减作用仍较大,如 1996 年、1994 年龙门洪峰流量 11 100 m³/s 和 10 900 m³/s,传播至潼关,洪峰削减率分别为 33% 和 49%。

4.5.2.4 支流入黄河口不畅

主河槽的大量淤积,造成支流入黄相对基面抬升,对支流入黄影响较大。如 1996 年 8 月中旬,黄河、汾河洪水基本相遇,由于受主河槽淤积抬升的影响,黄河的一股串流顺串沟东倒,顶托汾河,汾河水流入黄不畅,洪水漫滩,形成较大灾情,汾河河堤多处决口。同时黄河河床抬升速度大于支流河床上升速度,形成黄河倒灌汾河,使支流入黄口上提。1996 年 8 月洪水,汾河口上提 12.1 km,黄河夺汾形势严峻。

表 4-39 黄河小北干流历年最大洪峰沿程水位统计表

历年最大洪水沿程水位

工程	水尺位置	1986年 7月3日 (龙门流量 3 520m³/s)	1987年 8月26日 (龙门流量 6 840m³/s)	1988年 8月6日 (龙门流量 10 200m³/s)	1989年 7月23 (龙门流量 8 310m³/s)	1990年 7月26日 (龙门流量 3 670m³/s)	1991年 7月28日 (龙门流量 4 590m³/s)	1992年 8月9日 (龙门流量 7 740m³/s)	1993年 8月4日 (龙门流量 4 500m³/s)	1994年 8月5日 (龙门流量 10 900m³/s)	1995年 7月30日 (龙门流量 7 850m³/s)	1996年 8月10日 (龙门流量 11 100m³/s)
禹门口工程	1#丁坝				383.01			383.16			383.17	
清涧湾工程	大石嘴	378.70		379.95	380.61			381.67	380.61	382.05	381.91	
汾河口工程	大襄头			376.67				376.88		377.05	376.73	376.94
西范工程	1#丁坝		370.41	370.16	370.74		370.71	370.97	370.82	371.45	371.70	371.89
庙前工程	12#坝头			360.55		360.33	360.46	360.21	360.84	361.19	361.27	361.59
城南工程	1#坝头			358.49				358.65	358.95	359.64	359.34	360.34
北赵湾工程	22#坝								356.70	356.44		357.17
浪店工程	4#坝	348.51		350.27	349.79		348.89	349.24		348.77	348.42	349.67
小樊工程	5#坝		346.84	347.86						346.89		
	37#坝			345.56						345.68		
舜帝工程	28#坝		345.04	345.20	344.48			344.28		345.08	344.67	
城西工程	0#坝		338.00	337.59	337.96			336.74		337.80	337.64	337.99
	25#坝										336.78	337.07
	29#坝			336.07	337.30					336.90		

4.5.3 潼关—三门峡河段冲淤特性变化

该河段冲淤特性受来水来沙和水库运用方式的共同影响,但在一定时期受水库运用方式的影响更为突出。

4.5.3.1 1986年以来河段未能维持冲淤基本平衡

这一河段经历了严重淤积—冲刷—基本平衡—淤积的过程(见图4-48和表4-37)。水库蓄水拦沙期淤积泥沙46.48亿t;滞洪排沙期冲刷泥沙11.99亿t;蓄清排浑期间的1973~1985年冲淤基本平衡;1986年后虽然水库运用水位都有不同程度降低(见图4-49和表4-38),但由于来水来沙条件十分不利,河段淤积1.42亿t,更为重要的是,淤积部位靠上,黄淤36—41断面淤积量占总淤积量的34%,黄淤30—36断面占总淤积量的45%,不利于库区的冲刷。

4.5.3.2 潼关高程持续上升

潼关高程以同流量(1 000 m³/s)水位表示,由图4-49可见,建库前(1950~1960年)处于微升状态,年均升高0.035 m。建库后经历了急剧抬高—冲刷下降—淤积抬高的过程。1960~1997年共升高4.52 m,主要发生在蓄水拦沙期及1985~1997年,分别升高4.57 m和1.38 m。潼关高程的升高,一定程度上影响小北干流和渭河的河道状况。

4.5.3.3 上段河湾变化大,形成畸形河湾,塌岸、塌滩较严重

近期水库蓄水位一般不超过324 m,水库上段受蓄水影响较小,但河床调整剧烈,主流游荡不定,河势多变,随着主流顶冲点的上提下挫,塌岸段也在上下游变化。1972~1985年塌岸量为2.22亿 m³,黄淤29断面以上河道长50.9 km,不足库区长度的一半,而塌岸量占全河段的83%,年均塌岸量为0.132亿 m³。塌岸造成耕地、扬水站、码头和人口搬迁等损失。同时滩地坍塌也较严重,1974~1996年塌失滩地0.58万 hm²,给人民群众生活带来困难。现虽已修建了不少工程,但未能有效控制河势,局部河段形成畸形河湾,如礼教—杨家湾—大禹渡河段,礼教—杨家湾段1984年前主流居中,从礼教平顺入杨家湾到大禹渡,1984年后杨家湾河势急剧上提,主流由对岸呈北南方向直冲东高崖,造成高岸严重坍塌,其后河势又下挫、上提,在杨家湾—大禹渡形成一S形湾,既影响河道输沙也影响潼关高程。

4.5.4 渭河下游冲淤特性变化

(1)河道淤积萎缩,主槽过洪能力减少,洪水位抬高。渭河下游河道在三门峡水库修建前处于微淤状态,随着三门峡水库运用方式的改变及来水来沙

变化,经历了严重淤积—略有冲刷—淤积的过程(见图4-48 和表4-37),1960～1997 年共淤积泥沙 17.23 亿 t。蓄水拦沙期(1960～1964 年)渭河淤积 2.2 亿 t,年均 0.55 亿 t;滞洪排沙期(1964～1973 年)淤积 10.73 亿 t,年均淤积 1.19 亿 t;蓄清排浑期的 1973～1985 年河道呈微冲状态,年均冲刷 0.05 亿 t;1985～1997 年由于水沙条件十分不利,枯水流量历时长,年均淤积 0.41 亿 t,大部分泥沙淤积在主槽内。严重淤积造成河道萎缩,1997 年平滩河宽仅为 1985 年汛前的 1/4 左右(见图4-51)。因此,主槽过洪能力减少,建库前主槽过洪能力一般为 4 500～5 000 m³/s,而到 1997 年临潼仅为建库前的 64%,华县仅为 20%。华县 1960～1997 年同流量(200 m³/s)水位抬升 4.22 m,其中 1985～1997 年抬升 1.52 m,年均抬升 0.13 m。同时洪水位升高,如 1996 年洪峰流量仅 3 500 m³/s,洪水位高达 342.25 m,比 1988 年洪峰流量 5380 m³/s 的洪水位 341.05 m 高出 1.2 m。

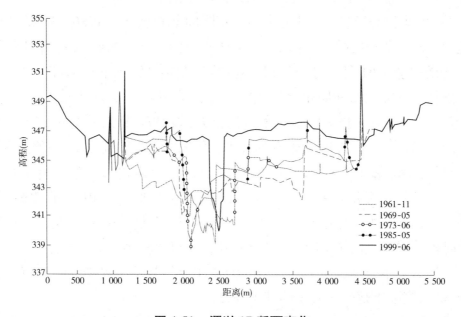

图 4-51　渭淤 17 断面变化

(2)渭河大堤临背差加大,渭河下游洪水威胁增大。渭河下游原为地下河,未设堤防,1960 年后兴建了防护大堤。随着淤积的发展,华县以下河段临背差达到 3～4.4 m,华县—临潼河段为 2～3 m,渭河下游洪水威胁增大。

(3)黄河西倒,威胁渭河出流。黄河、渭河交汇点上提,1996 年上提达 5 km,近两年虽有下延,但渭河出口段出流不畅,存在黄河洪水倒灌渭河和顶托渭河洪水的态势。

(4)南山支流尾闾淤堵,河口宣泄不畅,易造成决口。近几年渭河洪水倒灌南山支流的几率增多,一般 1 000 m³/s 洪水便形成倒灌,1995 年华县流量 1 500 m³/s,倒灌南山支流 3～7 km,1996 年华县流量3 500 m³/s,倒灌 3～5 km,易形成灾害。

(5)河道整治工程控制河势能力不强,河势变化较大。

4.5.5 下游河道(铁谢—利津)冲淤特性变化

下游河道是强烈的堆积性河道,1950 年以来经历了淤积—冲刷—淤积—冲刷—淤积五个阶段,自三门峡水库投入运用后,经历了蓄水排沙、滞洪排沙、蓄清排浑三种运用方式。在蓄水拦沙期,下游河道冲刷;滞洪排沙期严重淤积;蓄清排浑期又与来水来沙条件密切相关,期间 1973～1985 年淤积不太严重;而在 1986 年后下游河道主槽淤积严重,河道淤积纵横向分配发生了较大变化。以下着重介绍 1986 年后的冲淤特性变化。

(1)淤积比普遍较大,河道冲淤量年际间变化较大。1986～1997 年下游河道总淤积量为 29.4 亿 t,年均淤积量 2.45 亿 t。淤积量约为 50 年代下游河道年均淤积量 3.61 亿 t 的 68%,为滞洪排沙期年均淤积量 4.39 亿 t 的 56%。与天然情况和滞洪排沙期相比,年淤积量相对较小。但淤积比较大,即使下游来沙量减至 3 亿～4 亿 t,河道淤积比仍很大,如 1986 年来沙为 4.1 亿 t,约为长系列均值的 25%,淤积比达 37%;1987 年来沙为 2.9 亿 t,淤积比达 40%。可见,尽管下游来沙量减少,但随着水量的减少,河道仍会发生严重淤积。同时冲淤量年际间变化较大,淤积量较大的年份有 1988 年、1992 年、1994 年及 1996 年,年淤积量分别为 5.01 亿 t、5.75 亿 t、3.91 亿 t 和 6.65 亿 t,4 年淤积量占时段总淤积量的 72.5%,而 1989 年来水相对较多,达 400 亿 m³,沙量仅有长系列的一半,年内河道略有冲刷,河道演变仍遵循丰水少沙年河道冲刷或微淤,枯水多沙年则严重淤积的基本规律。

(2)横向分布不均,主槽淤积严重。该时期枯水流量历时较长,汛期平均 80% 的时间为流量小于 2 000 m³/s 的枯水,而且前期河床是在 1981～1985 年连续丰水系列下塑造的大河槽,因此主槽淤积严重。从滩槽泥沙分布看,主槽年均淤积 1.66 亿 t,占全断面的 71%。滩槽泥沙的淤积分配与 50 年代相比发生了较大的变化,本系列全断面年均淤积量为 50 年代下游年均淤积量的 65%,而主槽淤积量却是 50 年代年平均淤积量的 2 倍,艾山—利津窄河道主槽年均淤积 0.26 亿 t,而 50 年代该河段基本为冲淤平衡河段,可见变化很大。窄河段具有"大水冲、小水淤"的基本演变特征,枯水流量历时长,淤积必然加重,但遇大洪水时,河道依然会发生冲刷。

(3)漫滩洪水期间,滩槽泥沙发生交换,主槽发生冲刷,对增加河道排洪有利。近期黄河下游较低含沙量的中等洪水及大洪水出现几率的减少致使下游河道严重萎缩,河道排洪能力明显降低。1996年8月花园口洪峰流量7 860 m³/s的洪水过程中,下游出现了大范围的漫滩,淹没损失很大,这从经济角度看是不利的;但从河道演变角度来看,发生大漫滩洪水对改善下游河道河势及增加河道过洪能力是非常有利的。"96·8"洪水期间,滩槽水流泥沙进行交换,主槽刷深、滩地淤高,洪水过程中,下游滩地淤积5.33亿t,主槽冲刷1.78亿t,全断面淤积泥沙3.55亿t。可见下游中、大洪水的发生虽然会使防洪形势紧张,但这类洪水的发生,对提高下游河道的过洪能力及改善河势起到了重要的作用,希望在今后水库的调水调沙中引起重视。

(4)高含沙量洪水机遇增多,主槽及嫩滩严重淤积,对高村以上防洪威胁较大。1986年以来,黄河下游高含沙量洪水较多。高含沙量洪水主要来源于多沙粗沙区,泥沙较粗,洪水过程中河床变化迅速,淤积量大,淤积主要集中在高村以上,特别是夹河滩以上河段。河床淤积,使断面形态窄深,水位陡涨猛落,如前期河槽淤积严重,则往往出现高水位,洪水传播过程中洪峰变形,这些特殊性的变化对下游防洪构成严重威胁。

(5)同流量(3 000 m³/s)水位升高,平滩流量减少。同流量水位抬升1.2~1.8 m(见表4-38),年均升高0.1~0.15 m,致使平滩流量减少,1997年下降至3 000 m³/s左右,形成小洪水高水位,对防洪非常不利。如1958年花园口和高村站洪峰流量分别为22 300 m³/s和17 900 m³/s时相应水位为94.42 m和62.96 m,如在1997年河道边界条件下上述水位两站分别只能过流3 500 m³/s和2 000 m³/s,同水位下过流能力大大降低。

(6)断面形态调整,主河槽过水断面严重萎缩。在1981~1985年汛后大河槽的基础上,下游河道河宽普遍缩小,河道萎缩严重。游荡性河段主河槽明显缩窄,嫩滩发生严重淤积,滩唇明显淤高,形成枯水小河槽,滩地横比降加大;过渡性河段在深槽淤积的同时,贴边淤积较为严重,过水面积也大为减少;艾山以下弯曲性河段,以深槽淤积为主,也发生贴边淤积。

(7)河势变化及险情。畸形河湾增多,河势上提,工程脱河和半脱河比较严重,如黑岗口、古城、王夹堤等多处出现畸形河湾。工程靠溜部位普遍上提,塌滩严重,如李桥险工上首塌滩,工程逐渐上延,险情增加。

4.6 三门峡水库调节径流泥沙对下游河道冲淤
演变的影响分析估算

4.6.1 水库拦沙对下游河道的减淤作用

1960年9月~1964年10月水库除排泄异重流泥沙外,基本为清水,水库起着拦沙作用。下游河道经过沿程调整,床沙质泥沙得到部分恢复,所不能恢复的是淤积在水库的冲泻质泥沙。

水库拦沙对下游河道减淤作用的大小主要取决于水库的拦沙量及拦沙量的颗粒组成,同时也与下游河道主槽的冲淤状况有关。1960年11月~1964年10月库区淤积泥沙44.7亿t,黄河下游河道冲刷23.1亿t,即水库淤2亿t,下游河道冲刷1亿t左右。这是因为水库拦沙中所拦的床沙质泥沙基本可以从下游河道冲刷得到恢复,而拦截的冲泻质泥沙却得不到充分补给,只能从塌滩中得到部分补给,因而水库拦冲泻质泥沙对下游河道的冲刷作用不大。如果冲泻质泥沙全部拦在水库内不往下排,则水库拦沙量与下游河道冲刷量的比值还要大。

据分析估算,若不修三门峡水库,库区为天然河道,在实测的1960年11月~1964年10月入库的水沙条件下,库区可能冲刷2.2亿t左右,下游河道则可能淤积5.6亿t左右。有库与无库相比,水库多淤46.9亿t,下游河道少淤28.7亿t左右,水库拦沙量与下游河道减淤量的比约为1.63∶1。

4.6.2 水库滞洪排沙运用期对下游河道不利影响的分析估算

三门峡水库滞洪排沙运用期,水库大量排沙,但由于泄流能力较小,遇较大洪水,水库发生滞洪滞沙,小水期大量冲刷排沙,把入库的"大水带大沙,小水带小沙"的天然水沙关系调节成"大水带小沙,小水带大沙"的水沙关系,不利于下游河道输沙,使淤积量增加,淤积部位变坏,槽淤得多,滩淤得少,河床变得更加宽、浅、散、乱。主槽的严重淤积,特别是艾山以下窄河道强烈淤积排洪能力下降,造成排洪能力上大下小的矛盾更加尖锐。总的来看,三门峡水库滞洪排沙运用期对下游河道极为不利。

1964年11月~1966年6月,四站入库泥沙7.18亿t,出库泥沙13.25亿t,冲刷前期淤积物6.07亿t,其中87%是大于0.025 mm的泥沙,其中大于0.05 mm泥沙占48%,13%是小于0.025 mm的泥沙。下游河道由于前期强烈冲刷后排沙能力下降及该时段流量小,下游河道排沙比只有48.6%。据估算,水库冲出的前期淤积物,几乎全部淤积在下游河道的主槽内。

1966年7月~1970年6月入库洪水大,水库泄流能力小,水库在洪水期自然滞洪淤积,仍有拦沙作用,入库泥沙89.4亿t,水库淤积15.6亿t,下游河道淤积。若无三门峡水库,库区淤积只有4.9亿t,下游河道将淤积21.2亿t,有库与无库相比,水库多淤10.8亿t,下游少淤6.9亿t,水库拦沙量与下游减淤比为1.57:1。减淤效益不高的原因是这几年洪峰流量大,小北干流及渭河发生大漫滩,细、中泥沙均有较多的淤积,下游河道经过冲刷后输沙能力降低等原因。

1970年7月~1973年10月,三门峡水库打开底孔,泄流能力增大,入库流量偏枯,洪峰流量较小,因而水库排沙比为104%,冲刷泥沙2.06亿t,下游河道发生淤积。

综合以上三个阶段,三门峡水库滞洪排沙期有三门峡水库比无三门峡水库增加下游河道淤积约5亿t。

4.6.3　三门峡水库蓄清排浑运用期调节水沙对下游河道冲淤演变影响的分析估算

三门峡水库自1973年11月以来采用蓄清排浑调水调沙控制运用方式,使下游河道发生一系列变化,对下游冲淤演变的影响是很复杂的问题,需作具体的分析。

对三门峡水库水沙调节,曾设想使出库水沙过程适应下游河道的输沙规律,能充分发挥下游河道的输沙能力,从减少下游河道淤积考虑,利用三门峡水库进行泥沙年内调节,将非汛期的泥沙调节至汛期洪水时排出,充分利用洪水黄河下游河道排沙能力大、"多来多排"的输沙特性,多排沙入海;将汛期小流量枯水期的泥沙调节到较大洪水期排出,避免小水带大沙的不利局面;洪峰期迅速开启各种泄流设施,使水库泄流能力与来水流量相适应,使入出库洪峰少变形,水沙峰相适应,利用不同高程泄流孔排粗、细沙效果的不同,小水关闭底孔,拦截部分粗沙,洪水打开底孔,多排粗沙;通过水库调节水沙,减少过机泥沙,特别是减少粗沙对水轮机的磨损。

1973年11月三门峡水库蓄清排浑运用以来的实践说明,三门峡水库因特定的河床边界条件及工程条件的限制,其运用必须遵循"确保西安,确保下游"两个确保的原则,兼顾上下游除害与兴利的要求,在稳定潼关高程的前提下,利用潼关以下一部分长期使用库容,进行一定范围的合理调控,调节水沙过程,因此水库对下游河道的减淤不是靠拦沙而是靠调节水沙过程。根据三门峡水库实际的调节,分析三门峡水库蓄清排浑运用对下游河道冲淤的影响。

1)非汛期水库拦沙对下游河道有较好的减淤作用

非汛期水库抬高水位,蓄水拦沙,下泄基本为清水,黄河下游河道由建库前的淤积转为冲刷,根据分析计算(见表4-40),水库淤积量与下游河道的减淤量的比值接近于1,比蓄水拦沙运用期减淤效益要大得多。这是因为黄河泥沙的组成年内季节性变化较大,汛期泥沙多来自流域侵蚀及干流的淤积,颗粒较细,而非汛期泥沙多来自干支流河床的冲刷,颗粒比较粗。如潼关站悬移质泥沙中大于0.05 mm的粗沙,汛期一般占30%左右,而非汛期却占60% ~ 70%。非汛期相对于汛期来说,非汛期拦沙相当于"拦粗排细"的情况,所以减淤效果较好,减淤比可达1:1。

表4-40 三门峡水库非汛期蓄水拦沙对下游河道的减淤作用

时段 (年-月)	三黑武			冲淤量(亿t)				三门峡—利津减淤量 (亿t)	减淤比
	水量 (亿m³)	沙量(亿t)		潼关—三门峡	三门峡—利津				
		有水库	无水库		有水库		无水库		
					实测	计算	计算		
1973-11 ~ 1974-06	160	1.04	2.02	0.98	-0.89	-0.27	0.73	1.00	0.98
1974-11 ~ 1975-06	164	0.10	2.09	1.99	-1.57	-1.31	0.74	2.05	0.97
1975-11 ~ 1976-06	239	0.61	2.15	1.54	-2.2	-1.99	-0.40	1.59	0.97
1976-11 ~ 1977-06	175	0.29	1.4	1.11	-0.61	-1.04	0.09	1.13	0.98
1977-11 ~ 1978-06	125	0.08	1.2	1.12	-0.50	-0.41	0.74	1.15	0.97
1978-11 ~ 1979-06	163	0.07	1.38	1.31	-1.27	-1.25	0.10	1.35	0.97
1979-11 ~ 1980-06	146	0.17	1.36	1.19	-0.71	-0.72	0.51	1.23	0.97
1980-11 ~ 1981-06	120	0.19	1.19	1.0	-0.44	-0.25	0.78	1.03	0.98
1981-11 ~ 1982-06	179	0.07	1.51	1.44	-1.06	-1.22	0.26	1.48	0.97
1982-11 ~ 1983-06	187	0.24	1.79	1.55	-1.04	-1.47	0.12	1.59	0.97
总计	1 658	2.86	16.09	13.23	-10.29	-9.93	3.67	13.6	0.97

2)汛期排泄全年泥沙对下游河道冲淤的影响

从下游河道的多排沙入海与减少河道淤积考虑,水库排泄全年泥沙的运用方式就有排泄非汛期在库内的泥沙的时机选择。汛期水库排沙的时机,取决于来水来沙条件及需要排出的数量。一般来说,在洪水来临之前,为保持非汛期冲刷的主槽,不应在汛初小水时排泄非汛期淤积在库内的泥沙,而应在洪水时排泄,充分利用下游河道大水排沙能力大的特点,而且如遇较大流量可在下游河道大漫滩,造成淤滩刷槽的条件,对稳定河道是有利的。但对水库来说,为尽量降低潼关高程,一般要求非汛期淤在库内泥沙及早排出,同时由于水库泄流能力不足,洪水期仍有滞洪作用,影响大流量排沙。另外,潼关以下库区又没有泥沙年调节库容,加上有的年份运用不甚合理,因而三门峡水库不能合理调节水沙,有时造成汛初小流量大量排沙,对下游河道极为不利。每年汛期三门峡水库冲刷排沙一般为 0.4 亿~0.8 亿 t,平均流量为 1 000~2 000 m³/s,水库排泄泥沙颗粒较粗,所以这部分泥沙几乎全部淤在下游河道的主槽内。同时水库还有滞洪削峰作用,一般遇流量 5 000 m³/s 以上的洪水削峰比一般在 30%~40%,削峰的结果减少了洪水漫滩的机遇,减少了大洪水下游河道"淤滩刷槽"及"大水艾山以下河道冲刷"的有利作用,但总的来看,与滞洪排沙运用期相比,由于水沙关系得到一定的改善,下游河道少淤;而与天然情况比,能否减少下游河道的淤积则取决于水库排沙时机是否合适、入库的水沙条件和出库水沙过程。

总的来看,三门峡水库蓄清排浑控制运用后,随着水库的拦沙与排沙,下游河道年内发生的冲刷与淤积在交替变化。这种间歇性的冲刷与淤积,使黄河下游的河床演变不同于建库前,也不同于水库下泄清水期或滞洪排沙期,有它自己的特点。一般来说,黄河非汛期来水比较稳定,长达 8 个月的小流量清水,在黄河下游冲刷的数量与冲刷发展距离都相对稳定。但是,黄河汛期的来水来沙却有很大的差别,因为下游河道汛期的冲淤情况主要取决于来水来沙条件,故各年汛期的冲淤情况差别是很大的。汛期下游河道的冲淤数量大,所以就一年来说,下游河道的冲淤性质取决于汛期的冲淤情况。各个阶段冲刷与淤积的相互组合情况决定了黄河下游河道的演变趋势。三门峡水库蓄清排浑运用使出库水沙条件发生变化,改变了下游河道年内冲淤过程,使非汛期冲、汛期淤;改变了下游河道泥沙纵向淤积部位,使夹河滩以上河段的淤积量有所减少,夹河滩以下河段的淤积比重增加;泥沙的横向淤积分布也有些变化,滩地的淤积量有所减少。虽然三门峡水库蓄清排浑运用后,下游河道的淤积状况要比滞洪排沙运用时期有所改善,但与天然状况相比,淤积部位的改变,从下游防洪的全局看是不利的。随着黄河水沙的新变化与水库上下游情况的变化和水库运行经验的积累,探索兼顾水库上下游要求和发挥水库综合利用效益的、更为合理的水库控制运用方式是今后的一项紧迫任务。

为了综合分析三门峡水库蓄清排浑运用对下游河道冲淤演变的影响,曾采用中国水利水电科学研究院、黄河水利科学研究院、清华大学、武汉水利电力大学等单位黄河下游河道泥沙冲淤数学模型,对三门峡水库实际运用与无三门峡水库的水沙过程,进行下游河道冲淤演变的计算,几家计算结果在定性上基本一致,定量上略有差别。总的看来,三门峡水库蓄清排浑运用以来(1973年11月~1990年10月),对下游河道起到了一定的减淤作用,17年累积减少河道淤积4.3亿t左右,年均减少河道淤积0.2亿~0.3亿t,减少的主要是高村以上滩地淤积量。今以中国水利水电科学研究院计算成果为例(见表4-41、表4-42和图4-52、图4-53),作一分析比较。

表4-41　有无三门峡水库下游河道历年增(+)减(-)淤积量　(单位:亿t)

时段(年-月)	全下游增(+)减(-)淤积量	时段(年-月)	全下游增(+)减(-)淤积量
1973-11 ~ 1974-10	-2.02	1983-11 ~ 1984-10	+0.24
1975-11 ~ 1976-10	+0.78	1984-11 ~ 1985-10	+0.15
1976-11 ~ 1977-10	-0.13	1985-11 ~ 1986-10	-1.12
1977-11 ~ 1978-10	-2.96	1986-11 ~ 1987-10	+0.24
1978-11 ~ 1979-10	+0.19	1987-11 ~ 1988-10	-0.49
1979-11 ~ 1980-10	-0.10	1988-11 ~ 1989-10	+1.72
1980-11 ~ 1981-10	+0.08	1989-11 ~ 1990-10	-0.09
1981-11 ~ 1982-10	+0.46	1990-11 ~ 1991-10	-0.54
1982-11 ~ 1983-10	-0.72		

表4-42　各河段年均增(+)减(-)淤积量　(单位:亿t)

时段(年-月)	河段			
	铁谢—高村	高村—艾山	艾山—利津	铁谢—利津
1973-11 ~ 1979-10	-0.36	-0.29	-0.06	-0.71
1979-11 ~ 1985-10	-0.20	+0.03	+0.02	-0.15
1985-11 ~ 1990-10	+0.22	-0.02	-0.03	+0.17
1973-11 ~ 1990-10	-0.13	-0.10	-0.02	-0.25

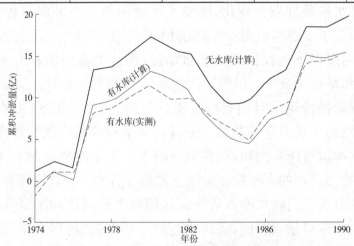

图4-52　有、无三门峡水库下游河道累积冲淤量过程

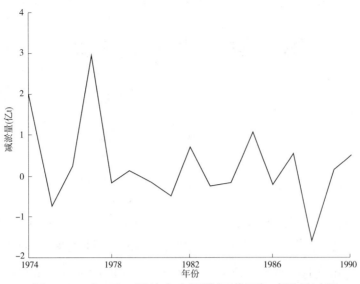

图 4-53　有、无三门峡水库下游河道历年减淤量过程

　　三门峡水库蓄清排浑运用对下游河道的冲淤作用十分复杂,它与来水来沙条件和河道冲淤调整均有密切关系,各年减淤与增淤均有出现,其时空分布是不同的。如 1973 年 11 月～1979 年 10 月水库蓄清排浑运用初期,减淤作用较明显,年均减淤约 0.71 亿 t,而且全下游河道均减淤;1979 年 11 月～1985 年 10 月,年均减淤约 0.15 亿 t,从河段分布上,高村以上减淤,高村以下增淤。以上两个时期入库流量变幅较大,流量大于 6 000 m³/s 时水库滞洪拦沙,流量小于 1 500 m³/s 时,蓄水拦沙泥沙主要在流量 1 500～6 000 m³/s 时排出,对下游河道较为有利,因此其减淤作用较明显;1985 年 11 月～1990 年 10 月,各年减淤和增淤交替出现,增淤量大于减淤量,年均增淤约为 0.17 亿 t,高村以上增淤,高村以下减淤。该时期流量较小,很少出现大于 6 000 m³/s 的流量,汛期三门峡水库起不到调节的作用,对下游不利。因此,可以看出,水库的运用应根据来水来沙条件变化,适当调整运用指标,这是多泥沙河流水库运用的特点。

第5章 小浪底水库

5.1 水库基本情况

5.1.1 水库概况

小浪底水库位于河南省洛阳市以北 40 km 处的黄河干流上。上距三门峡水库 130 km,下距郑州花园口水文站约 130 km,坝址控制流域面积 69.4 万 km²,占花园口站以上流域面积的 95.1%,控制了黄河径流量的 90% 和几乎全部泥沙,处在控制进入黄河下游水沙的关键部位。根据黄河下游洪水泥沙的突出问题,本着黄河治理与水资源开发利用相结合的原则,枢纽的开发任务以黄河下游防洪(包括防凌)减淤为主,兼顾供水、灌溉、发电,除害兴利,综合利用。小浪底水利枢纽总平面布置见图 5-1。

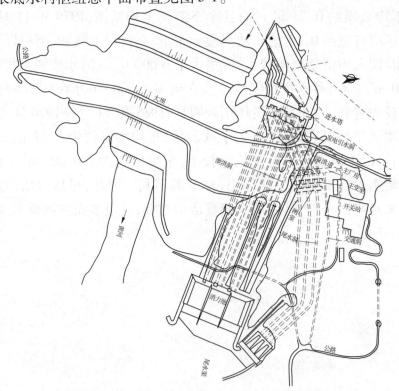

图 5-1 小浪底水利枢纽总平面布置

水库设计正常蓄水位 275 m(黄海标高),万年一遇校核洪水位 275 m,千年一遇设计洪水位 274 m。设计总库容 126.5 亿 m³(包括拦沙库容 75.5 亿 m³,防洪库容 40.5 亿 m³,调水调沙库容 10.5 亿 m³)。兴利库容可重复利用防洪库容和调水调沙库容。设计安装 6 台 30 万 kW 混流式水轮发电机组,总装机 180 万 kW,年发电量 51 亿 kWh(见表 5-1)。小浪底水库干流库容 85.8 亿 m,支流库容 40.7 亿 m³,分别占总库容的 67.8% 和 32.2%。

水库大坝于 1997 年 10 月截流,1999 年 10 月 25 日下闸蓄水,2000 年 6 月 26 日主坝封顶(坝顶高程 281 m),水库工程 2001 年 12 月全部完工,所有泄水建筑物均达到设计运用标准。

汛期投入运用的泄洪建筑物有 3 条明流洞、3 条排沙洞、3 条孔板洞和正常溢洪道(见图 5-2)。孔板洞进口高程 175 m,运用高程 220 m 以上。其中 1#、2#、3# 明流洞底坎高程分别为 195 m、209 m、225 m。正常溢洪道堰顶高程 258 m。各泄水建筑物闸门启闭设施均系一门一机,各泄洪洞闸门启闭时间不超过 30 min。小浪底水库泄水建筑物泄流曲线见图 5-3。

库区内黄河干流上窄下宽,自坝址至水库中部的板涧河河口长 61.59 m,除八里胡同河段外,河谷底宽一般在 500 ~ 1 000 m,坝址以上 26 ~ 30 km 为 200 ~ 300 m 宽的八里胡同峡谷库段,该段河势陡坡,河槽窄深,是全库区最狭窄的河段。洞河河口至三门峡水文站河道长为 62 km,河谷底宽为 200 ~ 300 m,亦属窄深河段,小浪底建库前该河段河床稳定(见图 5-4)。小浪底水库蓄至 275 m 时,形成东西长 130 km,南北宽 300 ~ 3 000 m 狭长水域,沿程河谷宽度变化见图 5-5。

小浪底水库的建成使黄河进入一个新的历史时期,对库区上下游河床演变产生深远影响,对黄河下游的防洪减淤与综合利用起到很大的作用。

5.1.2 水库运用情况

小浪底水库 1999 年 10 月投入运用,至 2005 年 10 月仍处于拦沙初期,运用方式主要为蓄水拦沙,期间实施了五年的调水调沙。

水库蓄水以来,水库最高、最低运用水位分别为 265.58 m(2003 年 10 月 15 日)及 180.34 m(2000 年 4 月 25 日)。非汛期 2004 年运用水位最高,前七个月时间水位均在 255 m 以上,最高水位达 264.3 m(2003 年 11 月 1 日);水库蓄水运用第一年 2000 年运用水位最低,基本上不超过 210 m。汛期运用水位变化复杂,2000 ~ 2002 年主汛期平均水位的变化范围为 207.14 ~ 214.25 m,2003 ~ 2005 年主汛期平均水位的变化范围为 225.98 ~ 233.86 m,

表 5-1　黄河小浪底水库主要技术经济指标

坝址以上流域面积		694 155 km²		型式	多级孔板洞(代表型)
坝址岩石		砂页岩互层		断面尺寸	φ14.5 m
水文特征	多年平均降雨量	635 mm	泄洪洞	洞长	3 条单长 1 100 m
	多年平均流量	1 342 m³/s		进口底坎高程	175 m
	多年平均径流量	423.2 亿 m³		闸门型式尺寸(高×宽)	偏心铰弧门 4.8 m×4.8 m
	多年平均输沙量	159 400 万 t		最大泄量	1 632 m³/s
	调查最大流量	36 000 m³/s	正常溢洪道	型式	陡槽式
	实测最大流量	17 000 m³/s		堰顶高程、净宽	258 m、34.5 m
	设计洪峰流量	(0.1%)40 000 m³/s		最大泄量	3 764 m³/s
	设计洪水总量	12 d 139 亿 m³		闸门型式	3 孔弧形门
	校核洪峰流量	(0.01%)52 300 m³/s		闸门尺寸(高×宽)	11.5 m×17.5 m
	校核洪水总量	12 d 172 亿 m³		启闭设备	油压启闭机 2 台 150 t
水库特征	调节性能	不完全年调节	非常溢洪道	消能形式	水垫塘消能
	设计洪水位	272.3 m		型式	心墙堆石体堵塞明渠
	校核洪水位	273 m		堰顶、底高程	280 m、268 m
	正常高水位	275 m		堰顶宽度	100 m
	死水位	230 m		最大泄量	3 000 m³/s
	总库容	126.5 亿 m³	输引水道	型式	钢管
	其中:防洪库容	40.5 亿 m³		断面尺寸	φ7.8 m
水库特征	兴利库容	51 亿 m³		长度	6 条单长 199.23 m
	死库容	75.5 亿 m³		进口、底坎高程	195 m、190 m
主坝	坝型	壤土斜心墙堆石坝		闸门尺寸(高×宽)	5 m×9 m
	坝顶高程	281 m		最大输、引水量	6×303 m³/s
	最大坝高	154 m	发电站	型式	地下厂房
	坝顶长度、宽度	1 317 m、15 m		厂房尺寸	250 m×23.5 m×56.4 m
	坝基防渗型式	混凝土防渗墙		装机容量	6 台 30 万 kW
	坝体工程量	4 813 万 m³		保证出力、年发电量	35 万 kW、58 亿 kWh
坝型	坝型	土石坝		年利用小时	2 609/3 148 h
	坝顶高程、坝高	281 m、45 m		最大、最小、设计水头	141.7 m、92.9 m、11.2 m
	坝顶长度、宽度	170 m、15 m		水轮机型号	混流式
	坝体工程量	76 万 m³		主变压器	6 台 360MVA/2 台 540MVA
效益	灌溉面积	267 万 hm²			
	年发电量	51 亿 kWh			

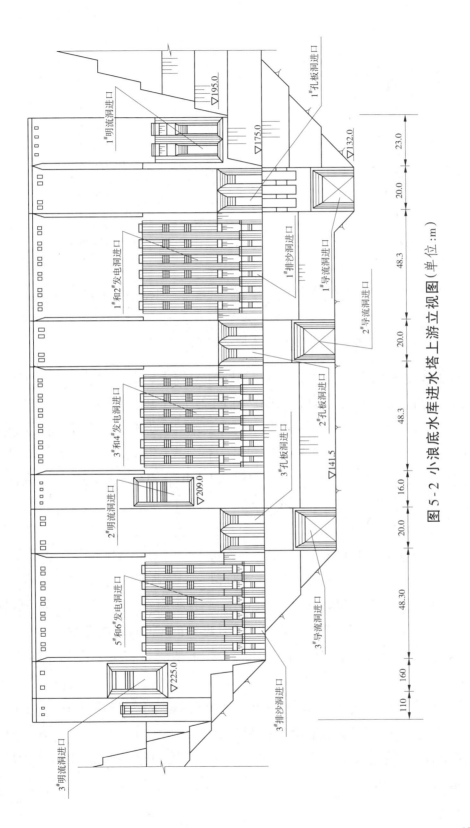

图 5 - 2 小浪底水库进水塔上游立视图（单位:m）

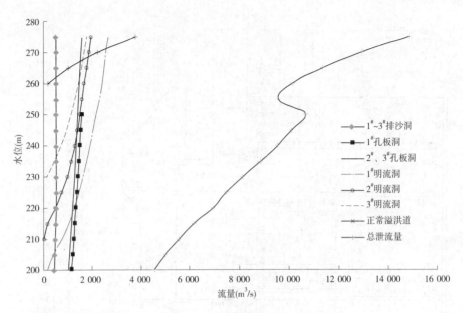

图 5-3   小浪底水库泄水建筑物泄流曲线

其中 2003 年主汛期平均水位最高达 233.86 m;汛末(10 月 31 日)库水位最高的是 2003 年的 264.33 m,最低是 2002 年的 210 m(见表 5-2)。

1999 年 11 月~2005 年 10 月水库累计蓄水 62.48 亿 m³,其中汛期增加蓄水量 145.61 亿 m³,非汛期泄水量 83.13 亿 m³,蓄水量增加最多的是 2003 年汛期,达 70.71 亿 m³,水库泄水最多的是 2004 年非汛期,泄水达 53.6 亿 m³。水库最大蓄水量 94.9 亿 m³(2003 年 10 月 15 日)。

按运用水位变化特点及水库调度目标的不同,年内运用可大致分为三个阶段,各阶段运用特点如下。

从上年 11 月~次年 2 月底为第一阶段,水库调度目标是防凌及春灌蓄水,本阶段水库运用水位各年基本均上升,上升幅度在 15~25 m,下泄流量基本控制在 500 m³/s 以下,平均流量在 183~434 m³/s,但 2004 年由于年初蓄水位较高,为了坝体安全,水库泄水,水位下降,下泄流量最大达 2 230 m³/s、平均达 811 m³/s。

从 3 月初至汛初为第二阶段,水库调度目标是减淤、供水和灌溉,水库以泄水为主,各年运用水位均下降,降幅最大的是 2001 年和 2004 年,大约下降 42 m,降幅最小的是 2003 年,下降约 12 m。本阶段平均下泄流量为 509~1 049 m³/s。

图 5-4　小浪底库区平面图

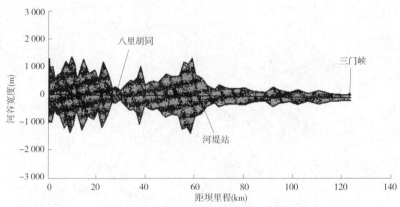

图 5-5　小浪底水库沿程河谷宽度变化（高程 275 m）

表 5-2　小浪底水库运用情况

项目		2000 年	2001 年	2002 年	2003 年	2004 年	2005 年
汛限水位(m)		215	220	225	225	225	225
汛期	最高水位(m)	234.3	225.42	236.61	265.58	242.26	257.47
	日期(月-日)	10-30	10-09	7-03	10-15	10-24	10-17
	最低水位(m)	193.42	191.72	207.98	217.98	218.63	219.78
	日期(月-日)	07-06	07-28	09-16	07-15	08-30	07-22
	平均水位(m)	214.88	211.25	215.65	249.51	228.93	233.84
汛期开始蓄水的日期(月-日)		08-26	09-14	—	08-07	09-07	08-21
主汛期平均水位(m)		211.66	207.14	214.25	233.86	225.98	230.17
非汛期	最高水位(m)	210.49	234.81	240.78	230.69	264.3	259.61
	日期(月-日)	04-25	11-25	02-28	04-08	11-01	04-10
	最低水位(m)	180.34	204.65	224.81	209.6	235.65	226.17
	日期(月-日)	11-01	06-30	11-01	11-02	06-30	06-30
	平均水位(m)	202.87	227.77	233.97	223.42	258.44	250.58
年平均运用水位(m)		208.88	219.51	224.81	236.46	243.68	242.21

注:1. 主汛期为 7 月 11 日~9 月 30 日;

　2. 汛期开始蓄水的日期是指汛期库水位开始超过当年汛限水位之日。

　　第三阶段为汛期,水库调度目标是防洪、减淤。由于水沙条件变化较大,汛期水库运用情况也较为复杂,平水期以蓄水拦沙为主,汛限水位以上的库区蓄水量满足进行调水调沙的基本条件,或遇到较大洪水进行防洪调水调沙。六年来成功进行了 4 次调水调沙,尤其是 2004 年和 2005 年水库分别进行了基于人工扰动方式和更大空间尺度上的调水调沙,在小浪底水库成功塑造了人工异重流,改善了水库的淤积形态,冲刷了下游河道,提高了下游河道的排洪能力,取得了较好的效果。2003 年汛期发生了罕见的秋汛,水库蓄水位最高达到 265.58 m,成功减少了下游可能发生的洪水灾害。

5.2　水库运用对水沙条件的改变

5.2.1　小浪底水库入库水沙情况

三门峡水文站是三门峡水库的出库站,也是小浪底水库的进口控制站。1999 年 11 月～2005 年 10 月 6 个运用年年均水量 177.56 亿 m³,年均沙量 4.176 亿 t,较多年均值(1950～2000 年,下同)分别偏少 52% 和 64%,属于典型的枯水少沙系列。其中汛期水沙量偏少幅度更大,汛期年均水沙量分别为 81.58 亿 m³ 和 3.899 亿 t,较多年同期均值分别偏少 63% 和 61%。入库年沙量减少幅度大于水量,平均含沙量由多年平均的 32 kg/m³ 降低到 24 kg/m³。

5.2.2　改变了水量的年内分配

水库运用调节改变了水量的年内分配,据统计 6 年入库水量汛期占年水量的 45%,而经过水库调节后减小到了 35%(见表 5-3)。除 2002 年汛期外,其余年份出库水量汛期占年水量比例均小于入库。

表 5-3　历年入出库水量变化

年份	年水量(亿 m³)		汛期水量(亿 m³)		汛期占年(%)	
	入库	出库	入库	出库	入库	出库
2000	166.60	141.15	67.23	39.05	40	28
2001	134.96	164.92	53.82	41.58	40	25
2002	159.26	194.27	50.87	86.29	32	44
2003	217.61	160.70	146.91	88.01	68	55
2004	178.39	251.59	65.89	69.19	37	28
2005	208.53	206.25	104.73	67.05	50	33
6 年平均	177.56	186.48	81.58	65.20	46	35

5.2.3　调节了洪水过程

6 年来,入库日均最大流量大于 1 500 m³/s 的洪水共 17 场,其中除利用 2002 年 7 月、2003 年 9 月初、2004 年 7 月初、2005 年 6 月的四场洪水进行了调水调沙,以及 2004 年 8 月和 2005 年 7 月的洪水水库相机排沙,其余洪水均被水库拦蓄和削峰,削峰率最大达 65%。此外,为满足下游春灌要求,在入库流量 500～600 m³/s 的条件下增大泄水,形成 2001 年 4 月和 2002 年 3 月的日均最大流量 1 500 m³/s 左右的小洪水过程。

5.2.4　改变了水沙过程

小浪底水库非汛期蓄水拦沙运用,根据下游河道冲淤、防凌和灌溉需要泄水。汛期则通过水库调节使流量两极分化,要么以 2 600 m³/s 左右的较大流量高含沙洪水排沙,要么以 800 m³/s 以下的小流量过程兴利运用,减少对下游冲淤不利的 800 ~ 2 600 m³/s 流量级。

据统计汛期 1 000 m³/s 以下的流量级历时由入库的年平均 95 d 增加到出库的 108 d,水量占汛期比例由入库的 46% 增加到出库的 59%;1 000 ~ 2 500 m³/s 流量级历时由入库的年均 24 d 减小到出库的 14 d,水量占汛期的比例由入库的 36% 减小到出库的 29%;大于 2 500 m³/s 流量级历时由入库的年均 5 d 减小到出库的 3 d,水量占汛期比例由入库的 16% 减小到出库的 11%;大于 3 000 m³/s 流量级全部被调节为 3 000 m³/s 以下下泄。汛期出库沙量集中在 1 500 ~ 2 000 m³/s 和 2 000 ~ 2 500 m³/s 流量级,占汛期排沙量的 64%。

5.2.5　水库排沙比变化较大

水库排沙情况主要取决于来水来沙条件、库区边界条件和水库调度状况。小浪底水库运用 6 年平均排沙比为 16%,排沙主要集中在汛期,汛期排沙量占全年的 98%,库区泥沙主要以异重流形式输移并排细泥沙出库。由于运用条件不同,不同年份排沙比差别较大。前两年为了形成小浪底坝前铺盖排沙较少,排沙比不到 10%,而后四年排沙比有所增加。尤其是 2004 年 8 月 22 ~ 31 日,三门峡水库泄放了一场洪峰流量 2 960 m³/s、最大含沙量 542 kg/m³ 的高含沙量洪水,出库沙量 1.711 亿 t,同期小浪底水库泄放了两场洪峰流量分别为 2 690 m³/s 和 2 430 m³/s、最大含沙量分别为 346 kg/m³ 和 156 kg/m³ 的洪水,水库排沙 1.422 亿 t,排沙比达 83%。因此,2004 年汛期排沙比较大,达 56.4%。

小浪底水库异重流排沙效果比较好的一个原因,在于异重流运行到达坝前未及时排出而形成浑水水库,浑水中的泥沙能够在后续异重流过程中排出库外。

5.3　水库修建后库区冲淤演变

5.3.1　水库淤积特点

水库淤积的特点与来水来沙和运用水位关系密切。小浪底水库自 1999

年 10 月蓄水运用以来,各年的运用水位变化见图 5-6 和表 5-2。可见非汛期运用水位以 2004 年最高(264.3 m),以 2000 年为最低(180.34 m),汛期运用水位变化复杂,2000~2002 年主汛期平均水位变化为 207.14~214.25 m,2003~2006 年主汛期平均水位变化为 225.98~233.86 m,其中最高水位以 2003 年最高,达 265.58 m。

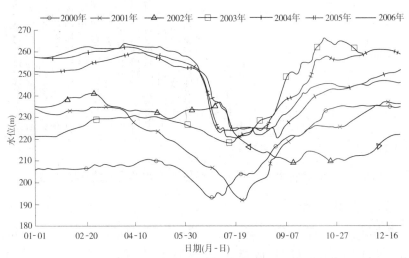

图 5-6 小浪底水库运用水位历年过程

5.3.1.1 淤积量的时空分布

1999 年 9 月~2006 年 10 月,水库淤积 21.583 亿 m³(见表 5-4),其中干流淤积 18.316 亿 m³,支流淤积 3.267 亿 m³,分别占总淤积量的 84.9% 和 15.1%。可见,淤积主要集中在干流,干流淤积量占原始库容的 21.3%,支流淤积量占原始库容的 8%,总淤积量占总库容的 17%。

表 5-4 小浪底水库历年干流、支流冲淤量统计

时段 (年-月)	干流 (亿 m³)	支流 (亿 m³)	总淤积量 (亿 m³)	时段 (年-月)	干流 (亿 m³)	支流 (亿 m³)	总淤积量 (亿 m³)
1999-09~2000-11	3.842	0.241	4.083	2003-10~2004-10	0.297	0.877	1.174
2000-11~2001-12	2.550	0.422	2.972	2004-10~2005-11	2.603	0.308	2.911
2001-12~2002-10	1.938	0.170	2.108	2005-11~2006-10	2.463	0.987	3.450
2002-10~2003-10	4.623	0.262	4.885	1999-09~2006-10	18.316	3.267	21.583

水库淤积的时间分布不均匀,淤积主要发生在 2000 年和 2003 年,分别淤积 4.083 亿 m³ 和 4.885 亿 m³,各占总淤积量的 18.9% 和 22.4%,干流淤积主要也发生在这两年,但支流的淤积主要发生在 2006 年和 2004 年,各占支流总淤积量的 30.2% 和 26.8%,特别是 2004 年支流淤积量为干流淤积量的 2.95 倍。

从淤积部位来看,泥沙淤积主要在汛限水位 225 m 高程以下,225 m 高程

以下的淤积量达 20.08 亿 m³,占总淤积量的 93.04%,不同部位的累积淤积量见图 5-7。

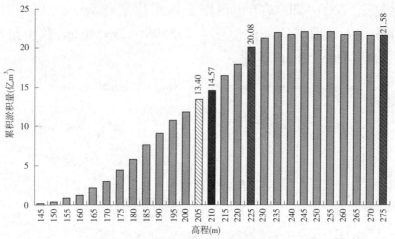

图 5-7　小浪底水库运用以来库区不同高程下的累积淤积量

5.3.1.2　库区淤积形态

水库蓄水运用后库水位升高,至 2000 年 11 月,干流淤积呈三角洲形态,三角洲顶点距坝 70 km 左右,此后三角洲形态及顶点位置随库水位的升降而移动,总的趋势是逐步向下游推进,历年干流淤积纵剖面见图 5-8。由图可见,距坝 60 km 以下回水区河床持续淤积抬高;而距坝 60~110 km 的回水变动区冲淤变化与库水位的升降密切相关。如 2003 年 5~10 月,库水位上升 35.06 m,三角洲洲面发生大幅度淤积抬高,10 月与 5 月中旬相比,原三角洲洲面断面 41 处抬高幅度最大,深泓点抬高 41.51 m,河底平均高程抬高 17.7 m,三角洲顶点升高 36.64 m,顶点位置上移 25.8 km。然后,经过 2004 年的调水调沙

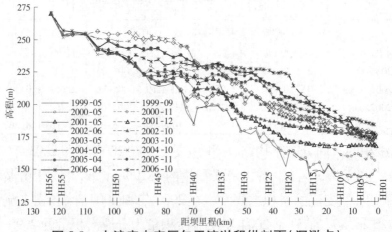

图 5-8　小浪底水库历年干流淤积纵剖面(深泓点)

试验及 8 月洪水(洪水期间运用水位较低),距坝 90 ~ 110 km 库段发生强烈冲刷,在距坝约 88.5 km 以上库段的河底高程基本恢复到 1999 年的高程,2005年汛期距坝 50 km 以上库段进一步淤积抬高,淤积高程介于 2004 年汛前和汛后之间;经过 2006 年调水调沙及小洪水排沙,三角洲尾部段发生冲刷,至 2006年 10 月,距坝 90 km 以上库段基本上接近 1999 年的高程,三角洲顶点向前推移至距坝 33.48 m 处,顶点高程为 221.87 m。

支流的淤积主要为干流异重流倒灌,随着干流淤积面的抬高,支流沟口淤积面同步发展,支流淤积形态取决于沟口处干流淤积面的高程,支流泥沙主要淤积在沟口附近,沟口向上沿程减少,随着淤积的发展,支流的纵剖面形态不断发生变化。图 5-9 和图 5-10 分别为距坝 38 km、17 km,左右的西阳河和畛水的历年淤积纵剖面,没有出现明显的倒锥体淤积状态。

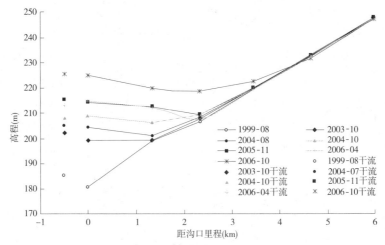

图 5-9　支流西阳河纵剖面(平均河底高程)

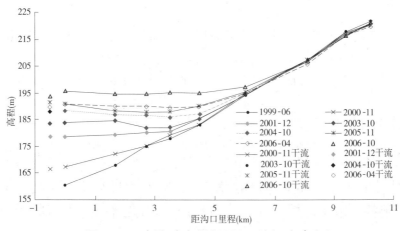

图 5-10　支流畛水纵剖面(平均河底高程)

不同库段断面淤积形态的调整有较大差异,如坝前段主要是异重流及浑水水库淤积,基本平行抬升,而处于水库回水变动段断面形态调整较为复杂,经历淤积—冲刷—淤积的过程,而库尾段断面形态变化不大(见图5-11)。

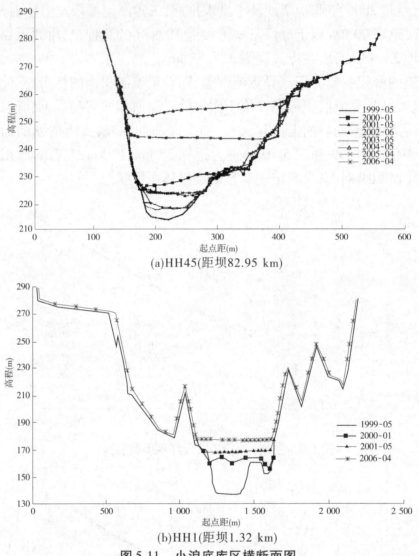

(a)HH45(距坝82.95 km)

(b)HH1(距坝1.32 km)

图5-11 小浪底库区横断面图

5.3.2 水库排沙特点

水库排沙状况主要取决于来水来沙条件、边界条件和水库调度运用状况。水库拦沙初期处于蓄水状态,且保持较大蓄水体,库区泥沙主要以异重流形式排出库,由于各年水库运用状况不同,排沙比差别也较大,不同粒径组的排沙比也有所差别,见表5-5。

表 5-5 小浪底水库历年排沙情况

项目		入库沙量（亿 t）		出库沙量（亿 t）		淤积量（亿 t）		全年淤积物组成（%）	排沙比（%）	
时段及级配		汛期	全年	汛期	全年	汛期	全年		汛期	全年
2000 年	细泥沙	1.152	1.23	0.037	0.037	1.116	1.195	33.9	3.2	3
	中泥沙	1.1	1.17	0.004	0.004	1.095	1.17	33.2	0.4	0.4
	粗泥沙	1.089	1.16	0.001	0.001	1.088	1.16	32.9	0.1	0.1
	全沙	3.34	3.57	0.042	0.042	3.298	3.525	100	1.3	1.2
2001 年	细泥沙	1.318	1.318	0.194	0.194	1.125	1.125	43.1	14.7	14.7
	中泥沙	0.704	0.704	0.019	0.019	0.685	0.685	26.2	2.7	2.7
	粗泥沙	0.808	0.808	0.008	0.008	0.8	0.8	30.7	1	1
	全沙	2.831	2.831	0.221	0.221	2.61	2.61	100	7.8	7.8
2002 年	细泥沙	1.529	1.905	0.61	0.61	0.919	1.295	35.2	39.9	32
	中泥沙	0.981	1.358	0.058	0.058	0.924	1.301	35.4	5.9	4.2
	粗泥沙	0.894	1.111	0.033	0.033	0.861	1.078	29.3	3.7	3
	全沙	3.404	4.375	0.701	0.701	2.704	3.674	100	20.6	16
2003 年	细泥沙	3.471	3.475	1.049	1.074	2.422	2.401	37.8	30.2	30.9
	中泥沙	2.334	2.334	0.069	0.072	2.265	2.262	35.6	3	3.1
	粗泥沙	1.755	1.755	0.058	0.06	1.696	1.695	26.7	3.3	3.4
	全沙	7.559	7.564	1.176	1.206	6.383	6.358	100	15.6	15.9
2004 年	细泥沙	1.199	1.199	1.149	1.149	0.05	0.05	4.3	95.8	95.8
	中泥沙	0.799	0.799	0.239	0.239	0.56	0.56	48.7	29.9	29.9
	粗泥沙	0.64	0.64	0.099	0.099	0.541	0.541	47	15.5	15.5
	全沙	2.638	2.638	1.487	1.487	1.151	1.151	100	56.4	56.4
2005 年	细泥沙	1.639	1.815	0.368	0.381	1.271	1.434	39.5	22.5	21
	中泥沙	0.876	1.007	0.041	0.042	0.835	0.965	26.6	4.7	4.2
	粗泥沙	1.104	1.254	0.025	0.026	1.079	1.228	33.9	2.3	2.1
	全沙	3.619	4.076	0.434	0.449	3.185	3.626	100	12	11
2000～2005 年平均	细泥沙	1.718	1.824	0.568	0.574	1.151	1.25	35.8	33.1	31.5
	中泥沙	1.132	1.229	0.072	0.072	1.061	1.157	33.1	6.4	5.9
	粗泥沙	1.048	1.121	0.037	0.038	1.010	1.084	31.1	3.5	3.4
	全沙	3.898	4.174	0.677	0.684	3.222	3.491	100	17.4	16.4

由表 5-5 可知,2000~2005 年平均全沙排沙比为 16.4%,而汛期排沙比为 17.4%,其中细泥沙排沙比达 31.5%,中泥沙和粗泥沙排沙比分别为 5.9% 和 3.4%。水库运用前两年排沙比较小,不到 10%,之后,排沙比明显增加,尤其是 2004 年 8 月洪水,是小浪底水库运用以来第一次对到达坝前的天然异重流实行 敞泄,加之前期浑水水库的作用,2004 年汛期排沙比较大,达 56.4%。由于水库 的拦沙,出库泥沙中,细泥沙、中泥沙和粗泥沙分别占总沙量83.9%、10.5% 和 5.6%,泥沙粒径较细,中值粒径在 0.006 mm 左右,水库起到了拦粗排细的 作用。

5.4 下游河道冲淤情况

5.4.1 下游河道冲淤量及分布

2000~2006 年小浪底水库运用 7 年,除调水调沙和洪水期间外,水库基 本以下泄清水为主,下游河道全程持续冲刷,河道淤积萎缩的局面得到有效遏 制。根据下游实测大断面资料计算,7 年下游累积冲刷量为 8.895 亿 m³(见 表 5-6),从冲刷时间分布看,冲刷主要发生在汛期,汛期冲刷量占全年的 67%。从年际冲刷量看,2003 年冲刷量最大,为 2.62 亿 m³,占 7 年总冲刷量 的 29%;2000~2002 年 3 年冲刷相对较少,均在 0.8 亿 m³ 左右,3 年合计占冲 刷总量的 26%。2000~2006 年的 7 年中,除 2002 年调水调沙期间二滩淤积 0.143 亿 m³ 外,其余时段冲淤变化均发生在河槽。7 年河槽累积冲刷量为 9.038 亿 m³,其中汛期占 68%。

表 5-6 小浪底水库运用后下游各河段断面法冲淤量

年份	不同河段冲淤量(亿 m³)							
	白鹤—花园口	花园口—夹河滩	夹河滩—高村	高村—孙口	孙口—艾山	艾山—泺口	泺口—利津	白鹤—利津
2000	-0.659	-0.435	0.054	0.133	0.006	0.110	0.038	-0.753
2001	-0.473	-0.315	-0.100	0.071	-0.017	-0.003	0.021	-0.816
2002	-0.304	-0.397	0.133	0.048	-0.003	-0.040	-0.185	-0.748
2003	-0.648	-0.698	-0.319	-0.300	-0.108	-0.228	-0.319	-2.620
2004	-0.178	-0.397	-0.284	-0.039	-0.055	-0.110	-0.125	-1.188
2005	-0.160	-0.308	-0.304	-0.205	-0.117	-0.184	-0.174	-1.452
2006	-0.395	-0.668	-0.077	-0.214	-0.001	0.074	-0.038	-1.318
非汛期合计	-1.475	-1.658	-0.345	-0.072	0.006	0.273	0.368	-2.902
汛期合计	-1.342	-1.560	-0.551	-0.435	-0.301	-0.655	-1.150	-5.993
年合计	-2.817	-3.218	-0.897	-0.506	-0.295	-0.381	-0.782	-8.895

注:汛期和非汛期按断面测量时间划分,调水调沙均在汛期。

7 年来黄河下游河道实现全程冲刷。冲刷沿程分布不均匀,冲刷量呈现出两头大中间小的特点(见图 5-12)。高村以上冲刷量占总冲刷量的 78%,泺口—利津河段占总冲刷量的 9%;而孙口—艾山河段和艾山—泺口河段冲刷量仅占总冲刷量的 3% ~4%。

白鹤—花园口河段冲刷约 2.82 亿 m³,占下游总冲刷量的 31%。冲刷量较大的是 2000 年非汛期和 2003 年汛期,占该河段总冲刷量的 20% 和 22%。2003 年非汛期冲刷量最小,仅为 0.006 亿 m³。

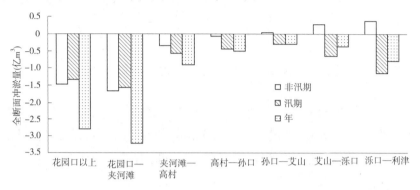

图 5-12　2000～2006 年下游河道 7 年各河段累积冲淤量

花园口—夹河滩河段河槽冲刷 3.218 亿 m³,占全下游河槽冲刷量的 36%,是下游冲刷量最多的河段。冲刷量最大的是 2003 年汛期,占该河段总冲刷量 15%;2001 年汛期和 2005 年非汛期冲刷量最小,仅 0.02 亿 m³ 左右。

夹河滩—高村河段河槽冲刷 0.924 亿 m³,占全下游河槽冲刷量的 10%。冲刷量最大的是 2003 年汛期,占该河段总冲刷量的 34%。该河段在小浪底水库开始运用时处于淤积状态,2000 年汛期开始冲刷,以后持续冲刷,但 2003 年汛期以后冲刷量才明显加大。

高村—孙口河段河槽冲刷 0.616 亿 m³,占全下游河槽冲刷量的 7%。冲刷量最大的是 2003 年汛期,占河段总冲刷量的 35%(见图 5-13)。该河段 2001 年非汛期开始冲刷,汛期平均流量小,加上小浪底水库小水排沙(花园口最大流量 392 m³/s,最大含沙量 127 kg/m³),汛期淤积 0.098 亿 m³,是 7 年淤积最多的时段。2002 年非汛期又开始冲刷,除 2004 年非汛期淤积 0.029 亿 m³ 外,其他时段均冲刷,但冲刷量取决于来水来沙过程。

孙口—艾山河段冲刷 0.296 亿 m³,占全下游河槽冲刷量的 3%,是下游冲刷量最小的河段。冲刷量最大的是 2005 年汛期,占该河段总冲刷量的 39%。

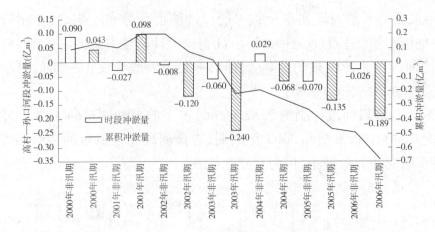

图 5-13　高村—孙口河槽不同时段冲刷量情况

艾山—泺口河段冲刷 0.381 亿 m³,占全下游河槽冲刷量的 4%,是下游冲刷量比较少的河段。冲刷量最大的是 2003 年汛期,占总冲刷量的 63%。该河段在 2000 年处于淤积状态,2001 年开始到 2006 年除 2005 年非汛期外,均表现为非汛期淤积、汛期冲刷。

泺口—利津河段河槽冲刷 0.782 亿 m³,占全下游河槽冲刷量的 9%。冲刷量最大的是 2003 年汛期,占该河段总冲刷量的 48%。该河段基本上是汛期冲刷,非汛期淤积。

小浪底水库拦沙期,下游河道沿程冲刷随着时间的推移不断向下游发展。从全年各河段冲淤量来看,2000 年的冲刷主要集中在夹河滩以上河段,夹河滩以下河段均发生淤积。2001 年冲刷发展到高村,高村以下河段处于微淤(或基本处于冲淤平衡)状态。2002 年冲刷集中在两头,即高村以上和艾山以下两个河段冲刷,高村—艾山河段发生淤积,主要是因为该河段在洪水期发生漫滩,大量泥沙落淤到滩地上。2003~2005 年,全下游各河段均发生冲刷,且均以孙口—艾山河段的冲刷量为最小。2006 年冲刷主要集中在孙口以上河段和泺口以下河段,孙口—艾山基本冲淤平衡,艾山—泺口河段发生淤积。初步分析认为,孙口以下河段没有发生冲刷,甚至发生淤积,主要是由于汛期水量少(仅为全年水量的 27%),特别是洪水的量级很小,只有调水调沙期的平均流量在 3 000 m³/s 以上,其他 4 场洪水的平均流量均在 1 500 m³/s 以下。

另外,在黄河下游花园口洪峰流量大于 2 000 m³/s 的 16 场洪水中,利津以上冲淤量占 7 年总冲刷量的 42%,其中洪水期的冲刷作用比较大。统计花园口洪峰流量大于 2 000 m³/s 的 16 场洪水的冲刷量,计算洪水冲刷量占 7 年总冲淤量的比例分别为:利津以上 42%、花园口以上 37%、花园口—夹河滩

20%、夹河滩—高村36%、高村—孙口97%、孙口—艾山243%、艾山—利津41%。需要说明的是,洪水期冲淤计算未考虑引水引沙。

5.4.2　下游断面形态调整

小浪底水库运用后,黄河下游各河段纵横断面得到相应调整。高村以上河段的断面形态调整基本上既有展宽又有下切,高村以下河段是以下切为主。从表5-7可以看出,夹河滩以上河段展宽比较大,平均达420～450 m;花园口以上河段河床下切幅度最大,平均达1.49 m,孙口—艾山河段河床下切幅度小,仅1.05 m。河床下切幅度沿程表现为两头大、中间小,与河道冲刷量和水位表现变化一致。

表5-7　黄河下游各河段断面特征变化统计

河段	1999年10月河宽B(m)	2006年10月河宽B(m)	河宽变化(m)	冲淤厚度H(m)	1999年10月 $\sqrt{B}/H$	2006年10月 $\sqrt{B}/H$
白鹤—花园口	1 040	1 492	452	-1.49	21.6	25.9
花园口—夹河滩	1 072	1 494	422	-1.32	24.8	29.3
夹河滩—高村	725	773	48	-1.17	23.0	23.8
高村—孙口	518	527	9	-1.33	17.1	17.3
孙口—艾山	505	497	-8	-1.05	21.4	21.2
艾山—泺口	446	429	-17	-1.33	15.9	15.6
泺口—利津	405	410	5	-1.18	17.1	17.2

若用河槽的河相系数 $\sqrt{B}/H$ 的变化反映河槽横断面调整情况,2004年汛后与小浪底水库运用前相比,各河段 $\sqrt{B}/H$ 值均有所减小,说明横断面趋于窄深,其中孙口以上河段减小幅度较大。

5.4.3　下游主槽过流能力和平滩流量增加

同流量水位的变化是一定时期河槽过流能力变化的间接反映,即同流量水位降低,河槽过流能力增大。依据下游主要水文站水位—流量关系(见图5-14),2006年与1999年相比,同流量下的水位均表现为降低,如1 000 m³/s流量水位降低0.81～1.48 m,其中花园口、夹河滩、高村同流量水位下降幅度均超过1.3 m;2 000 m³/s流量水位降低0.69～1.61 m;3 000 m³/s流量水位降低0.65～1.73 m。同流量水位降低幅度均表现出两头大、中间小。

点绘历年各站3 000 m³/s流量时水位相对变化情况可知(见图5-15),2006年各站3 000 m³/s水位恢复水平有所不同,其中花园口断面已恢复到1985年水平,夹河滩恢复到1990年水平,高村恢复到1993年水平,孙口和艾山均恢复到1995年水平,泺口和利津均恢复到1991年水平。

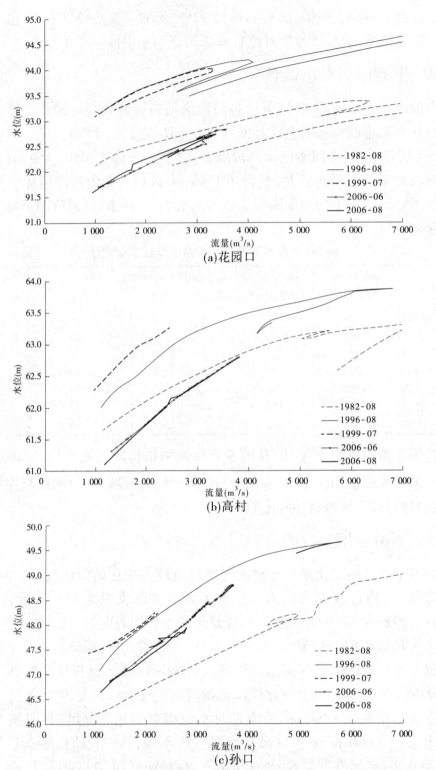

图 5-14　黄河下游主要水文站典型年水位—流量关系

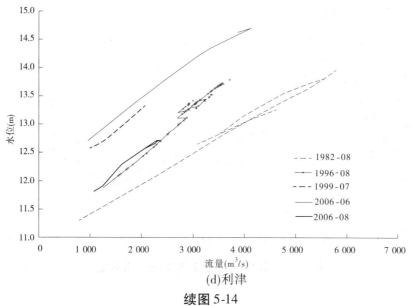

(d)利津

续图 5-14

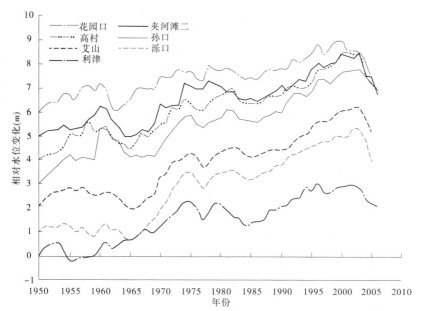

图 5-15 黄河下游主要水文站同流量(3 000 m³/s)水位相对变化情况

主槽是排洪输沙的主要通道,其过流能力大小直接影响到黄河下游的防洪安全。平滩流量是反映河道排洪能力的重要指标,平滩流量越小,主槽过流能力以及对河势的约束能力越低,防洪难度越大。通过初步分析发现,黄河下游河道经过 7 年冲刷,平滩流量增加了 900~2 500 m³/s。

目前下游主要水文站平滩流量基本在 3 700~6 300 m³/s(见图 5-16),花园口和夹河滩平滩流量已基本恢复到 20 世纪 80 年代初水平,高村—利津也基本恢复到 90 年代初水平。

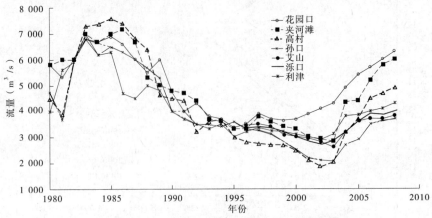

图 5-16　黄河下游主要水文站平滩流量

附录 A　宁蒙河道冲淤规律及影响因素分析

A.1　宁蒙河道淤积现状

黄河从宁夏南长滩至山西河曲为宁蒙河道(见图 A-1),河道长 1 203.8 km,其中宁夏河道从中卫县南长滩至石嘴山头道坎北的麻黄沟长 397 km,内蒙古河道自石嘴山至河曲长 830 km(含交叉段)。宁夏河道主要是青铜峡至石嘴山的 194 km 为冲积性河道;内蒙古河道主要是三盛公至头道拐 502 km 为冲积性河道。

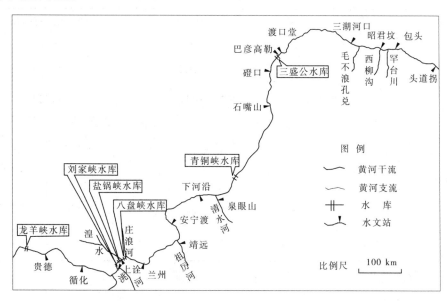

图 A-1　宁蒙河道示意图

A.1.1　河道淤积较多

天然情况下,长时期宁蒙河道有缓慢抬升的趋势,年均淤积厚度在0.01 ~ 0.02 m。自 1961 年起,上游水库陆续投入运用,特别是龙羊峡、刘家峡水库投入运用后,调节径流改变了水沙条件,汛期水量和洪峰流量进一步减小,使首当其冲的宁蒙冲积性河段长期形成的平衡遭到破坏,河道输沙能力降低,河道发生淤积。

A.1.1.1 宁夏河段

1968~1986年为刘家峡水库单库运用时期,从表A-1可以看出该时期呈淤积状态,年均淤积量为0.161亿t,其中下河沿—青铜峡河段年均淤积0.277亿t,青铜峡—石嘴山河段年均冲刷0.116亿t。1986年10月龙羊峡水库开始运用,随着水库调节运用,宁夏河段来水量年内分配日趋均匀,与1986年前相比,该河段淤积量均有不同程度的减少,其中1986~1993年该河段年均淤积量为0.008亿t,该时期下河沿—青铜峡河段呈微淤状态,年均淤积量为0.011亿t,青铜峡—石嘴山河段呈微冲状态,年均冲刷量为0.003亿t。而1993~2001年宁夏河段年均淤积量为0.112亿t,其中下河沿—青铜峡河段由1986年前的淤积转为微冲,年均冲刷量为0.001亿t,而青铜峡—石嘴山河段由1986年之前的冲刷转为淤积,年均淤积量为0.113亿t。

表 A-1　宁蒙河道近期年均冲淤量　　　　　　　　　　　(单位:亿 t)

时段(年-月)	下河沿—青铜峡		青铜峡—石嘴山		下河沿—石嘴山	
1968~1986*	0.277		-0.116		0.161	
1986~1993*	0.011		-0.003		0.008	
1993-05~2001-12	-0.001		0.113		0.112	
时段(年-月)	石嘴山—旧磴口	巴彦高勒—三湖河口	三湖河口—昭君坟	昭君坟—蒲滩拐	巴彦高勒—蒲滩拐	总量
1991-12~2000-07	0.109*	0.139	0.332	0.177	0.648	5.832
2000-07~2004-07		0.220	0.201	0.225	0.646	2.584
1991-12~2004-07		0.164	0.292	0.192	0.647	8.416

注:带 * 者为输沙率法,其余断面法未考虑青铜峡和三盛公库区冲淤量。

A.1.1.2 内蒙古河段

宁蒙河道淤积主要集中在内蒙古河段,内蒙古河段共进行过五次河道断面测量,即1962年、1982年、1991年、2000年和2004年,根据这五次河道断面实测资料,对三盛公—河口镇河段的冲淤量进行分析计算,计算结果见表A-1和表A-2。可以看出,1962~1991年内蒙古三盛公—河口镇河段年均淤积量为0.10亿t,而1991~2004年该河段淤积明显加重,年均淤积量达到0.647亿t,约为1962~1991年年均淤积量的6.4倍,并且纵向沿程淤积主要集中在三湖河口—昭君坟河段(见图A-2),1991~2004年河道横向累积淤积面积为2 304 m²(见表A-3)。以上分析表明该河段20世纪90年代以来,河道淤积量大幅度增加,淤积显著加重。

表 A-2　三盛公—河口镇河段 1962~1991 年三次大断面测量河道冲淤情况

1962 ~ 1982 年			1982 ~ 1991 年			1962 ~ 1991 年		
河　段	长　度 (km)	冲淤量 (亿 t)	河　段	长　度 (km)	冲淤量 (亿 t)	长　度 (km)	冲淤量 (亿 t)	年均 (亿 t)
三盛公—新河	336	-2.35	三盛公—毛不浪孔兑	250	+1.29			
新河—河口镇	175	+1.74	毛不浪孔兑—呼斯太河	206	+2.07			
			呼斯太河—河口镇	55	+0.16			
三盛公—河口镇	511	-0.61	三盛公—河口镇	511	+3.52	511	+2.93	0.10

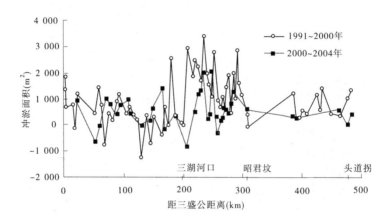

图 A-2　内蒙古河段河道横断面冲淤面积沿程变化

表 A-3　内蒙古河段河道横断面淤积面积　　　　　　　　　　（单位:m²）

时段(年-月)	巴彦高勒—三湖河口	三湖河口—昭君坟	昭君坟—蒲滩拐
1991-12 ~ 2000-07	477	1 777	646
2000-07 ~ 2004-07	382	527	164
1991-12 ~ 2004-07	859	2 304	810

A.1.2　淤积集中在河槽

不同时期内蒙古河段滩槽冲淤分布有所不同。实测资料表明:1982 ~ 1991 年,内蒙古各河段淤积量的 60% 左右集中在河槽,滩地淤积量约占 40%(见表 A-4)。而 1991 ~ 2004 年,内蒙古各河段淤积量的 80% 以上集中在河槽,滩地淤积量明显减少,不到20%(见表A-5)。

表 A-4　三盛公—头道拐河段 1982～1991 年河道淤积量横向分布

河段	长度(km)	淤积量(亿 t)			淤积厚度 (m)	
		全断面	主槽	主槽占全断面比例(%)	主槽	滩地
三盛公—毛不浪孔兑	250	1.29	0.84	65	0.4	0.048
毛不浪孔兑—呼斯太河	206	2.07	1.22	59	0.7	0.11
呼斯太河—河口镇	55	0.16	0.16	100	0.4	—
全 河 段	511	3.52	2.22	63	0.52	0.066

表 A-5　1991～2004 年内蒙古巴彦高勒以下河道年均冲淤量纵横向分布

时段(年-月)	项目	巴彦高勒—三湖河口	三湖河口—昭君坟	昭君坟—蒲滩拐	巴彦高勒—蒲滩拐
1991-12～2000-07	总量(亿 t)	0.139	0.332	0.177	0.648
	各河段占总量比例(%)	21	51	28	100
	河槽淤积占全断面比例(%)	80	83	97	86
2000-07～2004-07	总量(亿 t)	0.220	0.201	0.225	0.646
	各河段占总量比例(%)	34	31	35	100
	河槽淤积占全断面比例(%)	81	86	100	90
1991-12～2004-07	总量(亿 t)	0.164	0.292	0.192	0.648
	各河段占总量比例(%)	25	45	30	100
	河槽淤积占全断面比例(%)	80	84	98	87

1982～1991 年内蒙古巴彦高勒—头道拐河段全断面的年均冲淤量为 0.352 亿 t(见表 A-4),1991～2004 年该河段全断面的年均冲淤量约为 1982～1991 年全断面淤积量的 1.8 倍,年均冲淤量为 0.648 亿 t,而河槽的淤积量为 0.564 亿 t(见表 A-5),为 1982～1991 年年均淤积量(0.222 亿 t)的 2.5 倍。

A.1.3　断面形态改变

A.1.3.1　水文站断面形态

图 A-3 、图 A-4 点绘了宁蒙河道各代表水文站不同时段河道断面变化情况。石嘴山水文站断面自 1986 年以来稍有淤积;内蒙古河道形态代表性较好的是巴彦高勒水文站,该站为单一河道,河道较窄,断面横向摆动不大,但从 1972 年以来河道呈逐渐淤积的趋势,深泓点的淤积最明显,1990~2006 年深泓点淤高了 2 m 多。

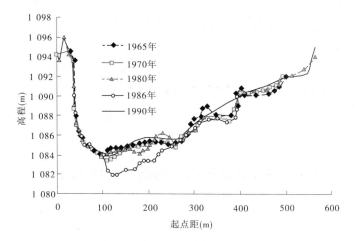

图 A-3 不同时段石嘴山水文站断面变化情况

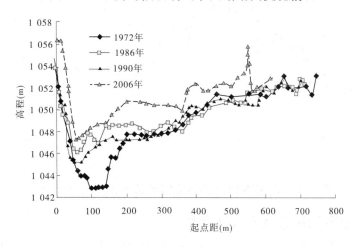

图 A-4 不同时段巴彦高勒水文站断面变化情况

　　河宽是反映河道横断面形态的一个主要因子。为了便于比较,将宁夏和内蒙古河段各站平滩水位下河宽的变化分别点绘于图 A-5、图 A-6。从图中可以看出,宁夏河段水文站断面形态变化小,年际波动幅度小,青铜峡 1971 年河宽大幅度下降,以后保持稳定,到 1990 年又大幅度增加;而其他站的河宽都较稳定,略有增加。内蒙古河段横断面形态的变化波动频繁,且幅度大,巴彦高勒、三湖河口和昭君坟的河宽自 1965 年以来都有减小的趋势,20 世纪七八十年代内蒙古河段各站断面平均宽度在 550 m 左右,而 90 年代后除头道拐外都减少到 350 m 左右。

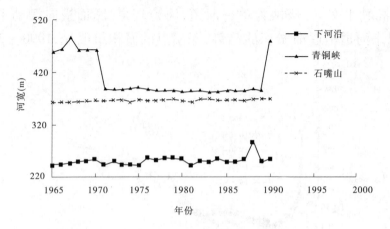

图 A-5 宁夏河段各水文站断面河宽变化套绘图

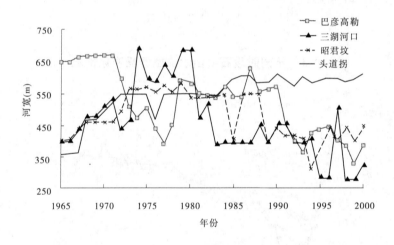

图 A-6 内蒙古河段各水文站断面河宽变化套绘图

A.1.3.2 河道淤积测量断面形态变化

宁夏河段河床主要由砂卵石组成,坡度较陡,水流集中,断面形态相对稳定;内蒙古河段为沙质河床,比降平缓,串沟、支汊较多,河道很宽,河势游荡(如三湖河口—昭君坟河段为游荡型河道),断面冲淤变化大,河槽横向摆动频繁、摆动幅度大,河宽变化比较明显。总体来看,深泓点高程变化不大,但是河槽宽度显著减小,缩窄河宽是在河势摆动过程中形成的,河道宽浅散乱的断面以主槽移位、两岸都淤窄的变化形式为主(见图 A-7(a));河道相对单一、稳定的断面以一岸淤积、主槽变窄的变化形式为主(见图 A-7(b))。

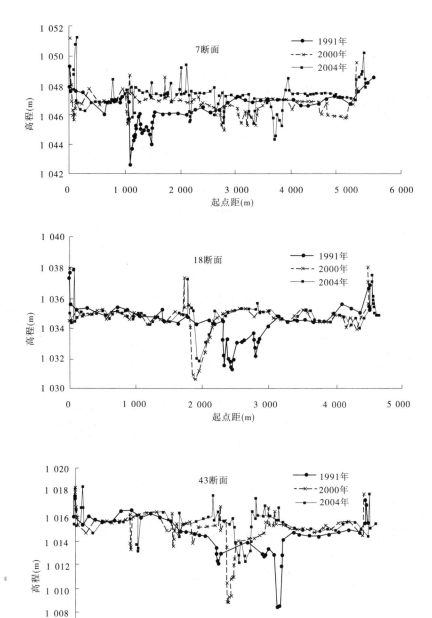

(a)河道宽浅散乱的断面

图 A-7　内蒙古河道典型淤积测量断面变化

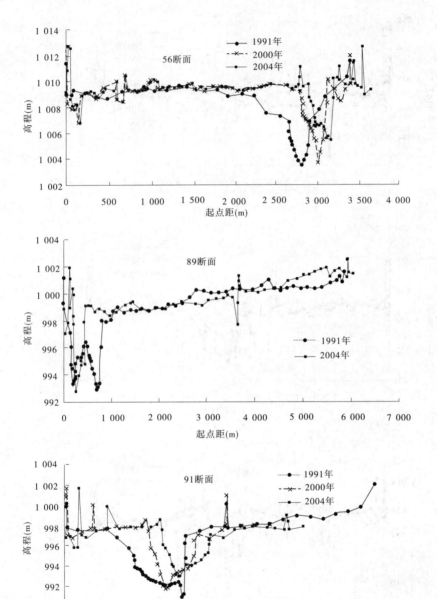

(b)河道相对单一、稳定的断面

续图 A-7

A.1.4 排洪能力降低

A.1.4.1 平滩流量变化

根据内蒙古河段水文站实测资料,通过水位—流量关系及断面形态分析历年平滩流量的变化(见图 A-8)。1986 年以来,由于龙羊峡水库的蓄水调节、气候条件等因素的影响,进入宁蒙河段的水量持续偏少,排洪输沙能力降低,河槽淤积萎缩,平滩流量减少,20 世纪 90 年代以前,巴彦高勒平滩流量变化在 4 000 ~ 5 000 m³/s,三湖河口平滩流量在 3 000 ~ 5 000 m³/s;90 年代以来平滩流量持续减少,到 2004 年在 1 000 m³/s 左右,部分河段 700 m³/s 即开始漫滩。昭君坟站平滩流量 1974 ~ 1988 年在 2 200 ~ 3 200 m³/s,1989 年以后持续减少,1995 年约为 1 400 m³/s。

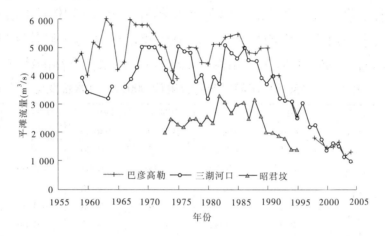

图 A-8　内蒙古河段水文站断面平滩流量变化

根据 2004 年 7 月内蒙古河段淤积大断面资料,运用水力学方法分析计算了内蒙古河段沿程平滩流量变化(见图 A-9)。从图中看出,巴彦高勒—昭君坟河段平滩流量在 950 ~ 1 500 m³/s,平均平滩流量为 1 150 m³/s;昭君坟—头道拐河段,上段平滩流量较小,变化范围为 950 ~ 1 350 m³/s,平均为 1 140 m³/s,与巴彦高勒—昭君坟河段较接近;下段头道拐附近平滩流量相对较大,变化范围为 1 600 ~ 1 950 m³/s,平均为 1 780 m³/s。全河段平均平滩流量为 1 230 m³/s;平滩流量为 950 ~ 1 350 m³/s 的河段占全河段的 78.4%,大于 1 350 m³/s 的河段只占 21.6%。

A.1.4.2 同流量水位变化

表 A-6 给出了宁蒙河段不同时期同流量水位的变化。1961 ~ 1968 年宁蒙河段基本发生冲刷,1968 年 10 月刘家峡水库投入运用后,至 1980 年,加之来水

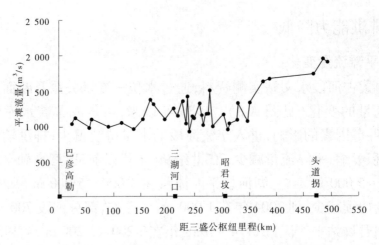

图 A-9　内蒙古河段 2004 年沿程平滩流量变化

来沙的不利,宁蒙河段发生淤积,同流量水位抬升。1986 年 10 月上游龙羊峡水库运用以来,宁蒙河道发生明显淤积,至 2004 年巴彦高勒—昭君坟 2 000 m³/s 同流量水位升高 1.35 ~ 1.72 m。由图 A-10 也可看出水位升高的特点。

表 A-6　宁蒙河段不同时期同流量(2 000 m³/s)水位变化　（单位:m)

站名	间距 (km)	1961 ~ 1966 年	1966 ~ 1968 年	1968 ~ 1980 年	1980 ~ 1986 年	1986 ~ 1991 年	1991 ~ 2004 年
青铜峡	194	+0.17	-0.20	-0.27	-0.30	0	-0.02
石嘴山	87.7	-0.12	+0.10	-0.06	+0.08	+0.00	+0.09
磴口	142	+0.18	-0.16	+0.26	-0.16		
巴彦高勒	221	-0.48	-0.50	+0.36	-0.38	+0.70	+1.02
三湖河口	126	-0.22	-0.60	+0.14	-0.32	+0.60	+0.75
昭君坟	174	-0.16	-0.32	+0.06	+0.06	+0.60	+0.50*
河口镇		-0.06	-0.28	-0.42	+0.60	0	+0.30

注:*表示昭君坟没有 2004 年水位资料,表中数据为 1991 ~ 1994 年资料。磴口站 1986 ~ 2004 年无资料。

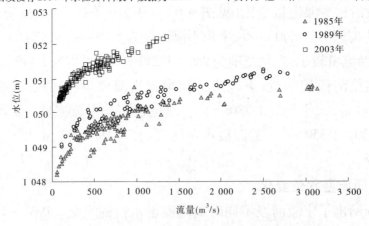

图 A-10　巴彦高勒水文站水位—流量关系

A.1.4.3　同水位面积变化

1986 年以来宁蒙河段同水位下面积减少,河道过流能力减小。2004 年与 1986 年相比,石嘴山在相同水位 1 087.49 m 和 1 091.00 m 条件下分别减少 271 m² 和 293 m²(见表 A-7),减少面积分别约占 1986 年过水面积的 35% 和 15%;巴彦高勒减少较多,分别在相同水位 1 051.37 m 和 1 052.00 m 条件下减少 916 m² 和 1 072 m²(见表 A-8),减少面积分别约占 1986 年过水面积的 66% 和 62%;三湖河口分别在相同水位 1 019.13 m 和 1 020.00 m 减少 709 m² 和 917 m²,分别约占 1986 年过水面积的 58% 和 53%(见表 A-9)。

表 A-7　石嘴山站各代表年同水位面积比较

水位(m)	年份	面积(m²)	与1986年相比		
			水位面积差(m²)	增减百分数(%)	冲淤变化
1 087.49	1965	585			
	1986	767			
	1996	570	−197	−25.7	淤
	2004	496	−271	−35.3	淤
1 091.00	1965	1 856			
	1986	1 985			
	1996	1 796	−189	−9.5	淤
	2004	1 692	−293	−14.8	淤

表 A-8　巴彦高勒站各代表年同水位面积比较

水位(m)	年份	面积(m²)	与1986年相比		
			水位面积差(m²)	增减百分数(%)	冲淤变化
1 051.37	1965	2 039			
	1986	1 379			
	1996	1 055	−324	−23.5	淤
	2004	463	−916	−66.4	淤
1 052.00	1965	2 512			
	1986	1 736			
	1996	1 398	−338	−19.5	淤
	2004	664	−1 072	−61.8	淤

表 A-9　三湖河口站各代表年同水位面积比较

水位(m)	年份	面积(m²)	与1986年相比		
			水位面积差(m²)	增减百分数(%)	冲淤变化
1 019.13	1965	899			
	1986	1 226			
	1996	897	−329	−26.8	淤
	2004	517	−709	−57.8	淤
1 020.00	1965	1 133			
	1986	1 722			
	1996	1 352	−370	−21.5	淤
	2004	805	−917	−53.3	淤

A.2　宁蒙河道冲淤规律研究

A.2.1　汛期宁蒙河道冲淤与水沙的关系

宁蒙河道的部分河段为冲积性河道,来水来沙条件是影响冲积性河道冲淤演变的主要因素,黄河上游的水沙主要来自汛期,冲淤调整也主要发生在汛期。宁蒙河道经受了不同水沙条件下的冲淤演变,根据长时段实测资料,考虑主要支流和引水引沙建立汛期单位水量冲淤量与来沙系数关系,由图 A-11 可以看出,宁蒙河道汛期单位水量冲淤量随着来沙系数的增大而增大,来沙系数大,单位水量冲淤量大;来沙系数小,单位水量淤积量减少,甚至还可能冲刷。经分析得出,宁蒙河道汛期来沙系数约为 0.003 4 kg·s/m⁶ 时,河道基本保持冲淤平衡。如宁蒙河道汛期平均流量为 2 000 m³/s、含沙量约为 6.8 kg/m³ 时,河道基本保持冲淤平衡。

再细分为宁夏河道和内蒙古河道来研究,宁夏河道(见图 A-12)和内蒙古河道(见图 A-13)汛期来沙系数分别约为 0.003 3 kg·s/m⁶ 和 0.003 4 kg·s/m⁶时,河道基本保持冲淤平衡,大于此值发生淤积,反之则发生冲刷。

A.2.2　洪水期河道冲淤与水沙的关系

洪水是河道冲淤演变和塑造河床的最主要动力,着重对洪水期河道冲淤与水沙条件的关系进行分析。将宁蒙河道的洪水过程进行划分,考虑主要支流来水来沙和引水引沙后建立宁蒙河道洪水期冲淤与水沙条件的关系(见

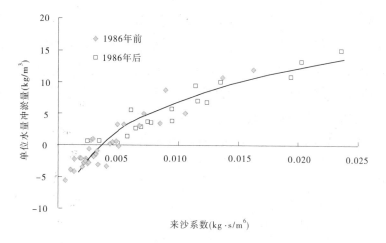

图 A-11　宁蒙河道汛期冲淤与来沙系数的关系

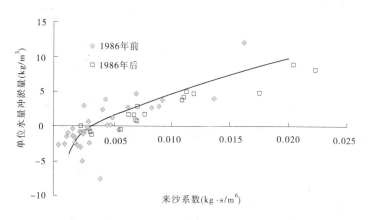

图 A-12　宁夏河道汛期冲淤与来沙系数的关系

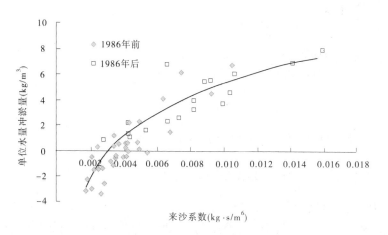

图 A-13　内蒙古河道汛期冲淤与来沙系数的关系

图 A-14),从图上可以看出,洪水期河道冲淤调整与水沙关系十分密切,单位水量冲淤量随着来沙系数的增大而增大。来沙系数较小时,河道单位水量淤积量小,甚至冲刷。当来沙系数约为 0.003 8 kg·s/m⁶ 时河道基本冲淤平衡,如洪水期平均流量为 2 500 m³/s、含沙量为 9.5 kg/m³ 左右时长河段冲淤基本平衡。内蒙古河道的冲淤调整较大地影响了整个宁蒙河道的演变特征,同样在来沙系数约为 0.003 8 kg·s/m⁶ 时河道基本冲淤平衡(见图 A-15)。

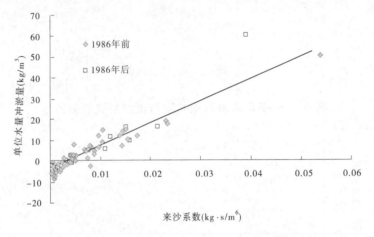

图 A-14　宁蒙河道洪水期冲淤与来沙系数的关系

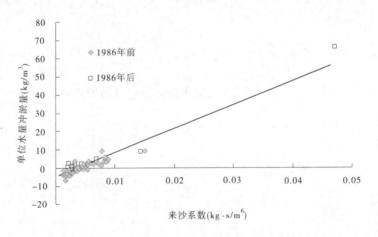

图 A-15　内蒙古河道洪水期冲淤与来沙系数的关系

A.2.3　非汛期河道冲淤与水沙的关系

根据实测资料,考虑支流来沙和引水引沙建立宁蒙河道非汛期河道冲淤与水沙关系(见图 A-16),从图上可以看出宁蒙河道非汛期来沙系数在 0.001 7 kg·s/m⁶ 左右时河道冲淤基本平衡。可以看到这一平衡来沙系数远小于汛期的 0.003 4 kg·s/m⁶,说明非汛期达到冲淤平衡所要求的水沙条件要高于汛期,也就是说,非汛期河道的输沙能力小于汛期。初步分析有以下几个原因:首先,河道的输沙能力与流量的高次方成正比,而非汛期流量较小,河道的输沙能力较弱;其次,宁蒙河段上下游纬度相差4°多,水流方向为由南到北,加之河道由陡变缓,水流弯曲多汊,极易出现凌汛,凌汛期一般为12月到次年2月,流凌历时一般为12~33 d,封冻历时70~113 d,封河时一般于三湖河口附近最先封河,然后向上下发展,流凌封河时水流阻力大,也会大大降低河道输沙能力。

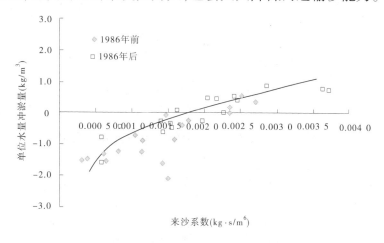

图 A-16   宁蒙河道非汛期冲淤与来沙系数的关系

A.3   河道的输沙特性

A.3.1   汛期河道的输沙特性

本节主要利用输沙率和流量的关系来研究河道输沙特性的变化。从图 A-17、图 A-18 典型站输沙率和流量的关系中可以看出,输沙率随流量的增加而增大。

进一步分析表明宁蒙河道的输沙能力不仅随着来水条件而变,而且与来沙条件关系很大,当来水条件相同时,来沙条件改变,河道的输沙能力也发生变化。以上两图反映出当上站含沙量(即来沙条件)较高时,相应输沙率也较大。同样,在一定的含沙量条件下,输沙率也随流量的增大而增大。因此,输沙率是与流量和上站含沙量都是正比关系的,这反映了冲积性河道“多来多排多淤”的特点。举例说明:在石嘴山站流量 2 000 m³/s 条件下,当上站来沙量为 9 kg/m³ 时,河道输沙率约为 10 t/s,而上站来水含沙量为 19 kg/m³ 时,河道输沙率达到 30 t/s。

以上述研究成果为基础,澄清两个现有的认识:①由于上游含沙量相对比

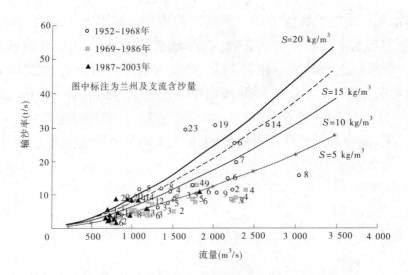

图 A-17　石嘴山站汛期输沙率与流量关系图

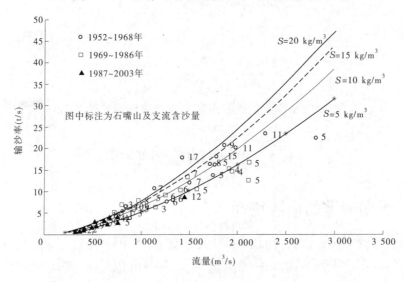

图 A-18　头道拐站汛期输沙率与流量关系图

中下游较低,对其有所忽视,在以往使用输沙率—流量关系进行输沙或河道冲淤计算时多采用平均线,但是本次分析表明来沙的影响是较大的,即使绝对量不大,但由于宁蒙河道冲淤量本身就很小,因此影响较大,需要充分考虑含沙量这一重要因素。②从水沙关系图可以看到,点群似乎是以时期分带的,在同流量条件下1969～1986年和1987～2003年的输沙率都较前期减小了,认为刘家峡水库1968年开始运用后宁蒙河道的输沙能力降低了,1986年龙羊峡水库、刘家峡水库联合运用后河道的输沙能力进一步降低。从图中点据旁注的上站含沙量可以看到,实际上影响输沙率的是来水的含沙情况,水库运用后引起河道来沙条件的变化是导致输沙率降低的根本因素。1968 年后河道输沙能力的降低,是由于上游来水含沙量降低引起河道输沙率的减小。例如:头道拐站在流量为 1 400 m³/s 时,当上站来沙含沙量为 17 kg/m³ 时,河道的输沙率为 18 t/s;而当上站来沙含沙量为 6 kg/m³ 时,河道的输沙率仅为 10 t/s。因此,大型水库运用后宁蒙河道的冲淤规律和输沙规律并未发生明显的改变。同样,从冲淤规律的关系图(见图 A-11 ~ 图 A-16)可见,1986 年前后河道冲淤与水沙条件的关系并未发生趋势性改变,说明宁蒙河道的冲淤演变仍遵循同一规律。

根据石嘴山站输沙率与流量和兰州及支流、头道拐站输沙率与流量和石嘴山及支流含沙量的相关关系,经过综合分析得出汛期宁夏、内蒙古河段的输沙公式(A-1)和公式(A-2)。

$$Q_{s下1} = 0.000\ 096\ 5Q_{下1}^{1.44}S_{上1}^{0.495} \qquad (A-1)$$

$$Q_{s下2} = 0.000\ 042Q_{下2}^{1.63}S_{上2}^{0.294} \qquad (A-2)$$

以上两式中:$Q_{下1}$ 和 $Q_{s下1}$ 为石嘴山流量,m³/s、输沙率,t/s;$S_{上1}$ 为兰州及支流的含沙量,kg/m³;$Q_{下2}$ 和 $Q_{s下2}$ 为头道拐站流量,m³/s、输沙率,t/s;$S_{上2}$ 为三湖河口及支流的含沙量,kg/m³。两式的相关系数(R^2)分别为 0.80、0.96。

利用实测资料对式(A-1)、式(A-2)进行了检验,经计算值与实测值相比,两者基本一致,宁夏河段偏大 8%(见表 A-10),内蒙古河段偏小 9%,故计算方法可行,计算结果可信。

表 A-10　汛期公式计算值与实测值比较

河段	方法	进口沙量(亿 t)	引沙量(亿 t)	出口沙量(亿 t)	冲淤量(亿 t)	误差值(%)
宁夏	实测	17.12	3.65	9.53	3.93	8
	计算	17.12	3.65	9.21	4.25	
内蒙古	实测	12.16	1.65	4.11	6.40	-9
	计算	12.16	1.65	4.67	5.85	

A.3.2　洪水期河道的输沙特性

宁蒙河道洪水期的输沙特性明显地随来水来沙条件而改变,即使来水条件相同,来沙条件改变,河道的输沙能力也发生变化。因此,洪水期的输沙率不仅是流量的函数,还与来水含沙量有关。宁蒙河道各水文站流量与输沙率关系写成

$$Q_s = KQ^aS_{上}^b \qquad (A-3)$$

式(A-3)中:Q_s 为输沙率,t/s;Q 为流量,m³/s;$S_上$ 为上站来水含沙量,kg/m³;K 为系数;a、b 为指数。

由于洪水期河道调整比较迅速,因此河段划分较细,分为下河沿—青铜峡、青铜峡—石嘴山、石嘴山—巴彦高勒、巴彦高勒—三湖河口、三湖河口—头道拐。根据 1965 年以来各段进出口水文站及支流实测资料,建立洪水期输沙率与流量及上站含沙量的关系式(见表 A-11)。同样用实测资料对公式进行了验证,计算值基本与实测值相吻合(见图 A-19 ~ 图 A-21)。

表 A-11　宁蒙河段不同河段输沙率与流量及上站含沙量的关系式

站名	公式	相关系数(R^2)
青铜峡	$Q_{s下} = 0.011\,702Q_下^{0.705}\,S_上^{0.794}$	0.70
石嘴山	$Q_{s下} = 0.000\,424Q_下^{1.242}\,S_上^{0.412}$	0.88
巴彦高勒	$Q_{s下} = 0.000\,164Q_下^{1.240}\,S_上^{1.083}$	0.93
三湖河口	$Q_{s下} = 0.000\,159Q_下^{1.377}\,S_上^{0.489}$	0.98
头道拐	$Q_{s下} = 0.000\,064Q_下^{1.482}\,S_上^{0.609}$	0.96

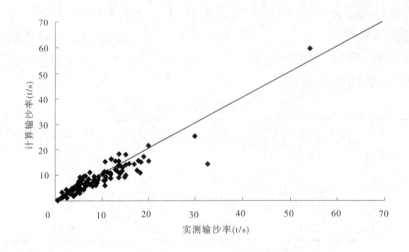

图 A-19　石嘴山站洪水期计算输沙率和实测输沙率比较

A.3.3　非汛期河道的输沙特性

虽然非汛期来水的含沙量很低,但对河道输沙能力的影响也很显著。由石嘴山站和头道拐站输沙率与流量和上站含沙量的关系可见(见图 A-22、图 A-23),不同流量下的输沙率差别很明显。

根据 1967 年以来实测资料建立石嘴山站流量与输沙率和兰州及支流

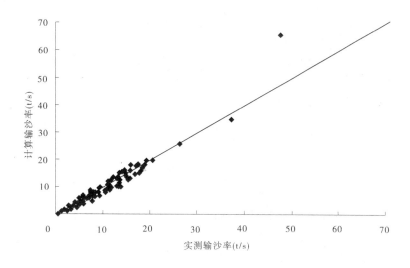

图 A-20　三湖河口站洪水期计算输沙率和实测输沙率比较

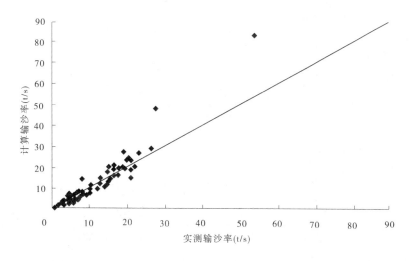

图 A-21　头道拐站洪水期计算输沙率和实测输沙率比较

含沙量,以及头道拐站输沙率与流量和石嘴山及支流含沙量的相关关系,经过综合分析得出非汛期宁夏、内蒙古河段的输沙量公式(A-4)和公式(A-5)。利用实测资料对公式进行了验证(见表 A-12),计算值与实测值基本一致,宁夏河段偏小 3% ,内蒙古河段偏小 11% ,说明公式可用于输沙量的估算。

宁夏河段 $\qquad Q_{s下} = 0.000\ 012\ 4Q_{下}^{1.81} S_{上}^{0.107}$ （A-4）

内蒙古河段 $\qquad Q_{s下} = 0.000\ 004\ 7Q_{下}^{1.947} S_{上}^{0.143}$ （A-5）

式(A-3)、(A-4)的相关系数(R^2)分别为 0.85、0.9。

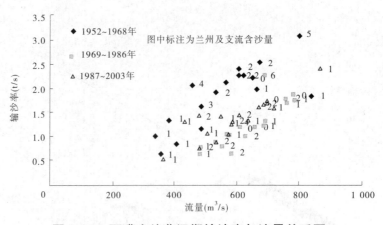

图 A-22　石嘴山站非汛期输沙率与流量关系图

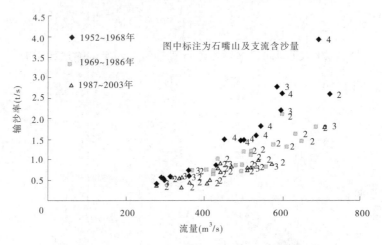

图 A-23　头道拐站非汛期输沙率与流量关系图

表 A-12　非汛期公式计算值与实测值比较

河段	方法	进口沙量（亿 t）	引沙量（亿 t）	出口沙量（亿 t）	冲淤量（亿 t）	误差值（％）
宁夏	实测	3.39	0.81	4.79	−2.21	−3
	计算	3.39	0.81	4.72	−2.14	
内蒙古	实测	4.85	0.33	2.68	1.84	−11
	计算	4.85	0.33	2.88	1.64	

A.4　河道淤积加重原因初步分析

宁蒙河道近期淤积严重,河槽淤积萎缩、河道排洪能力降低,出现防洪形势紧张等局面,主要从以下几方面对河道淤积原因进行分析。

A.4.1　水库运用的影响

黄河上游自 20 世纪 60 年代起,陆续修建了许多大型水库,除龙羊峡为多年调节水库外,其他大中型水库都只能进行年调节或季调节。龙羊峡水库和刘家峡水库联合运用,调蓄能力大,改变了黄河天然的水沙分配和水沙搭配,破坏了原有的相对平衡,引起了河道输沙量减小,河道冲淤调整显著。

A.4.1.1 水库调蓄情况

1)水库运用概貌

1968~1986 年刘家峡水库单库运用期间,平均每年汛期(7~10月)蓄水 27 亿 m³,占同期上游干流(循化)来水的 15.4%。其中 1969 年蓄水量最大(见图 A-24),为 50.87 亿 m³,占当年汛期来水量的 51.7%;蓄水量最少的年份为 1979 年,只有 1.69 亿 m³。水库将汛期蓄水调节到非汛期泄放,平均补水 25.7 亿 m³,最大补水量发生在 1971 年,达 43 亿 m³。

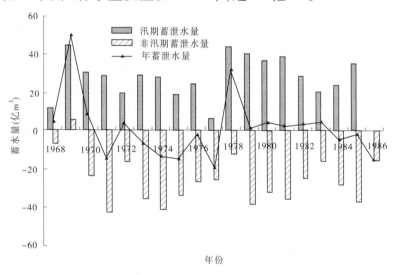

图 A-24 刘家峡水库 1968~1986 年蓄(+)泄(-)水量变化

龙羊峡水库自 1986 年 10 月 15 日蓄水,其运用大致可分为两个阶段,1986 年 10 月至 1989 年 11 月为初期蓄水运用阶段,1989 年 11 月后为正常运用阶段。从图 A-25 龙羊峡、刘家峡两库联合运用的蓄水量变化可见,1987~2003 年两库年均蓄水 5.6 亿 m³,最大年蓄水量约 83 亿 m³,占入库站(唐乃亥)来水的 25.5%,最小蓄水量为 4.9 亿 m³,占 3.2%。汛期蓄水量较大,平均每年汛期蓄水 42 亿 m³,占唐乃亥站来水的 42%。汛期最大蓄水量 97.8 亿 m³,占唐乃亥站的 75.2%,最小蓄水量 7 亿 m³,仅占 9%。非汛期年均补水 36.5 亿 m³,最大补水量为 74.3 亿 m³,最小补水量为 2.7 亿 m³。

2)对径流量的调节

水库运用汛期削减洪峰,非汛期加大泄量,年内流量过程发生较大变化,

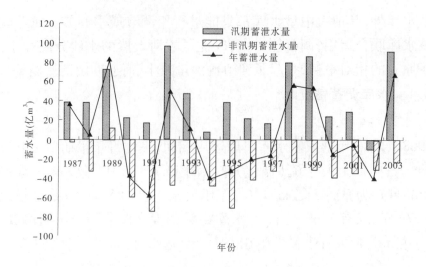

图 A-25　龙羊峡、刘家峡两库联合运用蓄(＋)泄(－)水量变化

汛期与非汛期入出库的水量比重发生改变,出库汛期水量占年水量的比例减少。刘家峡水库投入运用前,汛期入出库水量都占年水量的 60% 左右,非汛期水量约占 40%;刘家峡水库单独运用时期,出库汛期水量占年水量的比例由 61.7% 降到 50.7%(见表 A-13),龙羊峡水库投入运用后汛期出库水量进一步减少,占年水量的比例仅 40% 左右(见表 A-14)。

表 A-13　刘家峡水库入出库水文站不同时段水量变化

站名	时段(年)	水量(亿 m³)			汛期水量占年水量(%)
		非汛期	汛期	全年	
循化及支流（入库）	1957～1968	119.8	188.0	307.7	61.1
	1969～1986	114.7	173.5	288.2	60.2
	1987～2004	128.4	89.3	217.7	41.0
小川（出库）	1957～1968	116.2	187.0	303.2	61.7
	1969～1986	141.4	145.7	287.1	50.7
	1987～2004	133.9	81.9	215.8	38.0

3)对汛期水流过程的调节

龙羊峡、刘家峡水库汛期蓄水,洪峰均被拦蓄,蓄水时间基本与洪峰发生时间相一致。刘家峡水库 1968 年单独运用,其削峰作用就很明显,调蓄入库洪水使出库洪峰流量明显削减,洪水总量也有所减少,出库流量过程趋于均匀。以削峰比$\left(\dfrac{Q_入 - Q_出}{Q_入} \times 100\%\right)$作为削峰强度指标,削峰比一般为 20% ～

50%,最大削峰比为65.7%,发生在1970年8月7日;最大削减的日平均流量为2 183 m³/s,发生在1979年8月6日。龙羊峡水库运用后两库的削峰作用更为明显(见图A-26),如1987年一次洪水的削峰比高达70%以上,又如1989年入库流量为4 840 m³/s,而出库流量仅有771 m³/s。

表 A-14　龙羊峡水库入出库水文站不同时段水量变化

站名	时段(年)	水量(亿 m³)			汛期水量占年水量(%)
		非汛期	汛期	全年	
唐乃亥（入库）	1957~1968	78.3	131.1	209.4	62.6
	1969~1986	85.2	133.8	219.0	61.1
	1987~2004	75.5	99.1	174.6	56.8
贵德（出库）	1957~1968	82.3	136.3	218.6	62.4
	1969~1986	88.9	135.5	224.3	60.4
	1987~2004	106.3	68.6	174.8	39.2

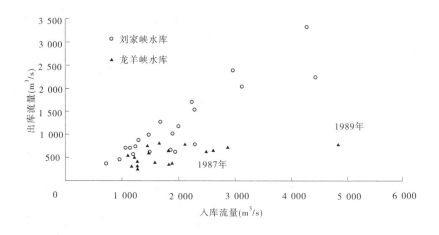

图 A-26　龙羊峡水库、刘家峡水库入出库流量

在削减洪峰的同时,出库洪量必然减小,直接削减了水库下游河段的洪水基流。由于龙羊峡水库调蓄能力强,1987~2003年出库洪水流量很少超过2 000 m³/s。由图A-27及表A-15可见,1 000 m³/s以上流量都受到不同程度的削减,而500~1 000 m³/s的水流出现机遇(天数)却相对大大增加。相应1 000 m³/s以上大流量水流作用相对衰减,输水量、输沙量减少;1 000 m³/s以下平枯水作用相对大幅度增强,输水量、输沙量增加。

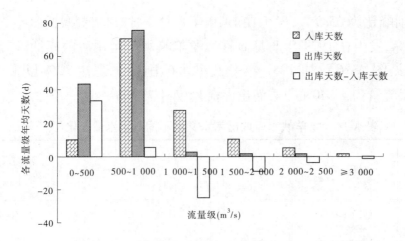

图 A-27　龙羊峡水库运用后汛期各级流量入出库天数对比

表 A-15　龙羊峡水库汛期各级流量入出库过程特征变化

时段 （年）	流量级 （m³/s）	天数			水量（亿 m³）			沙量（亿 t）		
		入库	出库	出库－ 入库	入库	出库	蓄（＋） 泄（－）	入库	出库	拦沙量
1956～ 1986	0～500	5	3	－2	1.8	1.1	0.7	0.000 3	0.001 1	－0.000 8
	500～1 000	50	48	－2	33.0	32.3	0.7	0.012 3	0.046 5	－0.034 2
	1 000～1 500	33	33	0	35.0	35.2	－0.2	0.021 7	0.059 1	－0.037 4
	1 500～2 000	20	23	3	30.1	34.2	－4.2	0.025 3	0.046 8	－0.021 5
	2 000～2 500	10	10	0	18.6	18.6	0.1	0.022 6	0.027 3	－0.004 7
	2 500～3 000	3	3	0	6.3	8.0	－1.7	0.009 1	0.009 4	－0.000 3
	3 000～3 500	1	1	0	3.4	2.9	0.5	0.005 0	0.002 0	0.003 0
	3 500～4 000	0	0	0	1.0	0.4	0.6	0.002 2	0.000 2	0.002 0
	4 000～4 500	0	0	0	0.4	0.5	－0.1	0.000 7	0.000 2	0.000 5
	4 500～5 000	0	0	0	0.5	0.8	－0.3	0.000 9	0.000 3	0.000 6
	≥5 000	0	0	0	0.6	0	0.6	0.001 1	0	0.001 1
1987～ 2004	0～500	10	43	33	3.7	13.8	－10.2	0.000 8	0.004 6	－0.003 8
	500～1 000	70	75	5	43.7	43.4	0.2	0.023 4	0.013 1	0.010 3
	1 000～1 500	27	2	－25	28.7	2.4	26.3	0.022 2	0.003 0	0.019 2
	1 500～2 000	10	1	－9	15.0	0.9	14.1	0.014 3	0.000 3	0.014 0
	2 000～2 500	5	1	－4	9.3	2.8	6.5	0.012 2	0.000 6	0.011 6
	2 500～3 000	1	0	－1	2.7	0	2.7	0.004 8	0	0.004 8
	≥3 000	0	0	0	0	0	0	0	0	0

4）对非汛期水流过程的调节

从水库入出库流量过程可以看出：12 月～次年 3 月入库流量只有 300 m³/s 左右,水库补水较多;4～5 月的来水稍多,但水库仍以补水为主;6 月遇流量 1 000 m³/s 左右的小洪水则进行蓄水,遇小流量则泄水。经过调蓄,非汛期流量过程较均匀,大致在 500～1 000 m³/s。由此极大地改变了非汛期各月水量分配（见表 A-16）,入库水量各月悬殊很大,一般 12 月～次年 3 月占非汛期水量的 5%～8%,11 月和 4 月各占 15%,5、6 月各占 20% 左右;出库水量 11 月～次年 4 月每月各占 12%,5、6 月各占 15% 左右,各月变幅缩小。更主要的是冬 4 月（12 月～次年 3 月）水量大大增加,占全年水量的比例增大。龙羊峡水库入出库流量过程见图 A-28。

表 A-16　龙羊峡水库非汛期水量分配变化

| 月份 | 入库水量（亿 m³） | | | 出库水量（亿 m³） | | | 各月占非汛期（%） | | | | | |
| | | | | | | | 入库 | | | 出库 | | |
	1989 年（丰水年）	1992 年（平水年）	1991 年（枯水年）	1989 年（丰水年）	1992 年（平水年）	1991 年（枯水年）	1989 年	1992 年	1991 年	1989 年	1992 年	1991 年
11	16.5	10.3	10.2	13.7	14.1	19	18	12	14	9	11	17
12	8.5	5.2	5.5	12.1	18.5	9.2	9	6	8	8	15	8
1	6.8	4.6	3.9	17	14.8	18.2	7	5	6	12	12	17
2	6	4.3	3.6	16	15.8	10	6	5	5	11	13	9
3	7.6	6.3	4.9	18.2	13.6	9.6	8	7	7	13	11	9
4	9.4	12.6	9.5	17.2	13.1	10.4	10	15	14	12	10	10
5	18.7	18.8	12.1	27.8	16	14.7	21	21	17	19	13	13
6	18.9	25.7	20.8	23.4	19	18.3	21	29	29	16	15	17
合计	92.4	87.8	70.5	145.4	125	109.4	100	100	100	100	100	100

A.4.1.2　对河道水沙的影响

水库运用对其下游河道的影响非常深远,主要在于改变了河道的来水来沙条件,而上游干流河道首当其冲受影响最大。

1）改变年内水沙分配

水库调蓄使兰州以下河段汛期水量减少,非汛期水量增加,改变了年内水量分配。由表 A-17 可以看出,兰州—头道拐沿程各水文站天然情况下汛期水量占年水量的比例为 61%～63%,刘家峡单库运用期间降为 52%～54%,龙羊峡和刘家峡联合运用后下降到 36%～42%。

水库蓄水拦沙使得沙量在年内分配也相应发生变化。天然情况下兰州—头道拐汛期沙量占年沙量的比例为 81%～87%（见表 A-18）,刘家峡单库运用

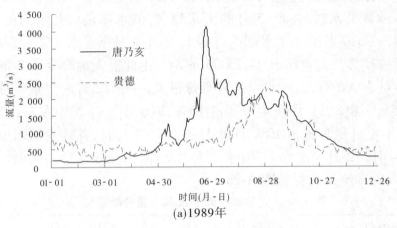

(a)1989年

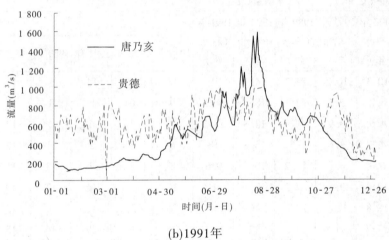

(b)1991年

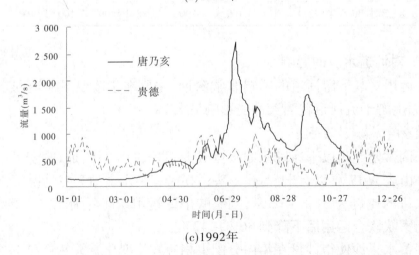

(c)1992年

图 A-28　龙羊峡水库入出库流量过程

表 A-17　不同时期兰州—头道拐主要水文站水量情况（单位:亿 m³）

水文站	项目	时段(年-月)				
		1950-11 ~ 1968-10	1968-11 ~ 1986-10	1986-11 ~ 1999-10	1999-11 ~ 2005-10	1986-11 ~ 2005-10
兰州	汛期	210.34	170.59	111.36	101.76	108.33
	运用年	344.73	326.86	264.55	246.34	258.80
	汛期/运用年(%)	61	52	42	41	42
安宁渡	汛期	214.73	168.68	111.39	94.92	106.19
	运用年	346.95	320.71	262.22	227.84	251.37
	汛期/运用年(%)	62	53	42	42	42
下河沿	汛期	211.38	171.65	107.75	92.54	102.95
	运用年	341.98	324.01	253.80	221.80	243.69
	汛期/运用年(%)	62	53	42	42	42
巴彦高勒	汛期	182.24	124.50	59.09	44.95	54.63
	运用年	289.60	234.73	159.33	130.43	150.20
	汛期/运用年(%)	63	53	37	34	36
头道拐	汛期	167.12	129.86	64.60	44.19	58.15
	运用年	267.28	239.15	162.48	127.73	151.50
	汛期/运用年(%)	63	54	40	35	38

表 A-18　不同时期兰州—头道拐主要水文站沙量情况　（单位:亿 t）

水文站	项目	时段(年-月)				
		1950-11 ~ 1968-10	1968-11 ~ 1986-10	1986-11 ~ 1999-10	1999-11 ~ 2005-10	1986-11 ~ 2005-10
兰州	汛期	1.032	0.426	0.399	0.163	0.324
	运用年	1.217	0.501	0.506	0.229	0.419
	汛期/运用年(%)	85	85	79	71	77
安宁渡	汛期	1.849	0.871	0.757	0.292	0.610
	运用年	2.133	1.058	0.956	0.429	0.789
	汛期/运用年(%)	87	82	79	68	77
下河沿	汛期	1.885	0.910	0.699	0.298	0.572
	运用年	2.163	1.089	0.877	0.424	0.734
	汛期/运用年(%)	87	84	80	70	78
巴彦高勒	汛期	1.658	0.630	0.434	0.258	0.379
	运用年	1.960	0.834	0.703	0.527	0.647
	汛期/运用年(%)	85	76	62	49	58
头道拐	汛期	1.454	0.868	0.280	0.139	0.235
	运用年	1.786	1.103	0.444	0.272	0.390
	汛期/运用年(%)	81	79	63	51	60

期间降为76% ~85%,两库运用期间进一步下降到58% ~78%。汛期水量占年水量比例下降幅度大于沙量。

2)汛期小流量级历时增加,大流量级历时减少

从汛期小于某流量级的历时图可以看出(见图A-29),随着刘家峡水库和龙羊峡水库相继投入运用,兰州、安宁渡、巴彦高勒和头道拐汛期大流量级减少,小流量级明显增加。如兰州(见图A-29(a))水库运用前(1956 ~ 1968年),汛期小于2 000 m³/s流量级历时仅69 d,刘家峡单库运用期间(1968 ~ 1986年)增加到92 d,龙羊峡和刘家峡联合运用后(1987 ~ 2005年)增加到114 d,该流量级占汛期历时的比例也由56%提高到97%。头道拐(见图A-29(d))汛期小于1 000 m³/s流量级历时由1956 ~ 1968年的38 d增加到1987 ~ 2005年的108 d,该流量级占汛期历时的比例由31%增加到56%;而大于2 000 m³/s流量级历时由32 d降低到仅目前的2 d,该流量级占汛期历时由26%减少到1.6%。

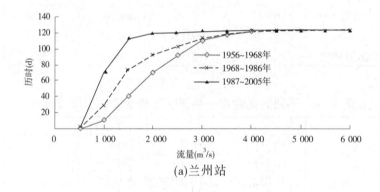

(a)兰州站

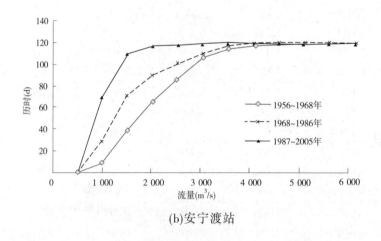

(b)安宁渡站

图 A-29 汛期小于某流量级的历时图

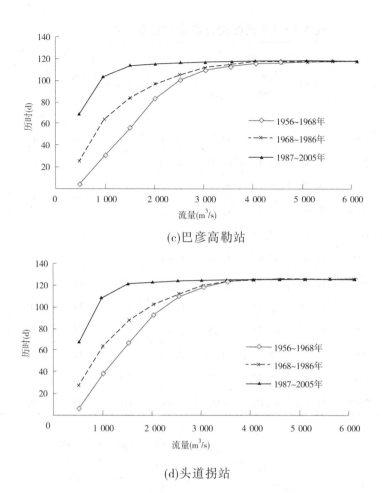

(c)巴彦高勒站

(d)头道拐站

续图 A-29

统计不同时期汛期各流量级的水量情况(见表 A-19),可以看出兰州到头道拐沿程水量变化趋势基本一致。小于 1 000 m³/s 流量级的水量占汛期水量的比例由 3% ~14% 增加到 45% ~67%;而大于 3 000 m³/s 流量级的水量占汛期水量的比例由 12% ~20% 下降到 2% 左右。水库运用前的汛期水量主要集中在1 000 ~2 000 m³/s 流量级,1986 年后水量主要集中在 1 000 m³/s 流量级以下。

3)输送大沙量的流量级降低

计算汛期不同时期各级流量下的输沙量(见图 A-30),可以看出由于水库调节,水沙搭配发生变化,刘家峡和龙羊峡两库运用后与水库运用前相比,输沙量最大对应的流量明显减小。如兰州和安宁渡水库运用前输沙量最大的流量为 2 750 m³/s,两库运用后减小到 1 250 m³/s,减少幅度 55%;巴彦高勒和头道拐输沙量最大的流量也由 1 750 m³/s 减小到仅 750 m³/s,减少幅度为 57%。

表 A-19　不同时期各流量级水量情况

水文站	时段(年)	流量级水量(亿 m³)				水量占汛期水量比例(%)			
		<1 000 m³/s	1 000~2 000 m³/s	2 000~3 000 m³/s	>3 000 m³/s	<1 000 m³/s	1 000~2 000 m³/s	2 000~3 000 m³/s	>3 000 m³/s
兰州	1956~1968	7.34	75.83	85.49	41.96	3	36	41	20
	1968~1986	20.19	74.12	43.31	32.74	12	44	25	19
	1987~2005	49.28	51.81	5.54	1.71	45	48	5	2
安宁渡	1956~1968	7.79	73.18	82.88	51.04	4	34	39	24
	1968~1986	21.52	72.51	42.78	31.83	13	43	25	19
	1987~2005	51.31	47.67	6.50	0.99	48	45	6	1
巴彦高勒	1956~1968	19.88	72.17	58.32	26.65	11	41	33	15
	1968~1986	32.29	42.15	31.84	18.22	26	34	26	15
	1987~2005	37.63	12.55	4.28	0	69	23	8	0
头道拐	1956~1968	22.74	66.79	54.83	19.18	14	41	34	12
	1968~1986	29.79	46.39	30.89	21.70	23	36	24	17
	1987~2005	38.96	14.07	4.91	0.14	67	24	8	0

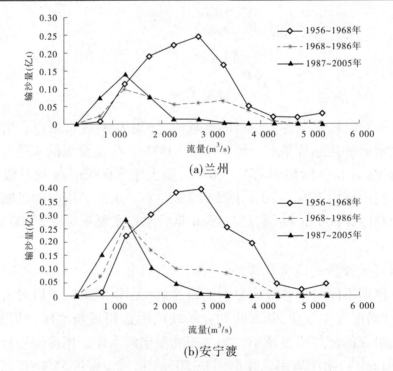

(a)兰州

(b)安宁渡

图 A-30　汛期各级流量下输沙量

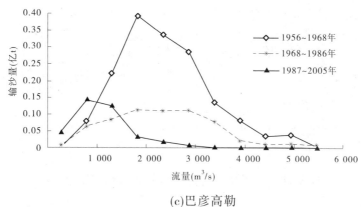

(c)巴彦高勒

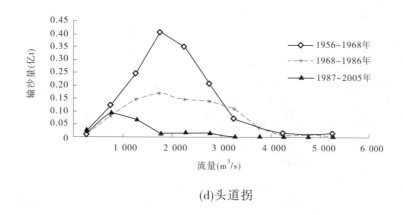

(d)头道拐

续图 A-30

4)削减洪峰

点绘兰州和头道拐历年最大日均流量过程线(见图 A-31),可以看出两库联合运用以后,最大日均流量明显减小。水库运用前最大日均流量兰州平均值为 3 599 m³/s,而两库运用后平均值为 1 758 m³/s,减少 51%;水库运用前头道拐平均值为 3 981 m³/s,而两库运用后平均值为 2 247 m³/s,减少 43%。

在兰州汛期洪水过程的基础上,还原水库的调蓄量,得到还原后的兰州站洪峰日均流量,点绘兰州实测与还原最大日均流量的关系(见图 A-32),可以看出水库削峰影响十分显著。根据还原成果统计,刘家峡水库单库运用期间,水库削峰使得兰州日均洪峰流量平均减少 15%,最大减少 44%(1971 年);龙羊峡水库和刘家峡水库联合运用期间(55 次洪水),兰州日均洪峰流量平均减少 28%,最大减少 57%(2005 年)。两库联合运用削峰的幅度明显大于刘家

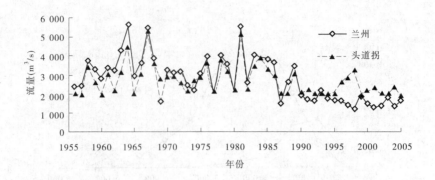

图 A-31　兰州和头道拐历年最大日均流量过程线

峡单库运用。

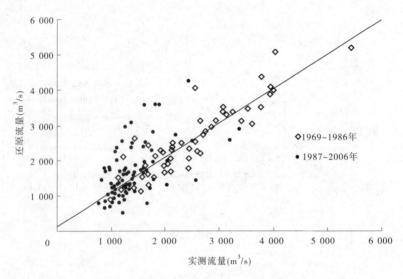

图 A-32　水库运用对兰州洪峰流量的影响

5）减少洪量

统计 1956～2004 年汛期上游洪水 178 次。其中刘家峡单库运用期 61 次洪水有 54 次被拦蓄,两库联合运用期 74 次洪水有 56 次被拦蓄。刘家峡水库单库蓄水量占兰州洪量 10% 以下的 15 次(见表 A-20),占 10%～30% 的 27次,30%～50% 的 7 次,50%～100% 的 5 次,经过沿程变化,巴彦高勒和头道拐则是蓄水量占水文站水量小于 50% 的次数减少,大于 50% 的次数增加;两库运用蓄水量占兰州洪量 10% 以下的 5 次,10%～30% 的 16 次,30%～50%的 14 次,50%～100% 的 11 次,超过 100% 的 10 次,安宁渡和下河沿变化趋势与兰州基本一致,而巴彦高勒和头道拐则是小于 50% 的次数减少,大于 50%的次数增加,特别是大于 100% 的次数增加一倍多。

表 A-20　　汛期水库蓄水对沿程水文站洪量的影响 　　（单位:次）

项目		兰州	安宁渡	下河沿	巴彦高勒	头道拐
刘家峡单库蓄水量占实测洪量比例	0～10%	15	14	15	12	12
	10%～30%	27	28	27	26	25
	30%～50%	7	7	7	5	6
	50%～100%	5	5	5	9	9
	大于100%				2	2
	合计	54	54	54	54	54
两库蓄水量占实测洪量比例	0～10%	5	5	5	2	2
	10%～30%	16	16	15	5	3
	30%～50%	14	16	13	11	14
	50%～100%	11	11	13	13	13
	大于100%	10	8	10	25	24
	合计	56	56	56	56	56

1968～1986 年水库运用平均削减兰州洪量的 20%。点绘刘家峡入库洪量与兰州、头道拐的实测洪量以及与还原水库蓄水量后洪量的相关关系(见图 A-33、图 A-34),可以看出相同入库洪量条件下各站实测洪量均小于还原后洪量。在入库洪量相同条件下,兰州洪量主要受水库调节量的影响,随着入库水量增加,水库影响量也增加,当入库水量达到 30 亿 m^3 后,水库蓄水量对兰州洪量的影响比例基本稳定在 12% 左右。而头道拐洪量,除受水库影响外,还有宁蒙河道灌溉引水的影响,实测洪量与还原洪量相差较大。

同样分析 1986 年后龙羊峡和刘家峡联合运用对各站洪量影响量,点绘入库洪量与兰州、头道拐的实测洪量相关以及与还原水库蓄水量后洪量的相关图(见图 A-35、图 A-36),可以看出,两库联调各站实测洪量较还原后洪量的减少幅度远大于刘家峡单库运用期,当入库水量达到 60 亿 m^3 后,水库蓄水量对兰州实测洪量的影响比例基本稳定在 40% 左右。

A.4.1.3　对河道调整的影响

1)增加年内淤积量

宁蒙河道通过边界塑造与水沙搭配的相互适应,达到输送大部分来沙的输沙能力,因而河道长时期维持微淤的状态。汛期是宁蒙河道的主要来沙期,此时由于有洪水,水量、尤其是流量较大,"大水带大沙"的自然水沙搭配是比较协调的;而非汛期来沙很少,而来水也偏少,"小水带小沙"的水沙搭配也是

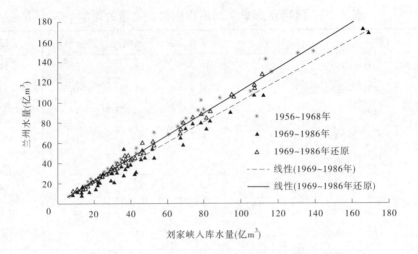

图 A-33　刘家峡单库运用对兰州洪量的影响

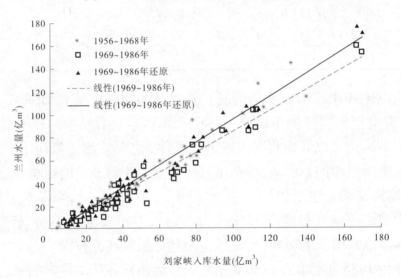

图 A-34　刘家峡单库运用对头道拐洪量的影响

比较协调的,都不会引起河道严重淤积,但是具有多年调节能力的大型水库完全改变了水量的年内分配,正如前部分所述,汛期将大流量过程(洪水)拦蓄、削减,全部调节成小流量过程出库,因此导致在支流来沙多的时段水量减少,流量降低,不足以将来沙输走;而非汛期水库补水运用,这一时段一是基本无来沙可输送,二是即使增加部分水量,河道的水流量级还是偏小,难以实现冲刷将前期淤积的沙量冲走,可以说这部分水库增水对输沙和河道调整来说是浪费了。大型水库的调节引起水沙搭配不协调是河道淤积加重的一个重要原因。

　　例如,1989 年三湖河口—头道拐河段,由于支流来沙较多,加之汛期龙羊

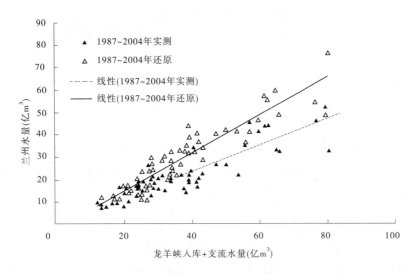

图 A-35　刘家峡水库和龙羊峡水库运用对兰州洪量的影响

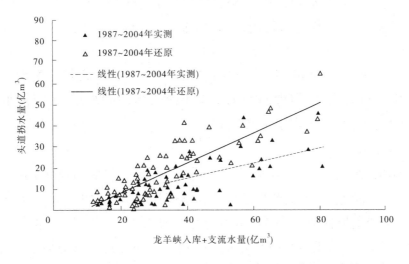

图 A-36　刘家峡水库和龙羊峡水库运用对头道拐洪量的影响

峡水库削减洪峰,龙羊峡水库入库站(唐乃亥站)入库洪峰流量为 4 840 m^3/s,而出库站(贵德站)流量仅为 770 m^3/s,削峰比高达 84.1%。使得三湖河口—头道拐河段汛期淤积量较大,达到 1.16 亿 t。该年 7 月份毛不浪孔兑、西柳沟、罕台川总共来水 1.72 亿 m^3(见表 A-21),占干流三湖河口来水量的 8.2%;而三条支流来沙量为 1.212 亿 t,是三湖河口同期来沙量的 13.9 倍。在此水沙条件下内蒙古三湖河口—头道拐河段 7 月份的来沙系数为 0.068 $kg \cdot s/m^6$。该时期龙羊峡、刘家峡两库蓄水量为 49.63 亿 m^3,拦沙量为 0.307 亿 t,初步估算若无水库蓄水拦沙,则河道来沙系数大为降低,减小到 0.008 $kg \cdot s/m^6$。

表 A-21　1989 年 7 月内蒙古河道支流水沙情况

河名	来水量（亿 m³）	来沙量（亿 t）	支流来水来沙总量	
			来水量（亿 m³）	来沙量（亿 t）
毛不浪孔兑	0.648	0.669		
西柳沟	0.748	0.475	1.720	1.212
罕台川	0.324	0.069		

以往由于资料问题以及关注程度的不够,对有关龙羊峡、刘家峡水库运用对河道的影响方面的研究多为定性,仅在"八五"国家攻关项目中运用数学模型计算了对黄河下游河道的定量影响,目前的研究还缺少对宁蒙河道影响的定量成果。"黄河干流水库调水调沙关键技术研究与龙羊峡、刘家峡水库运用方式调整研究"项目组还原三湖河口站的兰州站水量影响水库所能挟带的沙量,粗略说明水库对河道粗沙的影响,其结果为:1989 年 7 月 7 日~9 月 20 日还原兰州径流量比实测兰州径流量多 47 亿 m³,三湖河口站可多挟带输沙约 1 亿 t;1996 年 6 月 18 日~9 月 30 日还原兰州径流量百分比实测兰州径流量多 20 亿 m³,三湖河口站可多挟带输沙约 0.2 亿 t。这一成果的精确性有待更全面的分析计算去论证,但说明如果水库不调蓄汛期的水量,宁蒙河道能够输送走更多的泥沙,河道淤积也会相应减轻。

2)影响滩槽分配

水库削减洪峰的另一个影响方面是减少了漫滩洪水的发生几率,据已有分析表明,宁蒙河道的漫滩洪水有淤滩刷槽作用,而漫滩洪水减少势必减少滩地淤积量,减少主槽冲刷的机会,也就是增加了主槽的淤积量,这也是近期主槽淤积量占全断面淤积量百分比偏高的一个主要原因。它的影响更主要地体现在减少滩槽高差,降低主槽的泄洪能力,减少平滩流量,致使凌灾频发。

3)加重干支流汇合口局部河道淤堵

内蒙古河段支流孔兑常发生高含沙洪水,当支流高含沙洪水入黄时,会出现形成沙坝淤堵黄河干流的现象,1961 年、1966 年均出现过,但干流汛期流量较大,淤堵不会很严重,而且即使形成也会在不长的时间里被后续大流量冲开、带走,但是水库运用后如果适逢干流削峰,流量减小,稀释支流高含沙洪水的能力减弱,则一是增大了形成沙坝淤堵黄河的可能性及程度,二是增长了淤堵的时间。

1989 年 7 月 21 日西柳沟发生 6 940 m³/s 洪水,径流量 0.735 亿 m³,沙量 0.474 亿 t,实测最大含沙量 1 240 kg/m³,黄河流量在 1 000 m³/s 左右,来沙在

入黄口处形成长 600 多 m、宽约 7 km、高 5 m 多的沙坝,堆积泥沙约 3 000 t,使支流河口上游 1.5 km 处的昭君坟站同流量水位猛涨 2.18 m,超过 1981 年 5 450 m^3/s 洪水位 0.52 m,造成包钢 3 号取水口 1 000 m 长管道淤死,4 座辐射沉淀池管道全部淤塞,严重影响对包头市和包钢供水。8 月 15 日主槽全部冲开,水位恢复正常。这次洪水黄河上游来水较丰,入库流量为 2 300 m^3/s,出库流量只有 700 m^3/s,加重了河道淤堵。

1988 年 7 月 5 日,西柳沟出现流量 1 600 m^3/s 高含沙洪水,黄河流量只有 100 m^3/s,西柳沟洪水淤堵黄河,在包钢取水口附近形成沙坝,取水口全部堵塞。7 月 12 日,西柳沟再次出现流量 2 000 m^3/s 高含沙洪水,黄河流量 400 m^3/s 左右,西柳沟洪水在入黄河处形成长 10 余 km 沙坝,河床抬高 6~7 m,包钢取水口又一次严重堵塞,正常取水中断。

4) 削减河道长时期冲淤调整的能力

宁蒙河道的来水来沙特点不仅是水沙异源,还具有时空分布不均的特点,水量来自兰州以上,沙量来自兰州以下祖厉河、清水河及内蒙古的十大孔兑,水量来源地区与沙量来源地区的气候特征不同,降雨不同,水沙并不一定同丰枯,因此水沙关系在每一年内并不一定能够较好地搭配,一些年份河道会出现淤积较多。有研究表明,1958 年、1959 年等几年支流来沙较多,河道淤积量(沙量平衡法)分别在 2 亿 t 左右,但是在后期水多沙少有大洪水的年份会将淤积物冲走,河道得以在长时期内维持微淤。具有多年调节能力的大型水库削峰蓄水能力强,能够多年拦蓄洪水,如龙羊峡水库 1986 年 10 月运用 19 年直到 2005 年 11 月 19 日蓄水位才首次接近正常蓄水位(2 600 m),达到 2 597.60 m,因此水库下游多年难有较大的洪水过程,这样即使在来沙少的年份也只能输沙而不能冲沙,河道在长时期内调整能力也丧失了。

A.4.2 上游降雨和天然径流量变化的影响

汛期黄河上游降雨偏少(见表 A-22),兰州以上 1990~2004 年平均降雨量为 458.3 mm,比多年均值(1956~1989 年)偏少 6.2%,兰州—头道拐区间 1990~2004 年平均降雨量为 256.5 mm,比多年均值偏少 2.4%。

降雨减少引起天然径流量的减少(见表 A-23)。1990~2004 年兰州、头道拐站年均天然径流量分别仅为 274.3 亿 m^3、271.0 亿 m^3,与多年均值相比偏少 21.6% 和 23.2%。实测径流量分别为 252.5 亿 m^3、145.8 亿 m^3,与多年均值相比减少 23.6% 和 40% 左右。对比天然径流量和实测径流量的偏少比例可见,天然径流量的减少对兰州来水影响较大,天然径流量减少和实测径流量偏少比例相近。对头道拐来说,实测径流量还受灌溉引水的影响。

表 A-22　降雨量各时段比较

项目	时段(年)	兰州以上	兰州—头道拐
降雨量(mm)	1990~2004①	458.3	256.5
	1956~1989②	488.6	262.7
	(①-②)/②	-6.2%	-2.4%

表 A-23　天然径流量和实测径流量的比较

时段(年)	兰州				头道拐			
	天然径流量(亿 m³)	实测径流量(亿 m³)	减少量(%)		天然径流量(亿 m³)	实测径流量(亿 m³)	减少量(%)	
			天然	实测			天然	实测
1956~1989	350	330.3	21.6	23.6	353	243.7	23.2	40
1990~2004	274.3	252.5			271.0	145.8		

A.4.3　引水量变化的影响

内蒙古河套灌区是我国具有悠久历史的特大型古老灌区之一,始建于秦汉,历代兴衰交替,新中国成立后获得跨越式发展。石嘴山—三湖河口河段主要有河套灌区、鄂尔多斯市西部灌区和磴口县灌区,农业耗水量大,占整个区间耗水量的90%。三湖河口—头道拐河段主要为扬水灌溉区,较大的扬水灌溉区有北岸磴口,南岸鄂尔多斯市达拉特旗扬水灌区。

根据实测资料情况,主要分析 4 个引水渠的引水情况,即宁夏河段的秦渠、汉渠、唐徕渠以及内蒙古河段的巴彦高勒总干渠。从宁蒙河道历年引水量变化可以看出(见图 A-37),1961~2003 年平均引水 114.6 亿 m³,但各年份之间年引水量相差悬殊,1999 年引水量最大,为 139.2 亿 m³,1961 年引水量最小,为 79.45 亿 m³,最大值是最小值的 1.75 倍。从引水量的时段变化来看,1968 年后引水量逐渐增加,1968~1986 年年均引水量 118.9 亿 m³,是 1961~1967 年年均引水量的 1.31 倍,1987~2003 年年均引水量 119.9 亿 m³,是 1961~1967 年年均引水量的 1.33 倍。但引沙量变化不大,年均引沙量基本稳定在 0.3 亿 t 左右,这与河道来水含沙量和河道冲淤调整有关。

宁蒙河道汛期引水量占年水量的比例约为 54%(见表 A-24),非汛期引水量占年水量的比例约为 46%,而引沙量主要集中在汛期,汛期引沙量占年引沙量的 83% 左右。

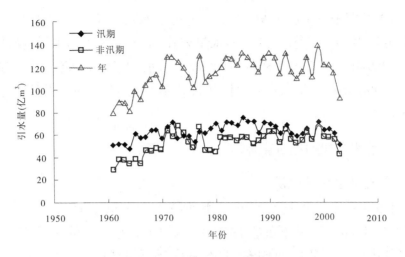

图 A-37　宁蒙河道引水量变化

表 A-24　宁蒙河道汛期、年引水引沙量统计

时段（年）	汛期		年		汛期/年（%）	
	引水量（亿 m³）	引沙量（亿 t）	引水量（亿 m³）	引沙量（亿 t）	引水量	引沙量
1961 ~ 1967	53.9	0.285	90.4	0.346	59.6	82.2
1968 ~ 1986	64.5	0.254	118.9	0.304	54.3	83.7
1987 ~ 2003	63.4	0.312	119.9	0.334	52.8	93.4
1961 ~ 2003	62.3	0.267	114.6	0.323	54.4	82.7

由表 A-25 宁蒙河道汛期、非汛期引水量占来水量的比例可以看出，引水对河道水沙条件的影响很大，汛期多年平均引水量占来水量的比例为39.4%，而且1986年以后由于来水量偏低，这一影响更大，1987 ~ 2003 年汛期引水量占来水量的比例达到58.5%，非汛期引水量也占来水量的37.7%。汛期为主要来沙时期，大量引水对河道输沙的影响尤其大，与水库削峰一起降低河道输沙能力，加重河道淤积。

表 A-25　宁蒙河道汛期、非汛期引水量占来水量的比例

时段（年）	汛期			非汛期		
	来水量（亿 m³）	引水量（亿 m³）	引水量占来水量比例（%）	来水量（亿 m³）	引水量（亿 m³）	引水量占来水量比例（%）
1961 ~ 1967	239.4	53.9	22.5	142.0	36.5	25.7
1968 ~ 1986	173.2	64.5	37.3	158.5	54.3	34.3
1987 ~ 2003	108.2	63.4	58.5	150.2	56.6	37.7
1961 ~ 2003	158.3	62.3	39.4	152.5	52.3	34.3

文献[23]对1989年和1996年汛期上游引水对河道输沙的影响进行了初步估算,研究以兰州—三湖河口区间水量差作为引水量,根据昭君坟站的输沙能力估算,1989年7月7日~9月20日若不引水31亿m³,昭君坟可多挟带输沙0.8亿t,1990年6月18日~9月30日若不引水34亿m³,昭君坟可多挟带输沙0.25亿t。

A.4.4 支流来沙变化的影响

A.4.4.1 支流来水来沙概况

宁蒙河段来水来沙也具有水沙异源的特点。水量主要来自于兰州以上,而沙量则主要来自兰州以下的多沙支流。其中较为主要的多沙支流有祖厉河、清水河及内蒙古河段的西柳沟、毛不浪孔兑、罕台川等十大孔兑。

1)祖厉河

祖厉河是黄河上游的一级支流,发源于通渭县华家岭,由南向北流,于靖远县附近入黄河,干流长224 km,流域面积1.07万 km²。其中72%为黄土丘陵沟壑区,沟深坡陡,割切严重,另有26%为黄土塬区,由于该流域大部分被黄土覆盖,植被差,降水量少而集中,水土流失十分严重。

祖厉河是一条水少沙多的河流,据靖远站实测资料统计,祖厉河多年平均水量为1.18亿 m³,年均输沙0.507亿t,多年年均含沙量为431 kg/m³,而且年际间水沙量变化较大(见图A-38),最大年水量为3.01亿 m³(1964年),最小年水量为0.38亿 m³(1975年),最大是最小的7.8倍;最大年沙量为1.800亿t(1959年),最小为0.088亿t(2003年),最大是最小的20.5倍。

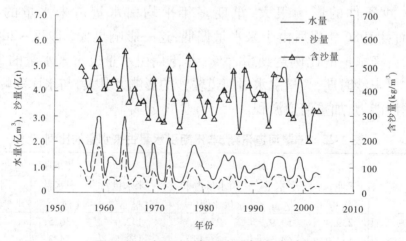

图 A-38 祖厉河靖远站历年水沙过程

祖厉河水沙的年内分配主要集中在汛期,多年平均(1955~2003年)汛期水沙量分别占年水沙量的 72.0% 和 82.8%（见表 A-26）。祖厉河年内水沙的分配更集中在洪水期，最大日均流量为 771 m³/s（1986 年），最大日均输沙率为 544 t/s。年际间汛期的水沙大起大落，是年水沙量变化的特点（见图 A-39、图 A-40），汛期最大、最小水量分别为 2.72 亿 m³ 和 0.097 亿 m³，最大是最小的 28 倍，汛期最大、最小沙量分别为 1.71 亿 t 和 0.013 亿 t，最大是最小的近 132 倍，而非汛期水沙相对平稳。

表 A-26　祖厉河水沙量统计

时段（年）	汛期		年		汛期占年比例（%）	
	水量（亿 m³）	沙量（亿 t）	水量（亿 m³）	沙量（亿 t）	水量	沙量
1955~1968	1.27	0.671	1.61	0.756	79.0	88.7
1969~1986	0.76	0.355	1.09	0.453	69.7	78.5
1987~2003	0.59	0.283	0.91	0.358	64.8	79.0
1955~2003	0.85	0.42	1.18	0.507	72.0	82.8

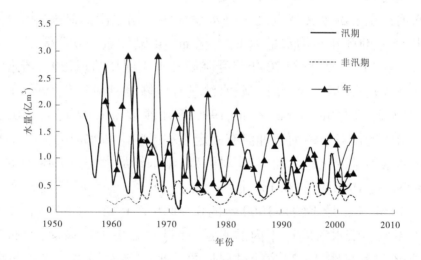

图 A-39　祖厉河靖远站水量年内分配变化过程

近期（1987~2003 年）年均水沙量与 1955~1968 年相比，水沙量分别减少 43.5% 和 52.6%。与刘家峡水库单库运用期间（1969~1986 年）相比，水沙量分别减少 16.5% 和 21%，并且沙量减幅大于水量减幅。

2）清水河

清水河发源于六盘山北端东麓固原县南部开城黑刺沟脑，由中宁县泉眼山注入黄河，是宁夏回族自治区境内直接入黄的第一大支流，干流长 320 km，流域面积 14 481 km²，其中 93% 的面积在宁夏，东部及西部边缘部分在甘肃。

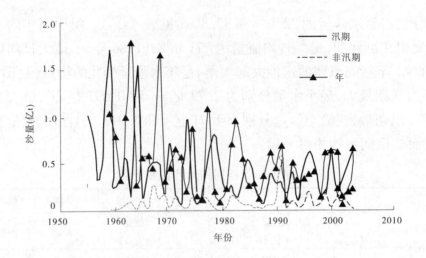

图 A-40　祖厉河靖远站沙量年内分配变化过程

流域东邻泾河,西南与渭河分水,西南高东北低。流域中黄土丘陵沟壑区的面积占总面积的 82%,植被差,水土流失严重。

清水河最主要的水文特点之一是水少沙多。据泉眼山站实测资料统计,清水河 1955～2003 年年均水量为 1.16 亿 m^3,年输沙量为 0.293 亿 t,年均含沙量为 252 kg/ m^3。20 世纪 70 年代受降雨及水土保持治理影响,清水河入黄水沙量都减少较多;但 1986 年以来,水沙量有所恢复,1995 年、1996 年来水量较大,分别为 2.13 亿 m^3、2.45 亿 m^3,1996 年来沙量为 1.04 亿 t,居历史第二位。水沙量的增加对宁蒙河道冲淤有一定不利影响。清水河的另一个水文特点是年际间水沙量变化起伏较大,丰枯悬殊,年水量最大的是 1964 年的 3.711 亿 m^3,最小的是 1960 年的 0.131 亿 m^3,相差 28 倍;清水河年最大来沙量为 1.22 亿 t(1958 年),最小的是 1960 年的 0.000 8 亿 t,相差 1 525 倍,年水沙量过程见图 A-41。清水河同样年内的水量、沙量主要集中在汛期,沙的集中程度更高,径流过程见图 A-42,输沙过程见图 A-43。清水河多年平均汛期水沙量分别为 0.85 亿 m^3 和 0.268 亿 t,分别占年均水沙量的 73.3% 和 92.1%(见表 A-27),非汛期中各月的泥沙量都很小,水沙的年过程与汛期过程基本一致,说明年的起落过程决定于汛期的洪水。

近期年均水沙量(1987～2003 年)与 1955～1968 年相比,水量减少 14.1%,而沙量增加 26.5%,并且水沙量变化主要集中在汛期,汛期水量减少 13.4%,沙量增加 24.8%。与刘家峡水库单库运用期间相比,年均水沙量分别增加 62% 和 117.8%,沙量增幅大于水量增幅。

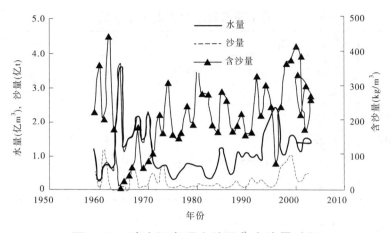

图 A-41 清水河泉眼山站历年水沙量过程

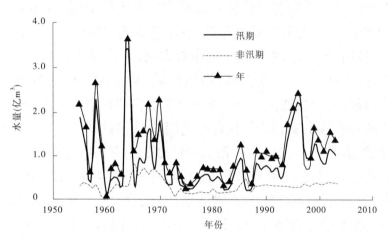

图 A-42 清水河站年内水量过程

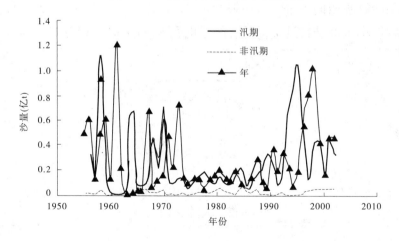

图 A-43 清水河站年内沙量过程

表 A-27 清水河汛期水沙量占年水沙量的比例

时段（年）	汛期		年		汛期占年比例（%）	
	水量（亿 m³）	沙量（亿 t）	水量（亿 m³）	沙量（亿 t）	水量	沙量
1955~1968	1.12	0.294	1.49	0.310	75.2	94.7
1969~1986	0.53	0.154	0.79	0.180	67.1	85.7
1987~2003	0.97	0.367	1.28	0.392	75.8	93.6
1955~2003	0.85	0.268	1.16	0.291	73.3	92.1

3）内蒙古十大孔兑

内蒙古十大孔兑是指黄河内蒙古河段右岸较大的 10 条直接入黄支沟（见图 A-44），从西向东依次为毛不浪孔兑、卜尔色太沟、黑赖沟、西柳沟、罕台川、壕庆河、哈什拉川、木哈尔河、东柳沟、呼斯太河，是内蒙古河段的主要产沙支流。十大孔兑发源于鄂尔多斯台地，河短坡陡，从南向北汇入黄河，十大孔兑上游为丘陵沟壑区，中部通过库布齐沙漠，下游为冲积平原。实测资料中只有三大孔兑的部分水沙资料，即毛不浪孔兑图格日格站（官长井）、西柳沟龙头拐站、罕台川红塔沟站（瓦窑、响沙湾）。十大孔兑所在区域干旱少雨，降雨主要以暴雨形式出现，7、8 月份经常出现暴雨，上游发生特大暴雨时，形成洪峰高、洪量小、陡涨陡落的高含沙量的洪水（见表 A-28），含沙量最高达 1 550 kg/m³。如西柳沟 1966 年 8 月 12 日发生的洪水过程（见图 A-45），毛不浪孔兑和西柳沟 1989 年 7 月 21 日发生的洪水过程（见图 A-46、图 A-47），三大孔兑的洪水和沙峰涨落时间很短，一般只有 10 h 左右。洪水挟带大量泥沙入黄，汇入黄河后遇小水时造成干流淤积，严重时可短期淤堵河口附近干流河道，1961

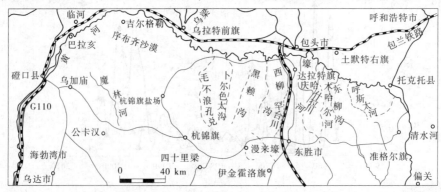

图 A-44 库布齐十大孔兑位置图

年、1966年、1989年都发生这种情况,以1989年7月洪水最为严重。

表 A-28　十大孔兑高含沙洪水

时间(年-月-日)	河流	洪峰流量(m³/s)	最大含沙量(kg/m³)
1961-08-21	西柳沟	3 180	1 200
1966-08-13	西柳沟	3 660	1 380
1973-07-17	西柳沟	3 620	1 550
1989-07-21	西柳沟	6 940	1 240
1989-07-21	罕台川	3 090	
1989-07-21	毛不浪孔兑	5 600	1 500

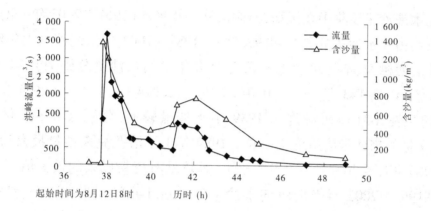

图 A-45　1966年8月12日西柳沟发生的洪水过程线

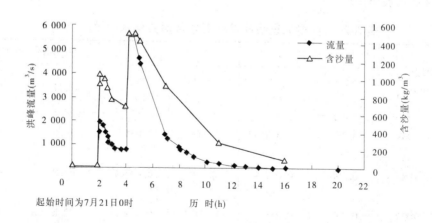

图 A-46　1989年7月21日毛不浪孔兑发生的洪水过程线

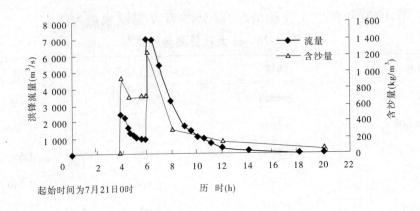

起始时间为7月21日0时   历 时(h)

图 A-47　1989 年 7 月 21 日西柳沟发生的洪水过程线

　　来水来沙主要集中在汛期,西柳沟站多年平均(1961～2003 年)汛期水沙量分别约占年水沙量的 71% 和 97.8%。1987～2003 年汛期沙量占年沙量的 98.5%。西柳沟、罕台川和毛不浪孔兑多年平均水沙量分别为 0.31 亿 m^3、0.105 亿 m^3、0.143 亿 m^3 和 0.044 5 亿 t、0.014 09 亿 t、0.046 4 亿 t(见表 A-29～表 A-31),西柳沟站 1989 年水沙量较大,分别为 0.841 亿 m^3 和 0.474 9 亿 t,来沙量居历史第一位。1989 年毛不浪孔兑来沙量最大为 0.714 亿 t,1989 年罕台川来沙 0.069 7 亿 t,是该站有资料以来的最大值。毛不浪孔兑站1961～2003 年平均汛期水沙量分别占年水沙量的 92.3% 和 98.1%(见表 A-30),罕台川站 1985～2003 年汛期水沙量分别占年水沙量的 99% 和 99.8 %(见表 A-31)。

表 A-29　西柳沟龙头拐站汛期水沙量占年水沙量的比例

时段 (年)	汛期		年		汛期占年比例(%)	
	水量 (亿 m^3)	沙量 (亿 t)	水量 (亿 m^3)	沙量 (亿 t)	水量	沙量
1961～1968	0.257	0.038 2	0.364	0.038 8	70.6	98.5
1969～1986	0.196	0.032 4	0.289	0.033 4	67.8	97.0
1987～2003	0.230	0.058 3	0.321 7	0.059 1	72.6	98.6
1961～2003	0.221	0.043 7	0.314	0.044 5	70.4	98.2

表 A-30　毛不浪孔兑图格日格站汛期水沙量占年水沙量的比例

时段 （年）	汛期		年		汛期占年比例（%）	
	水量 （亿 m³）	沙量 （亿 t）	水量 （亿 m³）	沙量 （亿 t）	水量	沙量
1961～1968	0.091 9	0.027 27	0.092 3	0.027 29	99.6	99.9
1969～1986	0.094	0.023 2	0.098	0.023 24	95.9	99.8
1987～2003	0.192	0.077 6	0.215	0.080 0	89.3	97.0
1961～2003	0.132	0.045 5	0.143	0.046 4	92.3	98.1

表 A-31　罕台川红塔沟站汛期水沙量占年水沙量的比例

时段 （年）	汛期		年		汛期占年比例（%）	
	水量 （亿 m³）	沙量 （亿 t）	水量 （亿 m³）	沙量 （亿 t）	水量	沙量
1985～2003	0.104	0.014 06	0.105	0.014 09	99	99.8

十大孔兑汛期来沙主要集中在洪水过程（见表 A-32）；并且洪水发生的时间都在 7 月下旬至 8 月上旬，以西柳沟为例，一次洪水沙量就能占年沙量的99.8%。

表 A-32　西柳沟一次洪水沙量占年沙量的比例

洪水时间 （年-月-日）	洪水沙量 （万 t）	年沙量 （万 t）	洪水沙量占 年沙量的 比例（%）	洪水时间 （年-月-日）	洪水沙量 （万 t）	年沙量 （万 t）	洪水沙量占 年沙量的 比例（%）
1961-08-21	2 968	3 317	89.5	1979-08-12	406	454	89.4
1966-08-13	1 656	1 756	94.3	1981-07-01	223	495	45.1
1971-08-31	217	244	88.9	1982-09-26	257	318	80.8
1973-07-17	1 090	1 313	83.0	1984-08-09	347	436	79.6
1975-08-11	96.8	279	34.7	1985-08-24	108	158	68.4
1976-08-02	460	898	51.2	1989-07-21	4 740	4 749	99.8
1978-08-30	292	638	45.8				

近期三大孔兑年均水沙量与 1961～1968 年相比，西柳沟龙头拐站的水量减少 11.1%，而沙量增加 52.3%；与 1969～1986 年相比，水沙量分别增加 10.3% 和 76.9%，沙量增加较多。而毛不浪孔兑图格日格站近期与前两个时段相比，水沙量增加较多，与 1961～1968 年相比，水沙量分别增加 133.3% 和

193%,与 1969～1986 年相比,水沙量分别增加 110% 和 244.8%。

A.4.4.2　近期支流总来沙量变化特点

粗略合计四条支流的水沙情况(见表 A-33),1990～2003 年支流来水量较前期 1970～1989 年有所增加,但只是稍有恢复,较 1960～1969 年减少 0.69 亿 m³,约占 20%;但沙量并未减少,还稍有增加。因此,支流来水来沙就更不协调,近期含沙量有所升高。

表 A-33　宁蒙河段各支流水文站实测水沙统计(运用年)

站名	时段(年)	径流量(亿 m³)			输沙量(亿 t)			含沙量(kg/m³)
		均值	与1970年前比较(%)	与1970～1989年比较(%)	均值	与1970年前比较(%)	与1970～1989年比较(%)	
祖厉河	1960～1969	1.442			0.615 4			426.9
	1970～1989	1.065	−26.2		0.445 7	−27.6		418.6
	1990～2003	0.932	−35.4	−12.5	0.365 5	−40.6	−18.0	392.2
清水河	1960～1969	1.519			0.208 7			137.4
	1970～1989	0.768	−49.4		0.182 9	−12.4		238.1
	1990～2003	1.379	−9.2	79.5	0.429 5	105.8	134.9	311.5
西柳沟(龙头拐)	1960～1969	0.351			0.034 8			99.3
	1970～1989	0.304	−13.3		0.055 6	59.6		182.8
	1990～2003	0.305	−13.2	0.2	0.035 0	0.6	−37.0	115.1
毛不浪孔兑(图格日格)	1960～1969	0.102			0.024 4			239.4
	1970～1989	0.137	34.3		0.061 0	149.9		444.4
	1990～2003	0.178	74.5	29.8	0.039 7	62.6	−34.9	222.8
四条支流总量	1961～1969	3.413			0.883			258.8
	1970～1989	2.274	−33.4		0.745	−15.6		327.7
	1990～2003	2.793	−18.2	22.9	0.870	−1.5	16.7	311.4

A.4.4.3　支流来沙与干流河道淤积的关系

支流的水沙以多发性暴雨洪水的方式进入干流,是造成宁蒙河段淤积的主要原因之一,两者之间具有较好的同步性(见图 A-48 和图 A-49)。一般情况下支流来沙大的年份,宁夏和内蒙古河段河道的淤积量较多,如 1970 年祖厉河和清水河共来沙 1.63 亿 t,是干流兰州站沙量的 2.1 倍,该年宁夏河道淤积 1.81 亿 t;1989 年三大孔兑(西柳沟、毛不浪孔兑、罕台川)来沙量 1.26 亿 t,是干流三湖河口站来沙量的 1.2 倍,该年内蒙古三湖河口—头道拐河段淤积 1.16 亿 t。

但支流来沙对干流河道淤积的影响还与干流来水条件密切相关,在干流来水量大的年份即使支流来沙量大也不会造成干流大量淤积。如 1984～

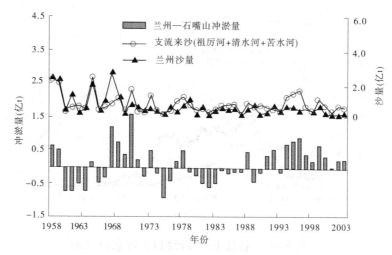

图 A-48　宁夏河道年冲淤量与支流来沙量情况

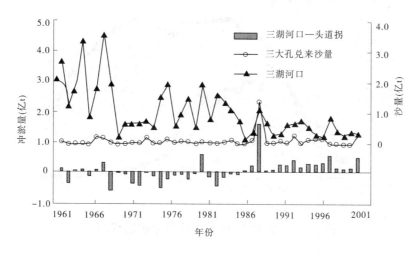

图 A-49　内蒙古河道年冲淤量与支流来沙量情况

1986 年三年支流年均来沙 0.8 亿 t,是干流年均来沙量的 1.48 倍,但这三年宁夏河道均冲刷,原因就在于这三年干流来水量较大,年均来水 346 亿 m^3,是兰州站多年平均水量的 1 倍多,因此尽管支流来沙量较大,但是经干流来水稀释,干流河道的来沙系数较小,所以河道淤积较少甚至冲刷。

本研究特别统计了多沙支流和头道拐站的主要来沙时间,可为上游综合治理提供参考。判别来沙时间的标准为多年日平均滑动累积 10 d、15 d 和 20 d 的最大沙量。图 A-50～图 A-52 为干流头道拐站、支流祖厉河、清水河、西柳沟、毛不浪孔兑、罕台川的入黄多年平均日平均滑动累积沙量图,由图可得到各站最大累积沙量的出现时间,并按水流传播时间换算为龙羊峡出库站贵德时间,见表 A-34。

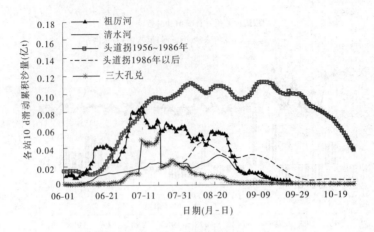

图 A-50　各站 10 d 滑动累积沙量过程图

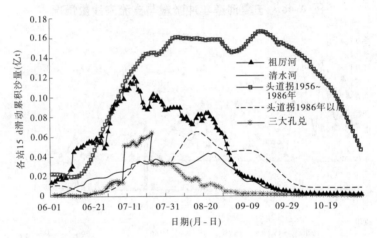

图 A-51　各站 15 d 滑动累积沙量过程图

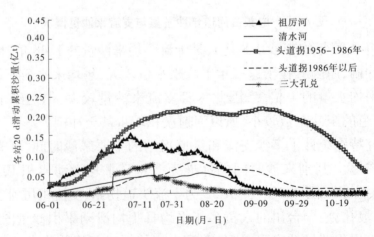

图 A-52　各站 20 d 滑动累积沙量过程图

表 A-34　各站滑动累积沙量最大出现时段（贵德站时间）

项目	至贵德时间(d)	累积 10 d（月-日）	累积 15 d（月-日）	累积 20 d（月-日）
祖厉河	2	07-10～19	07-10～24	07-08～27
清水河	3	08-19～28	08-17～31	08-12～31
十大孔兑	9	07-12～21	07-12～26	07-12～31
头道拐 1956～1986 年	10	07-28～08-06 09-04～13	07-24～08-07 09-01～15	07-30～08-18 09-01～20
头道拐 1986 年以后	10	08-02～11	08-02～16	07-31～08-19

总的看来，近期宁蒙河道淤积的主要原因是多方面的：

（1）兰州水文站以上降雨年均减少约 30 mm，约占多年平均降雨（1956～1999 年）的 6.2%，1990～2004 年天然径流量减少 76 亿 m^3，约占多年平均径流量（1956～1989 年）的 22%；而实测径流量减少约 80 亿 m^3，约占多年均值的 24%。

（2）1987～2003 年与 1961～1967 年相比，引水量增加 30 亿 m^3，引沙量变化不大。

（3）近期四条支流总水量减少 0.69 亿 m^3，约占 1970 年前的 20%，年均来沙量有所增加。

（4）近期水库运用改变了流量过程，削弱了洪水输沙的作用。

各个因素交织在一起共同导致宁蒙河道淤积形势的恶化。粗略估算，若没有水库和引水增加的影响，汛期来沙系数为 0.003 2 kg·s/m^6，有水库后汛期来沙系数上升为 0.01 kg·s/m^6，而非汛期来沙系数则由 0.006 2 kg·s/m^6 下降至 0.001 86 kg·s/m^6，因此河道淤积量可能不会很大，呈微淤状态。

至于哪个因素居主要地位，哪个居次要地位，基本影响量多少是十分复杂的问题，因为这些因素本身也是不固定的，是伴随其他因素而改变的，如引水量的影响，虽然增加不多，但汛期来水偏枯，引水量的影响就比来水多的时影响要大。导致宁蒙河道淤积加重的定量影响需要大量细致、科学的研究才能搞清楚。

A.5　缓解宁蒙河道淤积的措施

从以上分析可以看出，河道淤积加重的原因是多方面的，因此针对这些产生原因需要综合治理,发挥各种措施的综合作用。根本措施一是增水减沙,减少河道来沙、增加河道输沙;二是调节水沙过程、协调水沙关系,充分发挥河道自身的输沙能力,多输送泥沙。

A.5.1 维持宁蒙河道的健康生命需要一定量的水

天然来水来沙赋予冲积河流生命原动力。要想保持河流的生命力,就必须要维持一定的水流强度和适宜的来沙条件,即要维持一定的河流能量来塑造河床。如果长期流量过小或水沙搭配失调,就会引起河槽萎缩,生命力退缩。

因此,维持宁蒙河道的健康生命,最主要的是要有水量和一定流量级洪水的保证。增加河道来水有两条路径,一是从外流域调水,如南水北调西线工程,工程从黄河上游引水入黄河干流,能够直接增加河道水量;二是节水,减少沿程引水以做到相对增水。

A.5.2 加大上游多沙支流水土保持治理力度

黄河上游来水来沙具有特殊性,水主要来自兰州以上,泥沙主要来自兰州以下的祖厉河、清水河和内蒙古的十大孔兑。由于气候条件的不同,水沙常不能同步,因此水沙关系较难协调。尤其是内蒙古十大孔兑的来沙以小洪量、短历时、高含沙的过程在短时间内汇入干流河道,依靠短时的干流来水很难输送,直接造成内蒙古河道的淤积,而且一旦淤积下来,再输送走耗用的水量更大。因此,对来沙来说,最根本、直接、高效的解决措施就是在泥沙进入干流河道前即减沙,水土保持措施是根本,必要时也可争取工程措施在沟口合适部位修筑拦泥坝拦截支流来沙,或在支流洪水入黄实施引洪放淤。

A.5.3 利用水库调水调沙

龙羊峡水库、刘家峡水库削峰调平全年水流过程,将"大水带大沙"的水沙关系改变为"小水带大沙",是造成河道萎缩的一个重要原因。针对于此,需要恢复协调水沙关系,利用水库调蓄能力充分发挥大水输沙的特性多输沙。因此,在汛期来沙多的时期河道要维持一定量级的大流量过程。在上游水利工程现状条件下,要修正龙羊峡水库、刘家峡水库的部分开发目的,调整运行模式,汛期一定时期内不拦蓄洪水。而在远期规划中,可结合黑山峡规划的水利枢纽,在开发任务中考虑维持宁蒙河道及黄河中下游河道的健康问题,在汛期泄放一定量级的洪水。

从水资源合理高效利用的角度出发,宁蒙河道汛期的输沙水量要小于非

· 240 ·

汛期。石嘴山站多年平均汛期含沙量（6 kg/m³）条件下，输沙水量（指输送 1 亿 t 沙量需要的水量）在 1986 年前约为 140 m³/t（见图 A-53），但由于水库的调节，使水流过程调平，输沙能力降低，在相同含沙量下输沙水量约为 280 m³/t。此外，在非汛期多年平均含沙量为 2.5 kg/m³ 的条件下，1986 年前输沙水量为 400 m³/t（见图 A-54），而在 1986 年之后约为 600 m³/t，可见汛期输沙水量小于非汛期。说明如果利用水库增加汛期水量能达到更好的减淤效果。

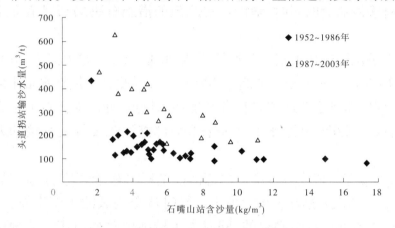

图 A-53　汛期输沙水量与来水量的关系

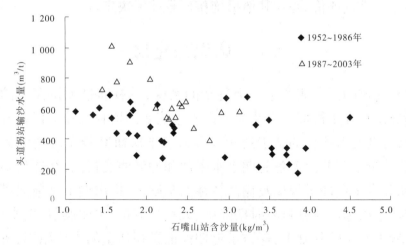

图 A-54　非汛期输沙水量与来水量的关系

有关调水调沙冲淤平衡水沙指标本次也开展了一点初步探索。根据前述研究成果宁蒙长河段洪水期冲淤与水沙条件的关系（见图 A-14），可以得到洪水期平均来沙系数约为 0.003 8 kg·s/m⁶ 时河道基本冲淤平衡，即泄放平均流量 2 500 m³/s、含沙量 9.5 kg/m³ 左右时的洪水过程长河段可保持基本不淤积。

A.5.4　采取必要人工措施减少河道淤积

黄河属于资源紧缺水的流域,在此进行治理开发时要充分认识到这一点,尤其在水资源紧缺的今天,是否高效利用水资源成为评价治理开发措施的一个重要标准。相对于黄河其他冲积性河道,如下游河道、小北干流和渭河下游,宁蒙河道的输沙能力较低,输沙水量较大,这就需要考虑在合理高效利用河道的自身输沙功能的同时,辅助以更高效的措施解决局部河道突出的淤积问题。

黄河下游汛期输送 1 亿 t 泥沙约需水 30 亿 m^3,小北干流为 20 亿 m^3,渭河下游为 15 亿 m^3,而宁蒙河道高达 140 亿 m^3,因此完全依靠水量来解决泥沙问题并不经济,而且宁蒙河道淤积有其独特的特点,如十大孔兑大量来沙堆积在入黄口,这一淤积与其用水冲不如采取局部挖沙疏浚等更直接的人工措施更为有效。

当然,人工挖沙疏浚只是解决局部河段淤积问题,要维持宁蒙河段的健康还是以保证一定输沙能力的水量为主。同时从全流域的角度出发,一定量级的水流对中下游河段也是必要的,同时人工措施效益如何还需从规模、效果、投资等多方面进行评价,并与其他措施相比较才能决定。

A.6　认识与建议

冲积性河道的河床演变是一个复杂的系统,只有通过大量深入的研究才能揭示其规律和发生机理。宁蒙河道由于系统实测资料的缺乏以及开展研究时间较短,对其河道演变的认识还很不深入。本次研究较系统地收集了相关资料,计算分析了宁蒙河道各时期来水来沙和冲淤演变特点;在探讨各河段汛期、非汛期和洪水期冲淤规律及输沙特性的基础上,提出调节宁蒙河道来水来沙的关键技术指标。在分析各时期降雨、天然径流量、水库调节、引水引沙、支流来水来沙等变化的基础上,探讨了近期河道淤积加重的主要原因,进一步提出相应的解决措施和建议,为黄河水沙调控体系建设及全河调水调沙的实施提供科学依据,得出以下认识与建议。

A.6.1　认识

(1)宁蒙河道在天然状态下,长时期是缓慢抬升的,年均淤积厚度在 0.01 ~ 0.02 m。1986 年后,河道淤积明显加大,1991 ~ 2004 年内蒙古巴彦高勒—头道拐河段年均淤积 0.647 亿 t,80% 以上淤积在河槽,导致河道排洪能力下降,2004 年内蒙古河段平均平滩流量降至 1 230 m³/s,同流量水位年均上升 0.1 m 左右,对防洪非常不利。

(2)宁蒙河道的冲淤演变与水沙组合(包括量及过程)密切相关,河道单位水量冲淤量与水沙组合(来沙系数 S/Q)关系较好,当汛期来沙系数约为 0.003 4 kg·s/m⁶、非汛期约为 0.001 7 kg·s/m⁶、洪水期约为 0.003 8 kg·s/m⁶ 时,宁蒙河段可不淤不冲,这还可以作为宁蒙河道临界冲淤判别指标。

(3)宁蒙河道的输沙特性同样具有多来多排的特点,水文站输沙率不仅与流量,而且与上站含沙量关系密切,在相同流量条件下,含沙量高的水流输沙能力大于含沙量低的水流,研究中给出宁蒙河道汛期、非汛期和洪水期的输沙率计算公式,并说明水库运用后由于减少了大流量过程,导致宁蒙河道输沙能力降低。

(4)黄河上游水沙异源的特点,决定了其自身的河道冲淤特性,经初步分析,近期淤积加重的原因主要有:与多年均值相比,天然来水量减少 76 亿 m³ 左右,减幅为 22%;与 1961~1967 年相比,近期引水量约增加 30 亿 m³,增幅为 33%,而且在枯水时期引水的影响更大,在来沙多的时期削弱水流输沙作用;水库汛期蓄水减少水量和大流量过程,非汛期泄水,在来沙少、输沙能力低时增加河道来水,这一调整大大降低了河道输沙量;支流来水来沙与水保治理后的 1970~1989 年相比有所增加,来沙增多对河道淤积影响比较大。

A.6.2　建议

鉴于上述基本认识,提出解决宁蒙河道淤积加重措施的建议:

(1)在南水北调西线工程等增水和减沙减少引水等相对增水措施的作用下,保证河道一定量的输沙水量。

(2)为高效利用水资源,建议近期利用龙羊峡水库、刘家峡水库少蓄水或泄放洪水过程,远期利用黑山峡水利枢纽调节水流过程,增加汛期水量多输沙;调控流量为 2 000~2 500 m³/s 为宜,含沙量为 7.6~9.5 kg/m³,时机根据支流来沙较多的时间。

(3)从根本上出发要加快加大多沙支流水土保持治理进度和力度,从源头上减少河道来沙。

(4)与黄河其他冲积性河道相比,宁蒙河道的输沙用水量偏大,因此适当地采取人工拦沙、挖沙疏浚等措施解决局部突出淤积河段的问题更有利于高效利用水资源。

(5)应大力加强宁蒙河道的测验工作。宁蒙河道的观测工作较薄弱,基本资料较欠缺,如河道基本大断面的测验时间间距很长,以及支流不进行级配的测量等,给全面、科学地认识宁蒙河道增加了许多困难,需要及时加强实测资料的测量。

(6)应加大宁蒙河道基础研究工作,宁蒙河道的研究工作开始的比较晚,研究成果较少,对河道的河床演变特性和冲淤规律还没有完全掌握,更缺乏对宁蒙河道问题的较完整、系统的认识,因此应加大基础研究工作,为其他工作的深入开展奠定基础。

附录 B　黄河水质与生态系统

黄河水生态系统能否良性发展是维持黄河健康生命的关键因素之一。近20年来黄河水质日趋恶化,河流生态系统不断退化,如果任其发展,将使黄河水环境承载能力逐步减小,危及河流生命,饮水安全、生态安全也将失去保障。因此,需要进一步加强黄河水资源保护,维护河流生态系统健康。

B.1　黄河水质现状

由于黄河流域生产技术水平相对落后,污染控制水平较低,流域产污量大,在河道实际来水量日趋减少的情况下,水污染问题日益突出,流经城市河段的水污染严重,流域主要河段水污染呈上升趋势。根据黄河水利委员会1975年开展水质监测以来的资料分析,20世纪80年代黄河干支流满足Ⅲ类水的河长约占评价河长的60%,劣于Ⅲ类水的河长为40%;90年代满足Ⅲ类水的河长降为40%,劣于Ⅲ类水的河长增加到60%;进入21世纪以来,满足Ⅲ类水的河长则下降到20%~30%,劣于Ⅲ类水的河长为70%~80%。

黄河干流兰州、石嘴山、头道拐、潼关、花园口河段氨氮、高锰酸盐指数在1995~2004年的10年中总体呈上升趋势。尤其潼关河段,其氨氮年平均浓度最高,均在1.5 mg/L以上,而进入21世纪以来,则均保持在2.5 mg/L以上。高锰酸盐指数近年来上升幅度有加大趋势,2002年以后上升尤为显著,与1995年相比,2002年、2003年、2004年则分别上升了56%、119%和194%。

根据《2004年黄河流域水资源质量公报》,干流32个监测断面中,65.6%的断面水质劣于地表水环境质量Ⅲ类标准。其中Ⅳ类占40.6%,Ⅴ类占15.6%,劣Ⅴ类占9.4%。严重污染区段主要分布在兰州、石嘴山、包头、潼关至三门峡、小浪底至花园口等河段。对照功能区水质目标,66个重点水功能区的达标率为31.7%,其中23个水功能区全年达标率为0。黄河干流近70%的城市集中饮用水水源地不能满足水质标准要求,其中兰州、包头、郑州等城市供水河段发现了有毒有机化学污染物。主要支流51个监测断面中,76.5%的断面水质劣于地表水环境质量Ⅲ类标准,Ⅳ、Ⅴ类均占5.9%,劣Ⅴ类占64.7%。其中,渭河、汾河、蟒沁河等支流污染尤为严重。从29个省界监测断面资料分析,72.4%的断面水质劣于地表水环境质量Ⅲ类标准,其中Ⅳ、Ⅴ类水质断面分别占20.7%、10.3%,劣Ⅴ类则高达41.4%。

　　根据有关研究、调查成果,黄河流域水污染每年造成的直接经济损失为115亿~156亿元。黄河水污染已影响到银川、包头、呼和浩特、三门峡、郑州、新乡、濮阳等大中城市饮用水安全。近年来,黄河干流不断发生严重的水污染事件。据不完全统计,1993年以来,黄河流域发生较大水污染事故40多起,2004年黄河干流发生水污染事故5起。1999年,黄河龙门以下河段发生严重污染,下游沿黄河一些城市引黄供水被迫停止一个月。位于黄河边的河南省三门峡市居民碍于自来水厂净化处理的黄河水有异味,只好花钱买井水、泉水。2003年,黄河发生有实测资料记录以来最严重污染,三门峡水库蓄水变成一库污水,正在运行中的第七次引黄济津工程被迫中断。2004年6月26日,黄河干流内蒙古河段发生水污染事件,历时11 d,黄河干流三湖河口—万家寨水库区间340 km长的河流生态和环境遭到严重破坏,短期内难以恢复,包头市供水公司被迫停止从黄河取水达103 h,严重影响了该市的供水,造成直接经济损失达1.39亿元,社会反响强烈。

B.2　河流生态系统现状

　　黄河河流生态系统包括陆地河岸生态系统、水生生态系统、相关湿地及沼泽生态系统在内的一系列子系统,是一个复合生态系统。该系统贯穿了黄河流域不同自然地带,融合了不同自然地带的生态特点。由于不同区域河段的主要生态功能、生态环境现状、存在问题、发展趋势等存在很大的不同,同时为了研究的方便,将黄河河流生态系统分为源区生态系统、干流生态系统、河口生态系统三部分。

1)黄河源区

黄河源区一般指黄河干流唐乃亥断面以上区域,集水总面积为12.20万km²,多年平均年径流量205.2亿m³,该区域属于高寒气候,内有高山、盆地、峡谷、草原、沙漠、湖泊、沼泽、冰川及冻土等地貌。虽然黄河源区流域面积只占全河的17%,但径流量占全河的35%,而且居高临下,被称做黄河的水塔,是维持黄河健康生命的动力源。根据《全国湿地保护工程规划》,黄河源区的沼泽湿地属于高寒湿地,总面积1 501 km²。黄河源区湿地具有涵养水源、净化水质、美化环境、调节气候、保护生物多样性、维护流域内生态平衡等生态功能。

近 40 多年尤其近 20 多年来,在气候变化和人为活动的影响下,黄河河源区生态环境变化剧烈,出现了包括草场退化、湖泊萎缩、湿地消减、土地沙化、生物多样性锐减、流域产水量下降、黄河源头多次断流等一系列生态问题。目前采取了包括管理、工程、生态等在内的一系列保护措施,在一定程度上减缓了源区生态恶化速度,但受全球气温升高、气候变化异常以及人类活动等的影响,今后黄河源区的生态环境还将受到不同程度的破坏,加之源区生态环境脆弱、生态系统稳定性差、自然条件恶劣,如果不采取强有力的保护措施,黄河源区生态环境将呈整体退化趋势。

2)黄河干流

黄河干流是连接流域主要生态单元的"廊道",是连接源区草甸湿地、上中游库塘湿地、中游灌区湿地、下游河道湿地及河口湿地等生态单元的基础,是维持河流水生生物和洄游鱼类栖息、繁殖的重要条件。黄河干流生态系统受黄河水资源短缺和泥沙影响作用,水生生态系统简单而脆弱,生物多样性指数不高,但湿地资源相对丰富,其中与黄河干流有密切水力关系的重要湿地有 9 处,总面积约 1 541 km^2。黄河干流湿地在均化洪水、提供栖息地、保护生物多样性、改善小气候、改善水质等方面发挥着重要作用,是维持黄河干流生态系统良性循环的重要基础。

新中国成立以来,黄河的治理开发带来了生产的发展和流域经济的繁荣,然而,长期以来人们"与河争地"、"与河争水"带来了诸多生态环境问题。水资源入不敷出,已突破生态良性维持的极限;河道断流、水质污染以及大型水利工程的修建、河道的人工化、硬化破坏了河流生态系统的完整性,导致河流湿地消减、生物栖息地消失、生物多样性锐减等问题。1999 年黄河水利委员会对黄河水资源进行统一调度以来,断流现象虽有所缓解,河道生态环境有所改善,但黄河不断流仅仅是初步的,基础还相当脆弱,黄河缺水断流问题并没有从根本上解决。再加上黄河干流河情特殊、生态环境复杂、治理难度大,若不采取有效措施,干流生态环境恶化趋势将长期存在。

3)黄河河口

黄河河口土地资源充足,油气、矿产资源蕴藏丰富,气候条件优越,浅海滩涂辽阔,具有独特的生态类型和丰富的湿地生物资源。黄河三角洲国家级自然保护区是以保护新生湿地生态系统和珍稀、濒危鸟类为主体的自然保护区,是中国暖温带最完整、最广阔、最年轻的湿地生态系统和全国最大的河口三角洲自然保护区。该保护区总面积 1 530 km^2,设有核心区、缓冲区和实验区,其中核心区 790 km^2,主要为新生的湿地生态系统,占总面积的 51.63%;缓冲区

110 km²,占总面积的 7.19%；实验区 630 km²,占总面积的 41.18%。黄河三角洲自然保护区是中国华北沿海保存最完整、面积最大的原生植被区,三角洲湿地是亚洲东北内陆和环西太平洋鸟类迁徙的重要"中转站"及越冬、栖息和繁殖地,保护区内共有鸟类 272 种,其中属中国一级重点保护动物 7 种,二级重点保护动物 33 种。保护区有陆生脊椎动物 3 种,陆生无脊椎动物 583 种,其中属国家重点保护动物 9 种。

近年来,流域水资源短缺造成的水资源供需失衡使进入河口地区的水沙量不断减少,以及地区生产开发活动产生的人为影响加剧,造成了河口生态环境日益恶化,主要表现为:淡水湿地面积不断萎缩,滨海湿地丧失,海岸蚀退,石油开发造成的水污染严重,生物多样性遭到破坏,土壤盐碱化和次生盐碱化加剧,近海生物资源衰竭等。1999 年以来黄河水量统一调度以及 2002 年以来开展的黄河调水调沙,增加了河口地区入海水量,在一定程度上保证了河口地区尤其是河口淡水湿地的生态环境需水量,初步遏制了黄河三角洲湿地面积急剧萎缩的势头,对三角洲湿地生态系统的稳定性及生态完整性与生物多样性保护起到了积极的影响。但是,随着流域经济社会的不断发展,黄河入海水沙量将不断减少,河口地区的生态环境还将受到不同程度的破坏,加之河口地区生态环境脆弱,如果不采取有效措施加强保护,河口生态环境将呈整体恶化趋势。

黄河治理开发取得了巨大成就,但在治理开发的过程中,却带来了一些新的问题。正如以上所分析的,从黄河演变的历史及现状分析,黄河下游正处在十分严重的病态之中,突出表现在以下几方面:

(1)黄河下游是举世闻名的"地上悬河",20 世纪 80 年代以来,由于自然因素和人类活动的影响,特别是自龙羊峡、刘家峡水库运用的影响,使水沙关系更不协调,河槽淤积加重,河槽泄洪排沙功能衰退,局部河段内又出现了"二级悬河",这些河段横比降大于纵比降,河道形态萎缩,即使发生了洪水,主槽也难以容纳,出槽后,易出现"横河"、"斜河"和"滚河",增大了堤防冲决和溃决的危险。除黄河下游河道外,内蒙古河道河槽淤积萎缩加重,防洪能力降低。

(2)水资源利用已超过河流承载能力。黄河多年平均天然径流量约 580 亿 m³,仅占全国水资源总量 2.8 万亿 m³ 的 2%。20 世纪 50 年代初,黄河流域及相关地区灌溉面积为 80 万 hm²,占当时全国灌溉面积 1 600 万 hm² 的 5%,到 20 世纪 90 年代,黄河流域及相关地区的灌溉面积增至 730 万 hm²,占全国灌溉面积 4 867 万 hm² 的 15%。流域经济社会的迅速发展,黄河水资源的开发利用率早在 20 世纪 70 年代就超过了 50%,远大于国际上公认的 40%的警戒线。因此,1972 年开始出现首次断流,1972～1999 年 28 年有 21 次断流。断流给沿河人民生活和工农业生产造成巨大损失;输沙用水被挤占使输沙水量大大减少,河道淤积加重;河口三角洲生态系统遭到破坏等。

(3)污染不断增多,水质日趋恶化。黄河流域是一个资源性缺水的流域,自 20 世纪 80 年代以来,污染源不断增多,污水排放量迅速增加。20 世纪 80 年代年初,流域污水年排放量为 21.7 亿 t,到 2003 年已达 41.5 亿 t,比 20 世纪 80 年代多出一倍。1985 年黄河干流有 92.1%的河段为 Ⅱ、Ⅲ 类水均可作为饮用水源,到 2004 年,Ⅱ、Ⅲ 类水河段只占 34.4%,水质为 Ⅳ、超 Ⅴ 类河段达 65.6%,其中 Ⅴ 类及超 Ⅴ 类水河段占 25%,基本丧失水体功能。

黄河的上述"病态"说明,我们的母亲河已经付出了很多,需要我们去正视,应采取一切措施治疗"病态",使母亲河永远健康。

附录 C　黄河上中游部分水库基本资料

C.1　龙羊峡水库

表 C-1　黄河龙羊峡水库原始库容表　　　（单位：亿 m³）

水位(m)	0	0.1	0.2	0.3	0.4	0.5	0.6	0.7	0.8	0.9
2 530	53.43	53.60	53.78	53.95	54.12	54.30	54.47	54.64	54.81	54.99
2 531	55.16	55.34	55.51	55.69	55.86	56.04	56.22	56.39	56.57	56.74
2 532	56.92	57.10	57.28	57.46	57.64	57.83	58.00	58.18	58.36	58.54
2 533	58.72	58.90	59.08	59.27	59.45	59.63	59.81	59.99	60.18	60.36
2 534	60.54	60.73	60.91	61.10	61.28	61.47	61.66	61.84	62.02	62.21
2 535	62.39	62.58	62.77	62.95	63.14	63.33	63.52	63.71	63.89	64.08
2 536	64.27	64.46	64.65	64.84	65.03	65.22	65.41	65.60	65.79	65.98
2 537	66.17	66.37	66.56	66.76	66.95	67.15	67.34	67.54	67.73	67.93
2 538	68.12	68.32	68.52	68.72	68.92	69.12	69.31	69.51	69.71	69.91
2 539	70.11	70.31	70.51	70.72	70.92	71.12	71.32	71.52	71.73	71.93
2 540	72.13	72.33	72.53	72.74	72.94	73.14	73.34	73.54	73.75	73.95
2 541	74.15	74.35	74.56	74.76	74.96	75.17	75.37	75.57	75.77	75.98
2 542	76.18	76.39	76.59	76.80	77.00	77.21	77.41	77.62	77.82	78.03
2 543	78.23	78.44	78.64	78.85	79.06	79.27	79.47	79.68	79.89	80.09
2 544	80.30	80.51	80.71	80.92	81.13	81.34	81.54	81.75	81.96	82.16
2 545	82.37	82.58	82.79	83.00	83.21	83.42	83.63	83.84	84.05	84.26
2 546	84.47	84.68	84.90	85.11	85.32	85.54	85.75	85.96	86.17	86.39
2 547	86.60	86.82	87.04	87.26	87.48	87.70	87.92	88.14	88.36	88.58
2 548	88.80	89.03	89.2 5	89.48	89.70	89.93	90.15	90.38	90.60	90.83
2 549	91.05	91.28	91.51	91.74	91.97	92.21	92.44	92.67	92.90	99.13
2 550	93.36	93.59	93.83	94.06	94.29	94.53	94.76	94.99	95.22	95.46
2 551	95.69	95.93	96.16	96.40	96.63	96.87	97.10	97.34	97.57	97.81
2 552	98.04	98.28	98.52	98.75	98.99	99.23	99.47	99.71	99.94	100.18
2 553	100.42	100.66	100.90	101.14	101.38	101.62	101.86	102.1	102.34	102.58
2 554	102.82	103.06	103.30	103.55	103.79	104.03	104.27	104.51	104.76	105.00
2 555	105.24	105.49	105.73	105.98	106.22	106.47	106.71	106.96	107.20	107.45
2 556	107.69	107.94	108.19	108.43	108.68	108.93	109.18	109.43	109.67	109.92
2 557	110.17	110.42	110.67	110.92	111.17	111.43	111.68	111.93	112.18	112.43
2 558	112.68	112.93	113.19	113.44	113.70	113.95	114.20	114.46	114.71	114.97
2 559	115.22	115.48	115.73	115.99	116.24	116.50	116.76	117.01	117.27	117.52
2 560	117.78	118.04	118.3	118.56	118.82	119.08	119.34	119.60	119.86	120.12
2 561	120.38	120.64	120.91	121.17	121.44	121.70	121.96	122.23	122.49	122.76
2 562	123.02	123.29	123.56	123.82	124.09	124.36	124.63	124.90	125.16	125.43
2 563	125.70	125.97	126.24	126.51	126.78	127.06	127.33	127.60	127.87	128.14
2 564	128.41	128.68	128.96	129.23	129.51	129.78	130.05	130.33	130.60	130.88

水位(m)	0	0.1	0.2	0.3	0.4	0.5	0.6	0.7	0.8	0.9
2 565	131.15	131.48	131.7	131.98	132.26	132.54	132.81	133.09	133.37	133.64
2 566	133.92	134.20	134.48	134.76	135.04	135.32	135.6	135.88	136.16	136.44
2 567	136.72	137.00	137.29	137.57	137.85	138.14	138.42	138.70	138.98	139.27
2 568	139.55	139.84	140.12	140.41	140.69	140.98	141.27	141.55	141.84	142.12
2 569	142.41	142.70	142.99	143.28	143.57	143.86	144.14	144.43	144.72	145.01
2 570	145.30	145.59	145.88	146.18	146.47	146.76	147.05	147.34	147.64	147.93
2 571	148.22	148.52	148.81	149.11	149.40	149.70	150.00	150.29	150.59	150.88
2 572	151.18	151.48	151.78	152.08	152.38	152.68	152.98	153.28	153.58	153.88
2 573	154.18	154.48	154.79	155.09	155.40	155.70	156.00	156.31	156.61	156.92
2 574	157.22	157.53	157.83	158.14	158.45	158.76	159.06	159.37	159.68	159.98
2 575	160.29	160.60	160.91	161.22	161.53	161.84	162.15	162.46	162.77	163.08
2 576	163.39	163.70	164.02	164.33	164.64	164.98	165.27	165.58	165.89	166.21
2 577	166.52	166.84	167.15	167.47	167.78	168.10	168.41	168.73	169.04	169.36
2 578	169.67	169.99	170.30	170.62	170.94	171.26	171.58	171.90	172.21	172.53
2 579	172.85	173.17	173.49	173.81	174.13	174.46	174.78	175.10	175.42	175.74
2 580	176.06	176.39	176.71	177.04	177.36	177.69	178.01	178.34	178.66	178.99
2 581	179.31	179.64	179.97	180.29	180.62	180.95	181.28	181.61	182.93	182.26
2 582	182.59	182.92	183.25	183.59	183.92	184.25	184.58	184.91	185.25	185.58
2 583	185.91	186.25	186.58	186.92	187.25	187.59	187.92	188.26	188.59	188.93
2 584	189.26	189.60	189.94	190.28	190.62	190.96	191.29	191.63	191.97	192.31
2 585	192.65	192.99	193.34	193.68	194.02	194.37	194.71	195.05	195.39	195.74
2 586	196.08	196.43	196.77	197.12	197.46	197.81	198.16	198.50	198.85	199.19
2 587	199.54	199.89	200.24	200.59	200.92	201.29	201.63	201.98	202.33	202.68
2 588	203.03	203.38	203.73	204.09	204.44	204.79	205.14	205.49	205.85	206.20
2 589	206.55	206.91	207.26	207.62	207.91	208.33	208.69	209.04	209.40	209.75
2 590	210.11	210.47	210.83	211.19	211.55	211.91	212.26	212.62	212.98	213.34
2 591	213.70	214.06	214.42	214.78	215.14	215.51	215.87	216.23	216.59	216.95
2 592	217.31	217.67	218.04	218.40	218.76	219.13	219.49	219.85	220.21	220.58
2 593	220.94	221.31	221.67	222.04	222.40	222.77	223.13	223.50	223.86	224.23
2 594	224.59	223.96	225.32	225.69	226.06	226.43	226.79	227.16	227.53	227.89
2 595	228.26	228.63	228.99	229.37	229.74	230.11	230.48	230.85	231.22	231.59
2 596	231.96	232.33	232.70	233.08	233.45	233.82	234.19	234.56	234.94	235.31
2 597	235.68	236.05	236.43	236.8	237.18	237.55	237.92	238.30	238.67	239.05
2 598	239.42	239.80	240.17	240.55	240.93	241.31	241.68	242.06	242.44	242.81
2 599	243.19	243.57	243.95	244.99	244.71	245.09	245.46	245.84	246.22	246.60
2 600	246.98	247.36	247.74	248.12	248.50	248.89	249.27	249.65	250.03	250.41
2 601	250.79	251.17	251.56	251.94	252.32	252.71	253.09	253.47	253.85	254.24
2 602	254.62	255.01	255.39	255.78	256.16	256.55	256.94	257.32	257.71	258.09
2 603	258.48	258.87	259.26	259.65	260.04	260.43	260.81	261.20	261.59	261.98
2 604	262.37	262.76	263.15	263.54	263.93	264.33	264.72	265.11	265.50	265.89
2 605	266.28	266.67	267.07	167.46	267.86	268.25	268.64	269.04	269.43	269.83
2 606	270.22	270.62	271.01	271.41	271.81	272.21	272.60	273.00	273.40	273.79
2 607	274.19	274.59	274.99	275.39	275.79	276.19	276.59	276.99	277.39	277.79
2 608	278.19	278.59	279.00	279.40	279.80	280.21	280.61	281.01	281.41	281.82
2 609	282.22	282.63	283.03	283.44	283.84	284.25	284.66	285.06	285.47	285.87
2 610	286.28									

表 C-2　龙羊峡水库泄流量表

高程(m)	泄流量(m³/s)				
	溢洪道	中孔	深孔	底孔	合计
2 480				0	0
2 490				250	250
2 500				518	518
2 505			0	597	597
2 515			252	722	974
2 525			518	830	1 348
2 530			594	880	1 474
2 540		0	722	985	1 707
2 550		403	830	1 097	2 330
2 555		851	880	1 140	2 871
2 565		1 199	989	1 218	3 406
2 575		1 461	1 097	1 291	3 849
2 585	0	1 686	1 180	1 358	4 224
2 590	600	1 791	1 218	1 392	5 001
2 600	3 800	2 032	1 291	1 455	8 578
2 605	5 900	2 154	1 325	1 486	10 865

C.2　刘家峡水库

表 C-3　刘家峡水库库容变化

高程(m)	库容(亿 m³)					
	原始	1973 年	1978 年	1988 年	1993 年	1998 年
1604	0					
1 640	0.09					
1 650	0.37					
1 660	1.23					
1 670	3.16	1.60	1.08	0.54		
1 680	7.20	4.83	3.90	1.98		
1 690	12.59	9.93	8.55	5.89		
1 694	15.40	12.50	10.84	7.66	7.73	6.77
1 700	19.89	16.90	14.80	10.82	10.41	9.83
1 705	24.23	21.01	18.78	13.88	13.32	12.65
1 710	28.78	25.60	23.30	17.88	16.88	15.84
1 715	34.15	30.32	27.78	22.38	20.86	19.61
1 720	39.53	35.32	33.10	27.40	25.47	24.13
1 725	45.20	41.17	38.61	33.14	31.19	29.49
1 730	51.14	47.12	44.60	39.31	37.45	35.86
1 735	57.40	53.72	51.18	45.77	43.83	42.10

表 C-4 刘家峡水库 1988 年库容表 （单位:亿 m³）

水位（m）	0	0.1	0.2	0.3	0.4	0.5	0.6	0.7	0.8	0.9	差值
1 665	0.360	0.364	0.368	0.372	0.376	0.38	0.384	0.388	0.392	0.396	0.04
1 666	0.400	0.403	0.406	0.409	0.412	0.415	0.418	0.421	0.424	0.427	0.03
1 667	0.430	0.433	0.436	0.439	0.442	0.445	0.448	0.451	0.454	0.457	0.03
1 668	0.460	0.464	0.468	0.472	0.476	0.48	0.484	0.488	0.492	0.496	0.04
1 669	0.500	0.504	0.508	0.512	0.516	0.52	0.524	0.528	0.532	0.536	0.04
1 670	0.540	0.544	0.548	0.552	0.556	0.56	0.564	0.568	0.572	0.576	0.04
1 671	0.580	0.584	0.588	0.592	0.596	0.6	0.604	0.608	0.612	0.616	0.04
1 672	0.620	0.626	0.632	0.638	0.644	0.65	0.656	0.662	0.668	0.674	0.06
1 673	0.680	0.688	0.696	0.704	0.712	0.72	0.728	0.736	0.744	0.752	0.08
1 674	0.760	0.771	0.782	0.793	0.804	0.815	0.826	0.837	0.848	0.859	0.11
1 675	0.870	0.881	0.892	0.903	0.914	0.925	0.936	0.947	0.958	0.969	0.11
1 676	0.980	1.00	1.020	1.040	1.06	1.08	1.1	1.120	1.140	1.160	0.20
1 677	1.180	1.202	1.224	1.246	1.268	1.29	1.312	1.334	1.356	1.378	0.22
1 678	1.400	1.428	1.456	1.484	1.512	1.54	1.568	1.596	1.624	1.652	0.28
1 679	1.680	1.710	1.740	1.770	1.800	1.83	1.86	1.890	1.920	1.95	0.30
1 680	1.980	2.012	2.044	2.076	2.108	2.14	2.172	2.204	2.236	2.268	0.32
1 681	2.300	2.336	2.372	2.408	2.444	2.48	2.516	2.552	2.588	2.624	0.36
1 682	2.660	2.697	2.734	2.771	2.808	2.845	2.882	2.919	2.956	2.993	0.37
1 683	3.030	3.069	3.108	3.147	3.186	3.225	3.264	3.303	3.342	3.381	0.39
1 684	3.420	3.459	3.498	3.537	3.576	3.615	3.654	3.693	3.732	3.771	0.39
1 685	3.810	3.850	3.890	3.930	3.970	4.01	4.05	4.090	4.130	4.170	0.40
1 686	4.210	4.251	4.292	4.333	4.374	4.415	4.458	4.497	4.538	4.579	0.41
1 687	4.620	4.662	4.704	4.746	4.788	4.83	4.872	4.914	4.956	4.998	0.42
1 688	5.040	5.082	5.124	5.166	5.208	5.25	5.292	5.334	5.376	5.418	0.42
1 689	5.460	5.503	5.546	5.589	5.632	5.675	5.718	5.761	5.804	5.847	0.43
1 690	5.890	5.933	5.976	6.019	6.062	6.105	6.148	6.191	6.234	6.277	0.43
1 691	6.320	6.364	6.408	6.452	6.496	6.54	6.584	6.628	6.672	6.716	0.44
1 692	6.760	6.804	6.848	6.892	6.936	6.98	7.024	7.068	7.112	7.156	0.44
1 693	7.200	7.246	7.292	7.338	7.384	7.43	7.476	7.522	7.568	7.614	0.46
1 694	7.660	7.707	7.754	7.801	7.848	7.895	7.942	7.989	8.036	8.083	0.47
1 695	8.130	8.182	8.234	8.286	8.338	8.39	8.442	8.494	8.546	8.598	0.52
1 696	8.650	8.703	8.756	8.809	8.862	8.915	8.968	9.021	9.074	9.127	0.53
1 697	9.180	9.233	9.286	9.339	9.392	9.445	9.496	9.551	9.604	9.657	0.53
1 698	9.710	9.764	9.818	9.872	9.926	9.98	10.034	10.088	10.142	10.196	0.54
1 699	10.250	10.307	10.364	10.421	10.478	10.535	10.592	10.649	10.706	10.763	0.57
1 700	10.820	10.878	10.936	10.994	11.052	11.110	11.168	11.226	11.284	11.342	0.58

水位(m)	0	0.1	0.2	0.3	0.4	0.5	0.6	0.7	0.8	0.9	差值
1 701	11.400	11.460	11.520	11.58	11.640	11.700	11.760	11.820	11.880	11.94	0.60
1 702	12.000	12.062	12.124	12.186	12.248	12.310	12.370	12.430	12.496	12.56	0.62
1 703	12.620	12.680	12.750	12.81	12.872	12.935	12.998	13.061	13.124	13.187	0.63
1 704	13.250	13.313	13.376	13.439	13.502	13.565	13.628	13.691	13.754	13.817	0.63
1 705	13.880	13.947	14.014	14.081	14.148	14.215	14.282	14.349	14.416	14.483	0.67
1 706	14.550	14.625	14.704	14.775	14.850	14.925	15.000	15.075	15.15	15.225	0.75
1 707	15.300	15.383	15.466	15.549	15.632	15.715	15.798	15.881	15.964	16.047	0.83
1 708	16.130	16.217	16.304	16.391	16.478	16.565	16.652	16.739	16.826	16.913	0.87
1 709	17.000	17.088	17.176	17.264	17.352	17.440	17.528	17.616	17.704	17.792	0.88
1 710	17.880	17.968	18.056	18.144	18.232	18.320	18.408	18.496	18.584	18.672	0.88
1 711	18.760	18.849	18.938	19.027	19.116	19.205	19.294	19.383	19.472	19.561	0.89
1 712	19.650	19.739	19.828	19.917	20.006	20.095	20.184	20.273	20.362	20.451	0.89
1 713	20.540	20.631	20.722	20.813	20.904	20.995	21.086	21.177	21.268	21.359	0.91
1 714	21.450	21.543	21.636	21.729	21.822	21.915	22.008	22.101	22.194	22.287	0.93
1 715	22.380	22.475	22.570	22.665	22.760	22.855	22.950	23.045	23.14	23.235	0.95
1 716	23.330	23.427	23.524	23.621	23.718	23.815	23.912	24.009	24.106	24.203	0.97
1 717	24.300	24.400	24.500	24.6	24.700	24.800	24.900	25.000	25.1	25.200	1.00
1 718	25.300	25.403	25.506	25.609	25.712	25.815	25.918	26.021	26.124	26.227	1.03
1 719	26.330	26.437	26.544	26.651	26.758	26.865	26.972	27.079	27.186	27.297	1.07
1 720	27.400	27.512	27.624	27.736	27.848	27.960	28.072	28.184	28.296	28.08	1.12
1 721	28.520	28.633	28.746	28.859	28.972	29.085	29.198	29.311	29.424	29.537	1.13
1 722	29.650	29.765	29.880	29.995	30.110	30.225	30.340	30.455	30.570	30.685	1.15
1 723	30.800	30.917	31.034	31.151	31.268	31.385	31.502	31.619	31.736	31.853	1.17
1 724	31.970	32.087	32.204	32.321	32.438	32.555	32.672	32.789	32.906	33.023	1.17
1 725	33.140	33.259	33.378	33.497	33.616	33.735	33.854	33.973	34.092	34.211	1.19
1 726	34.330	34.450	34.570	34.69	34.810	34.930	35.050	35.170	35.290	35.41	1.20
1 727	35.530	35.654	35.778	35.902	36.026	36.150	36.274	36.398	36.522	36.646	1.24
1 728	36.770	36.896	37.022	37.148	37.274	37.400	37.526	37.652	37.778	37.904	1.26
1 729	38.030	38.158	38.286	38.414	38.542	38.670	38.798	38.926	39.054	39.182	1.28
1 730	39.310	39.438	39.566	39.694	39.822	39.950	40.078	40.206	40.334	40.462	1.28
1 731	40.590	40.719	40.848	40.977	41.106	41.235	41.364	41.493	41.622	41.751	1.29
1 732	41.880	42.009	42.138	42.267	42.396	42.525	42.654	42.783	42.912	43.04	1.29
1 733	43.170	43.300	43.430	43.560	43.690	43.820	43.95	44.080	44.210	44.34	1.30
1 734	44.470	44.600	44.730	44.860	44.990	45.120	45.25	45.380	45.510	45.640	1.30
1 735	45.770	45.900	46.030	46.160	46.290	46.420	46.55	46.680	46.810	46.940	1.30
1 736	47.070	47.200	47.330	47.460	47.590	47.720	47.85	47.980	48.110	48.240	

注:此表来源于《甘肃水库运用资料手册》。

表 C-5　黄河刘家峡水库 1993 年汛末库容表　　（单位：亿 m³）

水位（m）	0	0.1	0.2	0.3	0.4	0.5	0.6	0.7	0.8	0.9
1 694	7.33	7.38	7.42	7.47	7.51	7.56	7.60	7.65	7.69	7.74
1 695	7.78	7.83	7.88	7.92	7.97	8.02	8.07	8.12	8.16	8.21
1 696	8.26	8.31	8.36	8.41	8.46	8.52	8.57	8.62	8.67	8.72
1 697	8.77	8.82	8.88	8.93	8.98	9.04	9.09	9.14	9.19	9.25
1 698	9.30	9.36	9.41	9.47	9.52	9.58	9.63	9.69	9.74	9.80
1 699	9.85	9.91	9.96	10.02	10.07	10.13	10.19	10.24	10.30	10.35
1 700	10.41	10.47	10.52	10.58	10.64	10.70	10.75	10.81	10.87	10.92
1 701	10.98	11.04	11.09	11.15	11.21	11.27	11.32	11.38	11.44	11.49
1 702	11.55	11.61	11.67	11.73	11.79	11.85	11.90	11.96	12.02	12.08
1 703	12.14	12.20	12.26	12.32	12.38	12.44	12.49	12.55	12.61	12.67
1 704	12.73	13.79	12.85	12.91	12.97	13.03	13.08	13.14	13.20	13.26
1 705	13.32	13.39	13.45	13.52	13.58	13.65	13.71	13.78	13.84	13.91
1 706	13.97	14.04	14.11	14.18	14.25	14.32	14.38	14.45	14.52	14.59
1 707	14.66	14.73	14.80	14.88	14.95	15.02	15.09	15.16	15.24	15.31
1 708	15.38	15.45	15.53	15.60	15.68	15.75	15.82	15.90	15.97	16.05
1 709	16.12	16.20	16.27	16.35	16.42	16.50	16.58	16.65	16.73	16.80
1 710	16.88	16.96	1 7.04	1 7.11	17.19	17.27	17.35	17.43	17.50	17.58
1 711	17.66	17.74	17.82	17.90	17.98	18.06	18.13	18.21	18.29	18.37
1 712	18.45	18.53	18.61	18.69	18.77	18.85	18.93	19.01	19.09	19.17
1 713	19.25	19.33	19.41	19.49	19.57	19.65	19.73	19.81	19.89	19.97
1 714	20.05	20.13	20.21	20.29	20.37	20.46	20.54	20.62	20.70	20.78
1 715	20.86	20.94	21.02	21.11	21.19	21.27	21.35	21.43	21.52	21.60
1 716	21.68	21.77	21.85	21.94	22.03	22.12	22.20	22.29	22.38	22.46
1 717	22.55	22.64	22.73	22.83	22.92	23.01	23.10	23.19	23.29	23.38
1 718	23.47	23.57	23.66	23.76	23.86	23.96	24.05	24.15	24.25	24.34
1 719	24.44	24.54	24.65	24.75	24.85	24.96	25.06	25.16	25.26	25.37
1 720	25.47	25.58	25.68	25.79	25.90	26.01	26.11	26.22	26.33	26.43
1 721	26.54	26.65	26.76	26.87	26.98	27.10	27.21	27.32	27.43	27.54
1 722	27.65	27.77	27.88	28.00	28.11	28.23	28.34	28.46	28.57	28.69
1 723	28.80	28.92	29.04	29.15	29.27	29.39	29.51	29.63	29.74	29.86
1 724	29.98	30.10	30.22	30.34	30.46	30.59	30.71	30.83	30.95	31.07
1 725	31.19	31.31	31.44	31.56	31.69	31.81	31.93	32.06	32.18	32.31
1 726	32.43	32.56	32.68	32.81	32.93	33.06	33.18	33.31	33.43	33.56
1 727	33.68	33.81	33.93	34.06	34.18	34.31	34.43	34.56	34.68	34.81
1 728	34.93	35.06	35.18	35.31	35.43	35.56	35.69	35.81	35.94	36.06
1 729	36.19	36.32	36.44	36.57	36.69	36.82	36.95	37.07	37.20	37.32
1 730	37.45	37.58	37.70	37.83	37.96	38.09	38.21	38.34	38.47	38.59
1 731	38.72	38.85	38.97	39.10	39.23	39.36	39.48	39.61	39.74	39.86
1 732	39.99	40.12	40.25	40.37	40.50	40.63	40.76	40.89	41.01	41.14
1 733	41.27	41.40	41.53	41.65	41.78	41.91	42.04	42.	1 742.29	42.42
1 734	42.55	42.68	42.81	42.93	43.06	43.19	43.32	43.45	43.57	43.70
1 735	43.83	43.96	44.09	44.22	44.35	44.48	44.60	44.73	44.86	44.99
1 736	45.12									

注:此表来源于《甘肃水库运用资料手册》。

表 C-6　黄河刘家峡水库 1998 年汛末库容表　　（单位:亿 m³）

水位（m）	0	0.1	0.2	0.3	0.4	0.5	0.6	0.7	0.8	0.9
1 694	6.772	6.82	6.869	6.917	6.966	7.015	7.064	7.113	7.162	7.211
1 695	7.260	7.309	7.359	7.408	7.458	7.507	7.557	7.607	7.657	7.707
1 696	7.757	7.807	7.858	7.908	7.958	8.009	8.059	8.110	8.161	8.212
1 697	8.263	8.314	8.365	8.416	8.467	8.519	8.570	8.622	8.673	8.725
1 698	8.777	8.829	8.881	8.933	8.985	9.037	9.090	9.142	9.194	9.247
1 699	9.300	9.353	9.405	9.458	9.511	9.564	9.618	9.671	9.724	9.778
1 700	9.832	9.885	9.939	9.993	10.047	10.101	10.155	10.209	10.264	10.318
1 701	10.373	10.427	10.482	10.537	10.592	10.647	10.702	10.758	10.813	10.869
1 702	10.924	10.98	11.036	11.092	11.148	11.204	11.260	11.317	11.373	11.430
1 703	11.487	11.544	11.601	11.658	11.715	11.773	11.830	11.888	11.946	12.004
1 704	12.062	12.120	12.178	12.237	12.295	12.354	12.413	12.472	12.531	12.591
1 705	12.650	12.710	12.769	12.829	12.889	12.950	13.010	13.071	13.131	13.192
1 706	13.253	13.314	13.376	13.437	13.499	13.561	13.623	13.685	13.747	13.810
1 707	13.872	13.935	13.998	14.062	14.125	14.189	14.253	14.317	14.381	14.445
1 708	14.510	14.574	14.639	14.705	14.770	14.836	14.901	14.967	15.033	15.100
1 709	15.166	15.233	15.300	15.367	15.435	15.503	15.571	15.639	15.707	15.776
1 710	15.844	15.913	15.983	16.052	16.122	16.192	16.262	16.332	16.403	16.474
1 711	16.545	16.617	16.688	16.760	16.832	16.905	16.977	17.050	17.123	17.197
1 712	17.271	17.344	17.419	17.493	17.568	17.643	17.718	17.794	17.870	17.946
1 713	18.022	18.099	18.176	18.253	18.330	18.408	18.486	18.565	18.643	18.722
1 714	18.801	18.881	18.961	19.041	19.121	19.202	19.283	19.364	19.446	19.528
1 715	19.610	19.693	19.775	19.858	19.942	20.026	20.110	20.194	20.279	20.364
1 716	20.449	20.535	20.621	20.707	20.794	20.881	20.968	21.055	21.143	21.231
1 717	21.320	21.409	21.498	21.588	21.677	21.768	21.858	21.949	22.040	22.132
1 718	22.223	22.316	22.408	22.501	22.594	22.688	22.782	22.876	22.970	23.065
1 719	23.160	23.256	23.352	23.448	23.545	23.642	23.739	23.836	23.934	24.033
1 720	24.131	24.230	24.329	24.429	24.529	24.629	24.730	24.831	24.932	25.034
1 721	25.136	25.238	25.341	25.444	25.548	25.651	25.755	25.860	25.965	26.070
1 722	26.175	26.281	26.387	26.493	26.600	26.707	26.815	26.922	27.030	27.139
1 723	17.248	27.357	27.466	27.576	27.686	27.796	27.907	28.018	28.129	28.241
1 724	28.353	28.465	28.578	28.691	28.804	28.918	29.031	29.146	29.260	29.375
1 725	29.490	29.605	29.721	29.837	29.953	30.070	30.187	30.304	30.421	30.539
1 726	30.657	30.776	30.894	31.013	31.132	31.252	31.371	31.491	31.612	31.732
1 727	31.853	31.974	32.095	32.217	32.339	32.461	32.583	32.706	32.828	32.952
1 728	33.075	33.198	33.322	33.446	33.570	33.695	33.819	33.944	34.069	34.195
1 729	34.320	34.446	34.572	34.698	34.824	34.951	35.078	35.205	35.332	35.459
1 730	35.586	35.714	35.842	35.970	36.098	36.226	36.354	36.483	36.612	36.741
1 731	36.870	36.999	37.128	37.258	37.387	37.517	37.647	37.776	37.906	38.037
1 732	38.167	38.297	38.427	38.558	38.689	38.819	38.950	39.081	39.212	39.343
1 733	39.474	39.605	39.736	39.867	39.998	40.129	40.261	40.392	40.523	40.655
1 734	40.786	40.918	41.049	41.180	41.312	41.443	41.575	41.706	41.837	41.969
1 735	42.100	42.231	42.362	42.494	42.625	42.756	42.887	43.018	43.149	43.280
1 736	43.410									

表 C-7 刘家峡水库水位—泄流量关系表 （单位：m³/s）

水库水位(m)	排沙洞	泄洪洞	泄水道	溢洪道	合计
1 690		730	796		
1 691		780	818		
1 692	65.6	830	840		1 736
1 693	66.8	880	860		1 807
1 694	68.0	925	880		1 873
1 695	69.2	970	900		1 939
1 696	70.4	1 015	920		2 005
1 697	71.6	1 055	938		2 065
1 698	72.7	1 095	956		2 124
1 699	73.8	1 135	974		2 183
1 700	75.0	1 175	990		2 240
1 701	76.0	1 215	1 006		2 297
1 702	77.0	1 250	1 022		2 349
1 703	78.0	1 285	1 038		2 401
1 704	79.0	1 320	1 054		2 453
1 705	80.0	1 355	1 070		2 505
1 706	81.0	1 390	1 086		2 557
1 707	82.0	1 425	1 102		2 609
1 708	82.9	1 460	1 118		2 661
1 709	83.8	1 490	1 134		2 708
1 710	84.8	1 520	1 152		2 757
1 711	85.8	1 550	1 168		2 804
1 712	86.7	1 580	1 182		2 849
1 713	87.6	1 610	1 198		2 896
1 714	88.6	1 640	1 212		2 941
1 715	89.4	1 670	1 228	0	2 987
1 716	90.3	1 700	1 242	93	3 125
1 717	91.2	1 730	1 258	198	3 277
1 718	92.0	1 755	1 272	309	3 428
1 719	92.8	1 780	1 286	438	3 597
1 720	93.7	1 805	1 302	591	3 792
1 721	94.6	1 830	1 316	759	4 000
1 722	95.4	1 855	1 330	957	4 237
1 723	96.2	1 880	1 342	1 179	4 497
1 724	97.0	1 905	1 356	1 431	4 789
1 725	97.8	1 930	1 370	1 671	5 069
1 726	98.5	1 955	1 382	1 980	5 416
1 727	99.2	1 980	1 396	2 220	5 695
1 728	100	2 005	1 410	2 460	5 975
1 729	101	2 030	1 422	2 670	6 223
1 730	102	2 050	1 436	2 880	6 468
1 731	102	2 070	1 450	3 081	6 703
1 732	103	2 090	1 462	3 270	6 925
1 733	104	2 110	1 474	3 450	7 138
1 734	104	2 130	1 488	3 621	7 343
1 735	105	2 150	1 500	3 789	7 544

表 C-8 刘家峡水库库区淤积纵断面表

库底（最深点）高程（m）

断面名称	里程（km）	1966年汛后	1969年汛后	1970年汛后	1971年汛前	1971年汛后	1972年汛后	1973年汛后	1974年汛后	1975年汛后	1976年汛前	1976年汛后	1977年汛前	1977年汛后	1978年汛前	1978年汛后	1980年汛后
黄0	0				1 653.7	1 658.0	1 658.0	1 663.0	1 662.0	1 659.7	1 658.8	1 665.7	1 668.5	1 660.9	1 666.8	1 665.5	1 662.6
黄1	0.21		1 640.0		1 654.0	1 660.0	1 660.0	1 667.6	1668.0	1 666.6	1 667.7	1 668.7	1 669.4	1 667.0	1 666.1	1 672.5	1 677.8
黄2	0.73		1 640.0		1 660.0	1 659.1	1 659.1	1 670.9	1 671.0	1 670.6	1 671.4	1 671.9	1 673.5	1 669.6	1 675.0	1 680.1	1 689.1
黄3	1.29		1 635.0		1 656.0	1 658.6	1 659.1	1 666.7	1 672.0	1 672.6	1 672.8	1 673.4	1 676.3	1 678.6	1 680.8	1 686.5	1 690.7
黄4	2.25		1 643.8	1 655.9	1 654.9	1 660.0	1 661.2	1 670.8	1 670.6	1 670.7	1 670.8	1 675.2	1 674.2	1 676.6	1 677.1	1 680.5	1 685
黄5	3.05		1 643.2	1 652.8	1 651.4	1 661.1	1 661.1	1 669.5	1 668.3	1 667.6	1 667.8	1 673.3	1 671.8	1 674.2	1 674.6	1 677.1	1 682.1
黄6	4.1		1 659.5	1 653.5	1 653.8	1 660.9	1 660.6	1 666.6	1 664.5	1 666.4	1 665.4	1 671.1	1 669.7	1 672.2	1 671.7	1 675.5	1 678.5
黄7	5.11		1 641.0	1 653.7	1 653.9	1 660.9	1 660.7	1 666.5	1 666.0	1 665.0	1 664.8	1 670.9	1 669.1	1 670.6	1 670.7	1 673.5	1 677.5
黄8	6.57		1 648.0	1 655.4	1 654.1	1 659.6	1 660.8	1 666.0	1 665.0	1 665.0	1 665.8	1 669.1	1 668.1	1 669.8	1 669.7	1 672.5	1 674.6
黄9	8.45		1 639.0	1 655	1 654.6	1 660.8	1 660.0	1 664.4	1 663.2	1 664.1	1 663.6	1 666.9	1 663.9	1 666.6	1 667.0	1 667.7	1 669.4
黄9—1	9.23								1 663.0	1 662.0	1 662.0	1 666.3	1 664.1	1 665.0	1 664.3	1 665.7	1 669.1
黄9—2	10.1									1 662.4	1 662.1	1 665.9	1 663.7	1 665.4	1 664.4	1 665.7	1 669.4
黄10	11.2	1 644.5	1 645.0	1 656.1	1 656.7	1 660.0	1 660.0	1 664.5	1 662.4	1 662.4	1 660.5	1 666.1	1 662.9	1 664.8	1 664.0	1 667.7	1 668.9
黄11	13.1	1 648.0	1 648.0	1 656.1	1 656.5	1 660.2	1 660.1	1 664.5	1 663.0	1 662.8	1 660.7	1 666.0	1 664.3	1 665.2	1 664.6	1 667.7	1 668.7
黄12	15.6	1 650.9	1 644.4	1 658.0	1 658.4	1 661.2	1 661.4	1 664.7	1 663.6	1 663.1	1 661.7	1 666.8	1 664.4	1 665.2	1 664.3	1 666.8	1 667.8
黄13	17.9	1 654.8	1 656.1	1 659.6	1 662.5	1 661.2	1 661.9	1 663.6	1 664.4	1 663.8	1 661.7	1 667.2	1 665.6	1 665.9	1 665.2	1 667.8	1 668.8
黄14	19.9	1 658.6	1 658.8	1 661.6	1 661.9	1 663.5	1 663.1	1 665.8	1 664.4	1 664.7	1 663.2	1 668.2	1 668.3	1 667.5	1 666.4	1 666.8	1 670.2
黄15	21.8	1 660.1	1 661.6	1 664.1	1 664.8	1 665.0	1 667.5	1 667.5	1 664.7	1 665.8	1 666.5	1 670.0	1 669.9	1 669.4	1 668.9	1 669.8	1 672.5
黄16	23.9	1 665.4	1 665.8	1 667.3	1 668.5	1 670.3	1 670.7	1 671.1	1 669.2	1 671.2	1 669.7	1 673.3	1 673.3	1 673.4	1 673.7	1 674.3	1 677.4
黄16—1	24.6							1 671.0	1 671.9	1 671.9	1 669.8	1 673.6	1 673.9	1 673.7	1 675.4	1 675.8	1 678.9
黄16—2	25.3							1 673.5	1 674.6	1 675.3	1 674.0	1 677.3	1 677.7	1 677.3	1 679.3	1 676.8	1 685.2
黄17	26.2	1 668.0	1 668.8	1 670.7	1 672.0	1 673.6	1 674.5	1 673.9	1 676.1	1 676.1	1 676.1	1 679.1	1 679.3	1 678.9	1 681.1	1 680.8	1 689.3

续表 C-8

断面名称	里程 (km)	1966年汛后	1969年汛后	1970年汛后	1971年汛前	1971年汛后	1972年汛后	1973年汛后	1974年汛后	1975年汛后	1976年汛前	1976年汛后	1977年汛前	1977年汛后	1978年汛前	1978年汛后	1980年汛后
		库底（最深点）高程（m）															
黄18	27.7	1 666.7	1 670.8	1 671.0	1 672.1	1 675.6	1 677.0	1 677.0	1 678.9	1 680.9	1 679.9	1 682.2	1 685.2	1 685.2	1 692.4	1 692.4	1 698.2
黄19	29.4	1 673.5	1 677.9	1 676.8	1 677.6	1 682.5	1 683.6	1 685.6	1 685.6	1 686.6	1 685.9	1 688.4	1 691.8	1 693.1	1 693.3	1 693.4	1 700.2
黄20	31.0	1 678.3	1 681.2	1 684.4	1 684.7	1 692.9	1 694.9	1 702.9	1 702.6	1 704.3	1 704.7	1 708.5	1 705.7	1 709.1	1 701.8	1 701.6	1 703.7
黄21	32.5	1 680.6	1 684.2	1 690.9	1 690.7	1 700.4	1 703.8	1 703.8	1 704.2	1 706.0	1 707.0	1 713.0	1 702.5	1 706.4	1 703.1	1 701.4	1 704.1
黄22	33.2	1 682.8	1 689.2	1 693.2	1 693.2	1 699.4	1 704.9	1 703.6	1 704.7	1 706.6	1 708.0	1 714.2	1 708.9	1 708.9	1 704.4	1 702.9	1 705.6
黄23	35.2	1 682.1	1 686.9	1 696.3	1 696.6	1 700.4	1 710.5	1 703.2	1 703.0	1 705.6	1 707.9	1 712.3	1 705.9	1 705.9		1 702.8	1 703.4
黄24	38.1	1 688.8	1 693.9	1 703.3	1 703.8	1 700.0	1 713.3	1 704.4	1 705.8	1 704.6	1 712.1	1 710.4		1 709.5		1 704.9	1 705.0
黄25	39.6	1 690.4	1 694.5		1 707.0		1 714.7	1 705.3	1 705.3	1 709.6	1 712.4	1 713.5		1 709.4		1 705.6	1 707.0
黄26	41.0	1 694.4	1 696.1		1 714.6	1 717.3	1 716.0	1 731.1	1 714.9	1 720.6		1 717.2		1 709.9		1 718.6	1 715.8
黄27	44.5	1 699.0	1 700.0				1 710.2	1 702.5	1 703.1	1 701.6		1 702.2				1 702.1	1 707.0
黄28	45.7	1 708.1	1 708.7				1 713.7	1 717.3	1 715.9	1 716.6		1 714.4				1 717.6	1 716.7
黄29	47.4	1 714.1	1 716.7				1 718.7	1 722.9	1 721.1	1 717.8		1 718.6				1 721.6	1 721.8
黄30	51.3	1 724.0					1 725.0	1 725.0	1 726.3	1 724.5		1 725.7				1 726.5	1 726.4
黄31	52.7	1 730.6							1 730.6							1 729.6	
黄32	55.3	1 734.6															
黄39	32.5	1 699.4	1 699.2		1 701.2	1 703.2	1 706.3	1 706.3	1 707.0	1 710.2	1 710.2	1 715.7	1 713.2	1 714.7	1 713.4	1 714.7	1 715.3
黄40	33.3	1 709.0	1 709.2		1 712.0	1 712.6	1 712.6	1 711.9	1 711.5	1 712.6	1 713.8	1 715.9	1 716.8	1 716.2	1 715.7	1 715.7	1 717.9
黄41	34.4	1 717.3	1 721.2			1 723.6	1 722.9	1 723.4	1 722.5	1 724.6	1 723.0	1 725.0	1 721.5	1 721.1	1 723.7	1 723.7	1 723.8
大1	0	1 681.1	1 684.0	1 684.4	1 685.2	1 684.0	1 685.1	1 685.1	1 685.7	1 685.9	1 684.4	1 686.2	1 688.1	1 687.8	1 687.8	1 688.0	1 688.5
大2	1.38	1 690.3	1 690.5	1 690.8	1 692.3	1 692.0	1 691.1	1 690.8	1 692.3	1 692.8	1 692.2	1 691.4	1 694.7	1 694.1	1 695.2	1 695.0	1 697.0
大3	2.5	1 696.8	1 697.0	1 699.3	1 699.5	1 699.5	1 699.9	1 702	1 702.2	1 702.5	1 700.7	1 702.2	1 704.2	1 704.7	1 704.2	1 703.1	1 704.3
大4	4	1 703.5	1 704.2	1 704.3	1 706.9	1 706.9	1 705.4	1 706.8	1 705.0	1 704.0	1 705.3	1 708.1	1 708.7	1 711.0	1 707.0	1 707.0	1 708.8

续表 C-8

库底（最深点）高程（m）

断面名称	里程（km）	1966年 汛后	1969年 汛后	1970年 汛后	1971年 汛前	1971年 汛后	1972年 汛后	1973年 汛后	1974年 汛后	1975年 汛后	1976年 汛前	1976年 汛后	1977年 汛前	1977年 汛后	1978年 汛前	1978年 汛后	1980年 汛后
大5	5.30	1 710.5	1 711.5	1 712.3		1 711.3	1 713.5	1 712.7	1 710.8	1 711.5	1 713.5	1 715.6	1 711.8			1 713.5	1 713.1
大6	6.60	1 717.8	1 717.6	1 719.2		1 718.8	1 718.8	1 719.1	1 718.3	1 719.8	1 718.2	1 721.2	1 720.8		1 720.4	1 720.4	1 718.8
大7	7.80	1 723.7	1 723.3	1 724.2		1 724.0	1 723.2	1 723.2	1 723.7	1 724.6	1 723.6	1 724.4	1 723.0			1 727.4	1 724.7
大8	9.10	1 729.8	1 729.6			1 730.2	1 730.2	1 730.1	1 730.7	1 730.9	1 729.7					1 729.9	
大9	10.2	1 737.6											1 729.5				
洮0	0					1 660.0	1 659.1	1 668.0	1 671.6	1 673.1	1 672.8	1 674.5	1 677.5	1 676.5	1 681.6	1 683.3	1 689.4
洮1	0.42		1 641.6	1 654.9		1 661.6	1 663.3	1 670.1	1 672.0	1 674.8	1 675.4	1 675.4	1 680.1	1 680.1	1 684.3	1 686.1	1 695
洮2	1.11		1 645.5	1 656.5	1 655.7	1 662.1	1 664.6	1 670.8	1 673.5	1 676.7	1 675.9	1 676.9	1 681.7	1 682.8	1 687.6	1 689.0	1 698.4
洮3	2.62		1 660.4	1 657.5	1 658.4	1 666.1	1 668.1	1 674.5	1 677.5	1 682.8	1 682.8	1 681.6	1 692.2	1 691.5		1 695.6	1 700.5
洮4	3.74		1 657.4		1 663.4	1 667.7	1 670.2	1 680.3	1 684.4	1 691.8	1 691.0	1 690.3	1 702.9	1 699.2		1 697.6	1 703.3
洮5	5.94		1 671.8	1 674.6	1 677.6	1 679.2	1 680.3	1 689.0	1 700.6	1 702.7	1 703.6	1 707.3	1 706.2	1 710.1		1 706.0	1 705.5
洮6	8.39		1 694.0	1 695.3	1 696.2	1 701.4	1 698.1	1 701.6	1 705.6	1 704.7	1 706.9	1 711.2		1 711.7		1 709.5	1 707.6
洮7	10.4		1 701.4	1 703.7	1 706.3	1 707.0	1 711.5	1 708.8	1 708.1	1 709.1		1 713.5		1 712.5		1 711.5	1 709.8
洮8	12.1		1 703.9	1 714.9	1 716.0	1 712.0	1 711.3	1 713.4	1 712.1	1 712.6		1 717.0		1 712.8		1 716.2	1 711.6
洮9	13.7		1 713.4	1 721.4		1 715.7	1 715.7	1 716.5	1 716.7	1 719.9		1 721.2		1 715.5		1 721.7	1 715.6
洮10	15.0		1 716.0			1 719.2	1 718.2	1 719.5	1 719.5	1 720.9		1 720.6				1 724.1	1 718.0
洮11	16.9		1 722.3			1 723.9	1 722.9	1 723.4	1 723.4	1 723.3		1 723.6				1 724.4	1 723.2
洮12	18.7		1 723.7			1 725.0	1 725.0	1 725.6	1 725.5	1 722.4		1 723.7				1 723.9	1 724.6
洮13	19.7		1 727.9			1 725.4	1 726.2	1 726.0	1 726.7	1 730.0		1 724.9				1 722.4	1 724.0
洮14	21.1	1 729.6				1 730.0	1 727.4	1 730.5	1 729.3			1 729.1				1 730.3	1 729.8
洮15	22.7	1 733.5															
洮16	23.9	1 735.2															

注：黄指黄河，大指大夏河，洮指洮河，下同。

表 C-9　刘家峡水库 1978 年汛前淤积泥沙容重和颗粒级配表

取样日期（月-日）	断面名称	类别	干容重（t/m³）	中值粒径（mm）	小于某粒径的沙重百分数（%）								
					0.005 mm	0.01 mm	0.025 mm	0.05 mm	0.1 mm	0.25 mm	0.5 mm	1 mm	2 mm
05-19	黄 1	水下	0.84	0.007	43.0	60.5	83.0	94.0	99.9	100			
05-19	黄 3	水下	0.77	0.014	30.0	43.0	76.0	93.0	99.8	100			
05-19	黄 5	水下	0.96	0.022	19.0	26.5	55.0	86.5	99.6	100			
05-19	黄 7	水下	0.94	0.024	10.0	16.0	52.0	92.0	99.9	100			
05-19	黄 9—1	水下	0.97	0.006	46.0	69.0	87.5	93.5	99.8	100			
05-19	黄 12	水下	0.65	0.007	42.6	59.3	73.6	89.4	99.9	100			
05-20	黄 14	水下	0.72	0.005	52.9	67.1	83.9	91.9	99.9	100			
05-20	黄 16	水下	0.79	0.008	41.3	55.1	80.6	91.0	99.9	100			
05-21	黄 18	水下		0.059	10.5	15.2	24.7	44.0	82.2	99.7	100		
06-03	黄 19	滩地	1.24	0.025	26.2	36.5	50.8	58.7	78.8	97.9	99.9	100	
06-01	黄 20	滩地	1.29	0.016	28.8	39.5	63.3	83.9	99.4	99.9	100		
05-30	黄 21	滩地	1.31	0.060	10.6	14.8	22.8	39.8	81.3	96.0	97.5	99.4	100
05-30	黄 22	滩地	1.31	0.049	14.8	19.2	31.1	50.8	92.5	99.9	100		
05-21	洮 0	水下	1.08	0.039	3.5	7.5	11.5	69.5	99.8	100			
05-19	洮 1	水下		0.049	6.5	8.5	13.5	53.0	98.3	100			
05-21	大 1	水下	0.82	0.012	25.7	48.0	68.0	85.8	99.8	100			

表 C-10　刘家峡水库 1980 年汛后淤积泥沙容重和颗粒级配表

取样日期（月-日）	断面名称	类别	干容重（t/m³）	中值粒径（mm）	小于某粒径的沙重百分数（%）								
					0.005 mm	0.01 mm	0.025 mm	0.05 mm	0.1 mm	0.25 mm	0.5 mm	1 mm	2 mm
10-24	黄 1	水下	0.73	0.034	10.5	15.5	36.0	60.0	97.6	100			
10-24	黄 2	水下	0.71	0.004	53.5	71.5	91.5	92.5	99.9	100			
10-24	黄 3	水下	1.07	0.041	12.5	18.5	30.0	60.0	95.6	100			
10-24	黄 4	水下	0.99	0.021	13.5	23.0	56.5	81.5	99.9	100			
10-24	黄 5	水下	1.03	0.029	10.0	16.5	42.0	76.0	99.0	100			
10-28	黄 6	水下	0.84	0.019	18.5	34.5	64.5	77.5	99.9	100			
10-28	黄 7	水下	0.60	0.006	47.0	67.0	81.0	86.0	100				
10-28	黄 9—1	水下	1.00	0.024	21.0	27.0	52.0	80.0	99.1	100			
10-29	黄 12	水下	0.81	0.010	33.6	50.5	69.9	84.3	99.9	100			
10-29	黄 14	水下	0.76	0.006	46.9	63.6	77.9	85.5	98.5	99.2	99.7	99.9	100
11-04	黄 16	水下	0.80	0.007	40.3	59.9	83.1	90.0	99.8	100			
11-05	黄 17	水下	0.77	0.006	43.8	64.2	84.4	90.5	99.9	100			
11-06	黄 18	水下	0.82	0.024	24.1	36.6	51	90	100				
11-08	黄 19	水下	0.78	0.007	38.0	58.0	82.0	86.0	100				
11-12	黄 20	水下	0.75	0.007	38.8	56.0	80.8	87.8	100				
11-13	黄 22	水下	0.70	0.018	19.0	37.5	62.5	83.5	99.9	100			
11-13	黄 24	水下	0.94	0.020	21.0	40.0	58.5	82.0	99.9	100			
11-14	黄 26	水下	1.05	0.044	8.0	16.5	29.0	57.5	98.8	100			
11-15	黄 28	水下		0.059	3.5	6.0	11.5	39.0	94.0	99.9	100		
11-15	黄 30	水下		0.109	3.0	4.5	9.5	18.5	43.7	99.7	100		
10-03	大 1	水下	0.74	0.011	36.5	47.8	63.3	85.0	99.8	100			
10-01	大 3	水下	1.06	0.030	19.8	24.3	45.0	66.0	90.5	95.7	98.0	99.3	100
10-01	大 5	水下	0.95	0.033	18.7	25.5	42.2	62.2	94.1	99.6	99.9	100	
10-31	大 7	水下	0.82	0.030	13.5	21.0	43.5	76.0	99.4	100			
10-21	洮 0	水下	0.94	0.017	15.0	26.0	66.0	91.5	99.8	100			
10-21	洮 1	水下	0.96	0.018	17.0	27.0	67.5	90.0	99.7	100			
10-21	洮 2	水下	0.37	0.010	34.0	49.0	79.5	85.0	99.9	100			
10-21	洮 3	水下	0.74	0.004	53.0	77.0	92.0	94.0	100				
10-21	洮 4	水下	0.66	0.006	45.0	69.0	89.5	93.5	99.9	100			
10-21	洮 5	水下	0.81	0.013	27.0	43.0	85.5	93.5	100				
10-21	洮 6	水下	0.74	0.008	36.0	57.0	83.0	90.0	99.9	100			
10-21	洮 7	水下	0.95	0.026	10.5	17.0	49.0	83.0	99.2	99.6	100		
10-22	洮 8	水下	0.90	0.011	33.0	48.5	70.0	85.5	99.8	100			
10-22	洮 10	水下	0.82	0.037	12.5	17.0	33.5	65.0	98.5	100			
10-22	洮 11	水下	0.90	0.037	13.5	18.5	31.0	69.0	98.8	100			
10-23	洮 12	水下	0.77	0.038	10.0	14.0	30.0	66.5	99.7	100			
10-23	洮 13	水下	0.86	0.048	4.5	8.5	19.0	52.0	96.7	99.6	100		
10-23	洮 14	水下		0.093		4.0	6.0	16.5	58.0	99.6	100		

表 C-11 刘家峡水库淤积物干容重与中值粒径表

黄河干流库区

断面编号	干容重(t/m³) 水下淤积物	干容重 滩地淤积物	干容重 平均	中值粒径(mm) 水下淤积物	中值粒径 滩地淤积物	中值粒径 平均
黄 1	0.96			0.018		
黄 3	1.03			0.022		
黄 5	0.95			0.022		
黄 7	0.90			0.017		
黄 9—1	0.86			0.014		
黄 12	0.77			0.009		
黄 14	0.81			0.010		
黄 16	0.82			0.008		
黄 17	0.88			0.008		
黄 18	0.85	1.35	0.96	0.016	0.043	0.022
黄 19	0.78	1.36	0.98	0.010	0.055	0.022
黄 20	0.83	1.33	1.00	0.010	0.031	0.015
黄 21	0.75	1.31	1.17	0.012	0.055	
黄 22	0.92	1.34	1.03	0.019	0.065	0.031
黄 24	0.91			0.017		
黄 26	0.90			0.041		
黄 28	1.18			0.063		
黄 30	0.89	1.23		0.081	0.079	

支流库区

断面编号	干容重(t/m³) 水下淤积物	中值粒径(mm) 水下淤积物	中值粒径 滩地淤积物
洮 0	1.03	0.019	
洮 1	0.91	0.020	
洮 2	0.67	0.014	
洮 3	1.07	0.020	
洮 4	1.01	0.030	
洮 5	0.85	0.018	0.074
洮 6	1.01	0.019	0.165
洮 7	1.03	0.026	0.115
洮 8	1.28	0.036	0.130
洮 9	0.99	0.033	0.240
洮 10	0.96	0.03	0.180
洮 12	0.93	0.048	0.155
洮 13	0.85	0.036	0.170
洮 14	1.03	0.049	0.320
大 1	0.85	0.011	
大 3	1.03	0.020	
大 4	1.00	0.021	
大 5	0.94	0.017	
大 7	0.90	0.019	

C.3 盐锅峡水库

表 C-12 盐锅峡水库历年库容表 （单位：×10⁶ m³）

水位(m)	原始库容	1962 年	1964 年	1985 年	1990 年	1994 年	1998 年
1 580	3.3						
1 585	8						
1 590	18						
1 595	32						
1 600	50	0.91		0.067	0.124	0.071	0.086
1 602	59	2.71	0.21	0.132	0.196	0.139	0.141
1 604	70	5.6	0.86	0.251	0.298	0.217	0.211
1 606	80	10.4	1.88	0.455	0.438	0.327	0.283
1 608	93	17.1	3.26	0.925	0.801	0.474	0.383
1 610	108	25.8	5.22	2.45	1.79	0.753	0.604
1 612	125	36.6	9.17	6.62	4.34	1.5	1.16
1 614	145	49.7	17.00	14.01	10.16	3.88	2.71
1 616	173	66.6	30.4	26.37	21.89	11.87	9.08
1 618	200	90.6	49.3	43.38	39.35	26.51	22.86
1 619	216	105	62.6	53.96	49.62	35.85	31.91
1 620	238	119	77.8	66.17	61.73	47.13	43.01
1 621	265						

表 C-13 盐锅峡水库溢流闸门溢流量及库容关系表

水库水位 （m）	六孔全开流量 （m³/s）	水库水位 （m）	六孔全开流量 （m³/s）
1 613	1 080	1 619	4 596
1 614	1 542	1 620	5 340
1 615	2 058	1 621	6 108
1 616	2 628	1 622	6 906
1 617	3 246	1 623	7 746
1 618	3 894	1 624	8 568

表 C-14 盐锅峡水库历年淤积纵断面表

断面编号	里程(km)	库底(最深点)高程(m) 日期(年-月-日)															
		1962-10	1963-10-22	1964-09-01	1965-10-17	1966-10-17	1967-08	1968-10	1970-10	1971-10-30	1973-11-04	1974-12-21	1975-10-14	1976-10-09	1977-11-06	1978-10-25	1999-05-14
黄0	0	1 593.6	1 597.6	1 596.5	1 595.0	1 593.5		1 593.3	1 593.2	1 591.6	1 593.0	1 590.4	1 590.4	1 952.1	1 592.8	1 590.9	1 592.6
黄1	0.318	1 597.7	1 597.3	1 595.2	1 603.4	1 606.8	1 604.3	1 605.2	1 607.2	1 606.2	1 609.1	1 609.4	1 607.7	1 607.5	1 607.2	1 603.9	1 604.0
黄2	0.689	1 596.5	1 601.7	1 608.7	1 609.0	1 608.0	1 609.8	1 609.7	1 610.7	1 607.9	1 610.3	1 609.1	1 607.5	1 607.6	1 607.5	1 607.9	1 606.8
黄3	1.729	1 597.0	1 605.6	1 608.1	1 609.1	1 608.0	1 608.3	1 608.2	1 607.9	1 610.3	1 611.3	1 611.7	1 610.1	1 609.4	1 611.2	1 608.4	1 608.1
黄4	4.019	1 601.4	1 611.0	1 607.1	1 605.0	1 606.2	1 610.8	1 608.3	1 608.5	1 605.3	1 609.8	1 608.9	1 606.1	1 608.7	1 608.9	1 607.4	1 608.5
黄5	5.499	1 603.3	1 609.5	1 610.6	1 612.0	1 609.6	1 612.0	1 611.6	1 613.7	1 614.1	1 613.4	1 612.3	1 613.4	1 612.7	1 613.1	1 613.2	1 613.2
黄6	6.467	1 603.3	1 603.7	1 604.5	1 605.7	1 605.2	1 607.6	1 606.7	1 609.5	1 610.1	1 609.4	1 610.1	1 609.7	1 608.0	1 607.8	1 607.9	1 607.7
黄7	8.292	1 603.6	1 606.6	1 609.7	1 612.0	1 608.5	1 610.4	1 609.1	1 612.0	1 610.5	1 610.8	1 611.1	1 609.0	1 609.1	1 610.9	1 610.5	1 610.3
黄8	10.102	1 597.3	1 602.5	1 603.0	1 603.8	1 606.2	1 604.5	1 602.0	1 609.3	1 609.1	1 609.3	1 609.3	1 607.5	1 606.3	1 607.2	1 608.5	1 607.9
黄9	11.652	1 593.7	1 603.1	1 601.5	1 602.3	1 598.4	1 603.4	1 600.9	1 601.7	1 598.5	1 601.1	1 603.8	1 595.7	1 600.3	1 604.0	1 596.5	1 597.5
黄10	12.287	1 612.2	1 611.4	1 611.0	1 613.7	1 614.2	1 613.8	1 614.0	1 614.0	1 614.6	1 612.5	1 613.8	1 614.4	1 613.3	1 614.4	1 611.6	1 612.8
黄11	14.347	1 599.8	1 605.8	1 601.0	1 604.5	1 603.9	1 603.6	1 604.1	1 611.0	1 603.0	1 607.2	1 610.6	1 603.2	1 602.8	1 608.7	1 603.8	1 603.7
黄12	18.899	1 607.3	1 607.3	1 609.7	1 611.1	1 610.6	1 609.9	1 606.5	1 609.4	1 603.5	1 607.8	1 609.8	1 605.7	1 606.9	1 608.4	1 606.0	1 606.0
黄13	18.979	1 605.4	1 612.8	1 611.8	1 612.4	1 612.2	1 612.7	1 612.3	1 612.3	1 612.1	1 612.0	1 612.1	1 612.9	1 607.9	1 612.8	1 613.3	1 613.3
黄14	20.004	1 607.6	1 609.1	1 610.0	1 612.3	1 613.1	1 612.3	1 611.2	1 613.4	1 611	1 612.4	1 609.0	1 611.5	1 613.5	1 612.3	1 610.6	1 610.7
黄15	22.034	1 612.5	1 611.7	1 610.8	1 611.4	1 613.4	1 614.7	1 615.0	1 613.1	1 609.1	1 609.1	1 610.8	1 611.9	1 612.1	1 613.6	1 613.9	1 613.9
黄16	24.449	1 611.5	1 608.6	1 610.5	1 614.5	1 610.9	1 614.2	1 614.2	1 613.3	1 611.3	1 611.0	1 614.7	1 610.5	1 609.9	1 610.6	1 609.8	1 609.9
黄17	25.881	1 613.5	1 615.1	1 615.8	1 614.7	1 613.2	1 615.3	1 613.0	1 614.0	1 613.7	1 613.7	1 614.1	1 614.1	1 614.4	1 613.9	1 614.0	1 614.1
黄18	27.046	1 613.9	1 610.8	1 613.7	1 614.4	1 613.8	1 614.4	1 615.3	1 612.9	1 611.2	1 610.0	1 610.2	1 610.5	1 610.4	1 609.9	1 609.6	1 609.8
黄19	28.614	1 610.0	1 608.4	1 612.8	1 614.8	1 611.0	1 612.5	1 613.9	1 613.3	1 608.5	1 614.1	1 614.6	1 614.7	1 615.1	1 613.5	1 614.6	1 614.2
黄20	30.564	1 612.5	1 608.5	1 608.9	1 609.8	1 611.5	1 609.8	1 611.7	1 611.7	1 611.7	1 608.9	1 610.5	1 612.1	1 612	1 612	1 611.9	1 612.5

表 C-15　盐锅峡水库淤积泥沙中值粒径表

（单位：mm）

断面号	时间（年-月）											
	1964-11	1965-10	1966-10	1970-07～10	1971-10	1972-08	1974-10	1975-10	1976-10	1977-11	1978-10	1979-05
黄1	0.044	0.140	0.112	0.225	0.127	0.207	0.146	0.147	0.325	0.058	0.283	0.364
黄2	0.132	0.138	0.103	0.240	0.274	0.271	0.208	0.401	0.208	0.138	0.274	0.330
黄3	0.145	0.099	0.109	0.225	0.099	0.278	0.093	0.100	0.117	0.059	0.857	0.223
黄4	0.116	0.109	0.127	0.019	0.075	0.390	0.121	0.237	0.417	0.067	0.293	0.354
黄5	0.094	0.124	0.197	0.035	0.169	0.300	0.125	0.120	0.387	0.062	0.445	0.412
黄6	0.008	0.144	0.107	0.049	0.240	0.326	0.163	0.220	0.276	0.210	0.312	0.137
黄7	0.198	0.132	0.134	0.126	0.200	0.286	0.212	0.284	0.466	0.075	0.485	0.460
黄8	0.192	0.147	0.113	0.310	0.352	0.370	0.275	0.240	0.257	0.075	0.332	0.267
黄9	0.087	0.134	0.123	0.101	0.270	0.290	0.240	0.290	0.560	0.249	0.224	0.285
黄10	0.252	0.087	0.224	0.213	0.175	0.463	0.202	0.189	0.504	0.208	0.288	0.442
黄11	0.204	0.174	0.240	0.335	0.345	0.350	0.217	0.289	0.394	0.294	0.420	0.533
黄12	0.532	0.195	0.246	0.406	0.320	0.240	0.240	0.310	0.440	0.206	0.487	0.565
黄13	0.165	0.219	0.146	0.061	0.327	0.240	0.320	0.407	0.510	0.595	0.470	0.607
黄14	0.307	0.184	0.144	0.250	0.388	0.445	0.380	0.344	0.546	0.312	0.393	0.576
黄15	0.758	0.317	0.202	0.327	0.336	0.510	0.540	0.465	0.549	0.398	0.316	0.379
黄16	0.400	0.207	0.412	0.035	7.60	0.160	4.93	18.75	0.414		0.242	3.85
黄17	0.645	1.825	0.215	0.363	12.26	26.4	10.03	11.77	26.6	18.7	3.7	
黄18	0.33	0.40	0.204	10.3	2.25	0.18	0.175	26.6	15.3		21.3	
黄19	0.59	13.94		3.07		31.1	17.2					

表 C-16 盐锅峡淤积泥沙容重表

断面编号	取样位置	干容重(t/m³)	测线号	测线距断面(m)	入泥深(m)	测点	测线平均	断面编号	取样位置	入泥深(m)	测点	测线平均
		1964年10月环刀法		1965年5~6月 r-r法		干容重(t/m³)			1967年10月 r-r法		干容重(t/m³)	
黄3		1.07	黄0	上游1	2.4	1.43	1.33	黄14	右岸	0.5	1.20	1.25
黄4		1.13	黄2-1	上游7	1.6	1.42	1.42			2.0	1.24	
黄5		1.36	黄2-2	0	2.4	1.46	1.42			3.5	1.31	
黄6	左岸	1.48			0.8	1.39		黄15	右岸	0.85	1.30	1.23
黄7		1.33	黄4-1	上游52	1.5	1.42	1.42			1.35	1.18	
黄9		1.37	黄4-2	上游52	2.9	1.46	1.44			1.85	1.20	
黄11		1.38			0.9	1.42				2.35	1.19	
黄13		1.32	黄7-1	上游29	4.2	1.4	1.38			2.85	1.21	
黄14		1.08			2.2	1.37				3.35	1.29	
黄15		1.31	黄7-2	上游17	2.1	1.42	1.41	黄16	右岸	0.70	1.30	1.3
黄16		1.44			1.1	1.40			左岸	0.85	1.26	1.32
黄17	左岸	1.50	黄10-1	上游148	2.45	1.38	1.36			1.35	1.24	
	右岸	1.47			1.65	1.35				1.85	1.22	
黄18-1	左岸	1.47	黄10-3	0	1.9	1.60	1.60			2.35	1.37	
	右岸	1.36	黄12-1	0	2.0	1.42	1.42			2.85	1.52	
黄18		1.50	黄14-1	上游16	2.2	1.40	1.37	黄18	左岸	0.31	0.76	0.76
黄19	左岸	1.40			1.2	1.34		黄19	左岸上游200 m	0.65	1.09	1.18
		1.44	黄14-1	0	2.3	1.46	1.43			0.85	1.27	
黄20	右岸	1.55			1.3	1.40		黄20		0.30	1.10	1.22
	左岸	1.51	黄17-1	0	0.7	1.36	1.36			0.60	1.33	
	右岸	1.50										

表 C-17　盐锅峡历年淤积量表

断面法(万 m³)		输沙率法(万 t)			
时段(年-月)	淤积量	年份	入库沙量	出库沙量	淤积量
1961	6 600	1961	9 760	5 040	4 720
1962	4 700	1962	3 780	873	2 907
1962-10～1963-10	2 054	1963	5 480	3 330	2 150
1963-10～1964-10	2 056	1964	14 000	12 200	1 800
1964-10～1965-10	885	1965	3 090	2 360	730
1965-10～1966-10	−77	1966	8 210	8 120	90
1966-10～1967-10	489	1967	19 500	20 100	−600
1967-10～1968-10	212	1968	7 990	8 070	−80
1968-10～1970-10	388	1969	144	324	−180
1970-10～1971-10	−603	1970	639	1 470	−831
1971-10～1972-10	−113	1971	521	1 350	−829
1972-10～1973-10	43	1972	591	856	−265
1973-10～1974-10	231	1973	1 480	1 950	−470
1974-10～1975-10	−498	1974	233	664	−431
1975-10～1976-10	−369	1975	511	892	−381
1976-10～1977-10	560	1976	2 270	3 540	−1 270
1977-10～1978-10	−562	1977	1 660	1 320	340
1978-10～1979	27	1978	2 840	3 880	−1 040
1979～1980	383	1979	3 490	4 940	−1 450
		1980	668	686	−18

表 C-18　盐锅峡水电厂机组出力—水头—流量关系表

(单位:出力,万 kW;水头,m;流量,m³/s)

水头	不同出力条件下的流量										
	35	35.5	36	36.5	37	37.5	38	38.5	39	39.5	40
0	44	44	44	43	43	43	43	42	42	42	42
0.4	48	48	47	47	47	47	47	46	46	46	46
0.8	54	54	54	53	53	53	53	53	52	52	52
1.2	63	63	62	62	62	62	62	61	61	61	61
1.6	73	73	72	72	71	71	71	70	70	69	69
2.0	83	82	81	81	80	80	79	79	78	77	77
2.4	94	93	92	92	91	91	90	89	88	88	87
2.8	105	103	102	102	101	100	99	99	98	98	97
3.2	115	113	112	112	111	110	109	108	107	106	105
3.6	128	126	125	124	123	122	120	118	117	116	115
4.0	148	143	139	136	134	132	130	129	128	127	126
4.4		162	156	153	150	147	144	142	139	137
4.8							173	168	161	156

C.4 八盘峡水库

表 C-19　八盘峡水库历年库容表　（单位：×10⁶ m³）

水位（m）	原始库容	1975 年	1976 年	1977 年	1979 年	1980 年	1985 年	1990 年	1994 年	1999 年
1 554		0.051 7								
1 556		0.158								
1 558		0.365		0.008 68	0.020 8					
1 560		0.895				0.04				
1 562	1.5	1.72		0.095 5	0.126					
1 564	4.0	3.09	0.56			0.21				
1 566	7.7	5.7	1.63	0.378	0.407	0.35	0.347	0.253	0.149	0.103
1 568	12.1	9.93	4.31			1.33	1.78	0.897	0.282	0.179
1 570	17.5	15.4	8.27	3.41	3.5	4.21	5.09	3.13	0.881	0.527
1 572	24.0	22.1	14.0			9.27	10.11	7.51	3.04	1.62
1 574	32.0	30.5	21.2	15.5	15.2	16	16.79	13.8	7.71	5.34
1 576	40.0	40.3	30.3			24.1	24.86	21.39	14.55	11.95
1 578	49.0	51.9	42.0	35.8	33.6	34.4	34.45	30.92	23.56	20.29

注：原始库容、1975、1976、1977、1979、1980 年资料来源于《全国大中型水利水电工程泥沙成果汇编》，1985、1990、1994、1999 年资料来源于《甘肃水库运用资料手册》。

表 C-20　八盘峡水库 1983 年库容表　（单位：×10⁶ m³）

水位（m）	0	0.1	0.2	0.3	0.4	0.5	0.6	0.7	0.8	0.9
1 572	11.69	12.02	12.34	12.67	12.99	13.32	13.64	13.97	14.29	14.62
1 573	14.94	15.30	15.65	16.01	16.37	16.73	17.08	17.44	17.80	18.15
1 574	18.51	18.91	19.30	19.70	20.09	20.49	20.88	21.28	21.67	22.07
1 575	22.46	22.89	23.31	23.74	24.16	24.59	25.02	25.44	25.87	26.29
1 576	26.72	27.20	27.67	28.15	28.62	29.10	29.57	30.05	30.52	31.00
1 577	31.47	32.04	32.60	33.17	33.73	34.30	34.87	35.43	36.00	36.56
1 578	37.13	37.78	38.43	39.09	39.74	40.39				

表 C-21 八盘峡水库溢流闸门溢流量及库容关系表 （单位:m³/s)

水库水位(m)	排沙廊道	泄洪闸	溢流坝	非常溢洪道	合计
1 560		306			306
1 561		549			549
1 562		786			786
1 563		1 017			1 017
1 564		1 245			1 245
1 565		1 467			1 467
1 566	46	1 683	0	0	1 729
1 567	54	1 893	80		2 027
1 568	62	2 097	200		2 359
1 569	71	2 292	368		2 731
1 570	80	2 478	584	300	3 442
1 571	89	2 652	840	430	4 011
1 572	97	2 814	1 128	560	4 599
1 573	106	2 964	1 448	720	5 238
1 574	115	3 105	1 792	894	5 906
1 575	124	3 237	2 160	1 080	6 601
1 576	132	3 360	2 552	1 280	7 324
1 577	141	3 474	2 960	1 472	8 047
1 578	150	3 579	3 376	1 660	8 765
1 579	158	3 678	3 800	1 840	9 476
1 580	167				

表 C-22 八盘峡水库历年淤积纵断面表

断面编号	里程(km)	库底(最深点)高程(m) 日期(年-月-日)										
		1975-06-18	1976-05-29	1976-08-14	1976-10-24	1977-05-17	1977-08-01	1977-10-09	1978-05-22	1978-08-04	1979-04-25	1979-08-01
黄0	0	1 554.1	1 554.8	1 554.8	1 554.6	1 554.9	1 555.3	1 554.9	1 554.1	1 552.8	1 554.2	1 554.2
黄1	0.262	1 553.2	1 554.8	1 562.1	1 560.1	1 559.1	1 560.4	1 562.3	1 561.6	1 562.7	1 563.5	1 560.8
黄2	0.990	1 557.4	1 557.3	1 563.9	1 560.5	1 559.1	1 566.6	1 563.2	1 562.4	1 564.8	1 561.7	1 565.2
黄3	1.590	1 549.6	1 554.1	1 561.0	1 560.6	1 560.3	1 565.3	1 562.8	1 562.5	1 565.4	1 565.5	1 561.4
黄4	2.777	1 552.8	1 562.7	1 566.6	1 564.9	1 564.1	1 569.1	1 566.3	1 565.8	1 568.4	1 565.4	1 568.4
黄5	3.778	1 559.8	1 560.9	1 564.7	1 561.1	1 559.9	1 567.5	1 565.8	1 565.4	1 569.5	1 560.3	1 566.9
黄6	4.594	1 561.1	1 564.9	1 565.8	1 564.8	1 566.3	1 565.2	1 566.5	1 566.5	1 570.4	1 566.2	1 567.5
黄7	5.494	1 563.1	1 564.6	1 567.6	1 565.0	1 564.9	1 568.8	1 566.9	1 566.2	1 568.3	1 565.8	1 566.4
黄8	6.935	1 564.9	1 565.5	1 566.5	1 566.7	1 566.3	1 568.6	1 567.2	1 566.9	1 568.0	1 566.4	1 568.4
黄9	8.029	1 565.0	1 566.5	1 567.3	1 565.8	1 565.5	1 567.5	1 566.3	1 566.1	1 566.2	1 567.1	1 567.5
黄10	9.747	1 561.6	1 563.6	1 563.6	1 563.9	1 562.6	1 563.9	1 564.7	1 565.8	1 565.9	1 565.6	1 567.1
黄11	10.659	1 566.6	1 566.8	1 567.4	1 566.9	1 566.3	1 566.0	1 566.4	1 566.1	1 566.9	1 566.4	1 566.9
黄12	12.820	1 565.4	1 567.6	1 569.9	1 569.2	1 567.7	1 568.4	1 568.1	1 566.9	1 565.7	1 566.4	1 568.3
黄13	14.418	1 570.2	1 570.2	1 570.0	1 570.2	1 569.8	1 570.0	1 570.2	1 570.2	1 570.1	1 570.1	1 570.2
黄14	15.962	1 573.3	1 573.3	1 573.3	1 573.3	1 573.3			1 573.7		1 574.2	1 574.2
盐锅峡坝址	16.71											

表 C-23　八盘峡水库支流历年淤积纵断面表

库底（最深点）高程（m）

断面编号	里程（km）	日期（年-月-日）									
		1975-06-18	1976-05-29	1976-08-14	1976-10-24	1977-05-17	1977-08-01	1977-10-09	1978-05-22	1978-08-04	1979-04-25
湟1	5.049	1 566.2	1 569.4	1 570.4	1 570.8	1 574.6	1 573.2	1 570.0	1 571.3	1 573.2	1 573.9
湟2	5.521	1 566.3	1 572.0	1 571.3	1 571.3	1 570.2	1 572.8	1 570.7	1 572.8	1 574.1	1 574.5
湟3	6.382	1 566.8	1 571.9	1 567.4	1 569.6	1 571.5	1 569.8	1 569.8	1 570.8	1 570.5	1 572.8
湟4	6.995	1 569.4	1 572.9	1 570.9	1 569.5	1 570.9	1 570.0	1 570.9	1 571.2	1 572.1	1 574.5
湟5	8.334	1 572.5	1 574.1	1 575.0	1 575.1	1 575.7	1 575.4	1 575.2	1 574.8	1 575.8	1 575.5
湟6	9.394	1 574.0	1 572.1	1 572.1	1 572.3	1 573.6	1 572.6	1 574.8	1 574.4	1 574.7	1 575.1
湟7	10.613	1 578.6	1 578.9	1 578.7	1 578.9	1 578.6	1 578.6	1 578.6	1 578.7	1 578.6	1 578.6
湟8	11.650	1 579.1	1 579.8	1 578.7	1 578.6	1 579.1			1 578.4	1 578.4	1 578.2
湟9	12.782	1 582.1		1 582.6		1 583.2			1 583.1		1 582.9
湟10	13.678	1 584.7		1 584.6		1 584.8			1 584.6		1 584.9
湟11	14.822	1 586.9		1 587.8		1 586.2			1 587.4		1 587.4
湟12	16.059	1 591.0									
湟13	17.881	1 593.9									

表 C-24　八盘峡水库淤积泥沙中值粒径表　　（单位：mm）

断面编号	测次	施测时间(年-月)							
		1976-08	1976-10	1977-10	1978-05	1978-08	1978-10	1979-04	1979-07
黄1	1				0.048	0.036		0.054	0.019
	2				0.047	0.035		0.056	0.063
	3				0.043	0.025		0.034	0.019
黄2	1	0.091	0.202	0.036			0.283		
	2	0.087	0.314	0.079			0.270		
	3	0.058	0.048	0.037			0.305		
黄3	1	0.252	0.232	0.065	0.054	0.052	0.208	0.049	0.037
	2	0.210	0.278	0.108	0.023	0.025	0.241	0.041	0.072
	3	0.094		0.242	0.300	0.015	0.407	0.042	0.060
黄5	1	0.068	0.050	0.073	0.158	0.048	0.046	0.017	0.053
	2	0.146	0.570	0.287	0.028	0.092	0.250	0.047	0.056
	3	0.062	0.164	0.377	0.020	0.068	0.220	0.031	
黄6	1		0.113	0.110	0.051	0.039	0.018	0.184	0.395
	2	0.165	0.059	0.048	0.041	0.081	0.283	0.289	0.168
	3	0.047		0.096	0.061	0.029	0.095	0.049	0.176
黄7	1	0.092	0.221	0.212	0.077	0.010	0.207	0.067	0.049
	2	0.133	0.287	0.210	0.020	0.014	0.230	0.029	0.054
	3		0.251		0.046	0.028	0.010	0.041	0.044
黄9	1	1.110	0.321	0.061	0.375	0.009	0.290	0.255	0.055
	2	0.128	0.350	0.318	0.292		0.338	0.300	0.043
	3	0.102	0.337	0.053	0.192		0.122	0.060	0.045
黄11	1	0.248	0.405	0.342	0.410	0.012	0.330	0.450	0.390
	2		0.335	0.070	0.387	0.022	0.330	0.062	0.042
	3	0.059	0.059	0.070	0.015	0.019	0.014	0.052	0.040
黄12	1					0.043			
	2					0.046			
	3					0.032			
湟1	1	0.058	0.162	0.074	0.031	0.068	0.021	0.255	0.190
	2	0.094	0.185	0.056	0.022	0.067	0.086	0.012	0.092
	3	0.059	0.066	0.047	0.013	0.033	0.094	0.024	0.039
湟2	1	0.108	0.052	0.026	0.032	0.046	0.186	0.023	
	2	0.177	0.200	0.044	0.021	0.146	0.285	0.034	
	3	0.204	0.236	0.044	0.045	0.018	0.486	0.020	
湟3	1	0.072	0.200	0.560	0.045	0.045	0.290	0.359	0.094
	2	0.104	0.263	0.233	0.145	0.243	0.390	0.445	0.146
	3		0.422	0.110	0.425	0.208	0.353	0.415	0.257
湟4	1	0.114	0.413	0.522	0.240	0.192	0.344	0.380	0.031 0.470
	2	0.177	0.297	0.522	0.060	0.057	0.385	0.490	
	3	0.330	0.372	0.338	0.041	0.206	0.337	0.047	0.640
湟5	1					0.425			0.700
	2					0.190			0.520
	3					0.440			0.092

断面编号	测次	施测时间(年-月)							
		1976-08	1976-10	1977-10	1978-05	1978-08	1978-10	1979-04	1979-07
湟6	1	0.060	0.408	0.452	31.000		0.035	18.400	
	2	19.600		0.640	0.143		0.280	0.510	
	3	0.183	0.770	0.680	0.450		0.900	0.520	
湟8	1	94.0							
	2	32.0							

C.5 青铜峡水库

表 C-25 青铜峡水库库容变化

年份	库容(亿 m³)	年份	库容(亿 m³)
1966	6.068 0	1981	0.558 9
1967	3.848 0	1982	0.574 5
1968	2.675 0	1983	0.541 1
1969	2.101 0	1984	0.497 4
1970	1.049 5	1985	0.414 2
1971	0.790 0	1986	0.497 3
1972	0.907 4	1987	0.436 9
1973	0.770 7	1988	0.233 0
1974	0.743 2	1989	0.420 4
1975	0.783 2	1992	0.317 4
1976	0.774 5	1993	0.413 8
1977	0.603 3	1995	0.333 8
1978	0.507 9	1996	0.252 2
1979	0.440 3	2000	0.346 3
1980	0.429 1	2005	0.300 0

表 C-26 青铜峡水库泄水闸门泄流量　　　　　　　（单位:m³/s）

水库水位(m)	溢流坝	泄洪闸	泄水管	15#泄水管	灌溉孔	高干渠引水孔	合计
1 150	210	1 494	2 072	87	88		3 951
1 151	434	1 641	2 156	94	93		4 418
1 152	756	1 785	2 226	98	98		4 963
1 153	1 218	1 908	2 296	102	102	10	5 636
1 154	1 834	2 022	2 366	106	107	34	6 469
1 155	2 506	2 124	2 422	110	111	70	7 343
1 156	3 248	2 214	2 492	114	115	70	8 253
1 157	4 067	2 304	2 562	117	119	70	9 239

表 C-27　青铜峡水库历年淤积纵断面表

库底高程（m）

断面编号	里程（km）	1963年 10~11月	1964年 9月	1965年 10月	1966年 10~11月	1967年 10~11月	1968年 10月	1969年 9~10月 滩面	1969年 9~10月 最深点	1970年 9~10月 滩面	1970年 9~10月 最深点	1971年 9月	1972年 9月	1973年 9月	1974年 9月	1975年 9月	1976年 9~10月
黄1	0.99	1 134.6	1 134.0		1 134.8	1 140.8	1 143.3	1 147.7	1 145.4	1 150.4	1 149.5	1 150.2	1 1484.0	1 149.6	1 148.5	1 147.6	1 148.5
黄2	2.08	1 134.8	1 135.3	1 135.1	1 135.8	1 141.8	1 144.2	1 148.3	1 145.9	1 151.2	1 149.0	1 149.2	1 148.6	1 150.1	1 148.3	1 148.6	1 148.7
黄3	3.22	1 134.3	1 134.6		1 134.4	1 137.6	1 138.1	1 145.6	1 143.4	1 150.6	1 147.8	1 149.0	1 148.0	1 149.4	1 149.3	1 146.3	1 144.8
黄4	4.32	1 134.4	1 133.2	1 135.7	1 133.1	1 138.1	1 138.7	1 148.0	1 143.5	1 151.7	1 146.8	1 146.7	1 145.1	1 146.6	1 144.7	1 145.8	1 145.2
黄5	5.19	1 134.6	1 132.8		1 135.0	1 139.1	1 142.7	1 146.5	1 145.0	1 150.6	1 148.5	1 149.0	1 146.1	1 148.9	1 148.0	1 148.3	1 147.7
黄6	6.12	1 133.2	1 131.6		1 132.3	1 137.5	1 138.1	1 145.4	1 143.5	1 149.2	1 146.6	1 147.2	1 146.6	1 149.2	1 147.4	1 145.5	1 142.8
黄7	6.99	1 134.6	1 134.3		1 134.5	1 138.0	1 141.2	1 145.4	1 143.7	1 149.9	1 145.3	1 144.7	1 144.6	1 144.3	1 143.7	1 143.8	1 143.6
黄8	7.77	1 135.5	1 134.3	1 135.5	1 136.7	1 140.2	1 139.8	1 145.9	1 143.8	1 150.0	1 145.8	1 145.2	1 144.1	1 146.2	1 144.9	1 144.0	1 142.0
黄9	8.73	1 136.7	1 135.1		1 136.3	1 142.2	1 141.9	1 149.5	1 143.9	1 150.9	1 148.3	1 149.3	1 147.8	1 147.7	1 143.3	1 146.2	1 144.0
黄10	10.07	1 138.3	1 138.6	1 139.3	1 139.5	1 145.1	1 147.9	1 151.8	1 148.9	1 153.5	1 149.7	1 150.0	1 148.8	1 149.3	1 148.6	1 148.5	1 148.0
黄11	11.29	1 134.8	1 134.9		1 136.4	1 146.3	1 149.3	1 152.5	1 150.3	1 154.1	1 151.2	1 152.3	1 149.3	1 149.9	1 151.2	1 150.1	1 143.8
黄12	12.64	1 139.8	1 139.9	1 140.6	1 140.2	1 148.1	1 150.3	1 152.9	1 152.4	1 154.0	1 150.6	1 151.8	1 150.0	1 150.6	1 150.4	1 150.3	1 150.8
黄13	14.00	1 139.4	1 140.0	1 140.6	1 140.6	1 147.5	1 148.4	1 153.0	1 151.3	1 154.3	1 150.9	1 152.1	1 146.8	1 146.7	1 147.7	1 146.6	1 146.5
黄14	15.02	1 140.7	1 141.7														
黄15	16.21	1 141.3	1 141.9	1 142.7	1 141.9	1 147.8	1 150.9	1 153.5	1 152.5	1 154.6	1 151.3	1 151.2	1 150.0	1 149.0	1 148.8	1 151.7	1 151.6
黄16	17.18	1 143.7	1 142.2			1 147.4											
黄17	18.31	1 143.6		1 143.2	1 143.2	1 148.0	1 146.8		1 152.2	1 155.3	1 151.1	1 148.4	1 143.4	1 143.9	1 143.5	1 144.1	1 143.8
黄18	19.47	1 144.8	1 144.7			1 149.0	1 150.3	1 154.1	1 152.7	1 155.4	1 152.9	1 151.8	1 150.7	1 152.7	1 151.7	1 151.8	1 149.4
黄19	20.75	1 145.6	1 146.2			1 148.8											
黄20	21.89	1 146.9	1 146.4		1 144.9	1 145.9	1 151.0	1 154.4	1 153.0	1 155.9	1 153.1	1 153.4	1 150.0	1 152.9	1 149.3	1 151.5	1 151.1
黄21	23.92				1 145.8	1 148.6	1 150.4	1 154.8	1 153.7	1 156.3	1 152.6	1 153.8	1 149.6	1 151.7	1 152.5	1 151.3	1 151.1
黄22	25.55				1 146.6	1 148.3	1 149.5	1 155.1	1 152.2	1 156.4	1 154.0	1 153.3	1 153.4	1 153.3	1 151.9	1 151.5	1 152.0
黄23	27.17					1 150.0	1 151.2	1 155.5	1 153.2	1 156.3	1 153.5	1 154.3	1 153.3	1 152.9	1 154.3	1 152.6	1 152.8
黄24	28.77				1 150.3	1 150.6	1 152.4	1 155.7	1 153.9	1 156.7	1 154.5	1 154.8	1 153.1	1 154.6	1 154.3	1 153.3	1 154.3
黄25	30.38				1 151.6		1 152.9	1 156.7	1 154.4	1 157.6	1 154.2	1 154.1	1 153.1	1 153.7	1 153.5	1 153.2	1 153.4
黄26	32.23				1 154.2		1 154.3	1 158.4	1 154.8	1 158.5	1 155.3	1 155.2	1 154.6	1 155.2	1 154.5	1 154.9	1 155.0
黄27	33.39				1 155.4		1 153.1	1 159.3	1 154.4	1 159.4	1 155.6	1 155.7	1 154.5	1 154.3	1 154.5	1 153.9	1 155.1
黄28	34.49				1 156.2		1 154.2	1 160.7	1 154.7	1 160.8	1 156.1	1 158.0	1 155.7	1 155.7	1 156.3	1 156.4	1 156.6
黄29	36.35							1 161.9		1 161.9	1 158.2	1 159.6	1 157.8	1 157.1	1 157.1	1 158.1	1 158.4
黄30	37.54												1 159.2	1 159.1	1 159.1	1 159.4	1 159.5

表 C-28　青铜峡水库淤积泥沙容重和颗粒级配表

断面名称	类别	干容重 (t/m³)	中值粒径 (mm)	小于某粒径的沙重百分数 (%)									
				0.005 mm	0.007 mm	0.01 mm	0.025 mm	0.05 mm	0.10 mm	0.25 mm	0.5 mm	1.0 mm	2.0 mm
黄2	水下		0.059 4	4.4	6.4	15.4	29.8	48.4	77.2	92.4	99.9	100	
	滩地	1.39	0.029 9		12.1	15.1	37.4	86.3	99.3	100		100	
	平均		0.044 6	2.2	9.2	15.2	33.6	67.4	88.2	96.2	99.9	100	
黄4	水下		0.083 0	0.3	4.6	7.1	16.3	36.4	63.5	98.3	99.9	100	
	滩地	1.29	0.019 6	6.5		16.5	63.0	86.0	99.6	100			
	平均		0.051 0	3.4	4.6	11.8	39.6	61.2	81.6	99.2	99.4	100	
黄6	水下		0.072 8	1.3	6.4	4.1	21.0	41.6	70.6	81.8	99.9		
	滩地	1.45	0.041 2		6.2	7.6	19.4	72.2	99.7	100		100	
	平均		0.057 0	0.7	6.3	5.8	20.2	56.9	85.2	90.9	99.9	100	
黄8	水下		0.177 0			17.4	30.3	48.0	78.4	93.4	99.9	100	
	滩地	1.24	0.289 0	3.5		8.0	42.5	71.0	95.0	100.0			
	平均		0.233 0			12.7	36.4	59.5	86.7	96.5	99.9	100	
黄10	水下		0.160 0	3.9	11.1	20.8	40.7	62.6	83.9	97.1	99.4	100	
	滩地	1.34	0.038 8	2.0	9.1	11.0	25.8	73.1	98.8	100			
	平均		0.099 0		10.1	15.9	33.2	67.8	91.4	98.6	99.4	100	
黄12	水下		0.049 4	1.6	16.1	22.6	39.4	58.7	83.2	97.0	99.9	100	
	滩地	1.35	0.037 2	1.0	4.7	7.8	32.6	68.2	99.4	100			
	平均		0.043 3	1.3	10.4	15.2	36.0	63.45	91.3	98.5	49.95	100	

断面名称	类别	干容重 (t/m³)	中值粒径 (mm)	小于某粒径的沙重百分数（%）												
				0.005 mm	0.007 mm	0.01 mm	0.025 mm	0.05 mm	0.10 mm	0.25 mm	0.5 mm	1 mm	2 mm	5 mm	10 mm	20 mm
黄15	水下		0.126	3.3	7.2	15.6	32.2	52.8	77.4	98.1	99.8	100				
	滩地	1.36	0.046		6.6	8.0	18.1	57.5	94.6	99.8	100					
	平均		0.086	1.6	6.9	11.8	25.2	55.1	86.0	99.0	99.9	100				
黄17	水下		0.024 6	9.2		19.7	52.4	82.4	98.8	100						
	滩地	1.34	0.036 1			1.5	18.7	75.3	99.5	100						
黄	平均		0.030 0	4.6		10.6	35.6	78.8	99.2	100						
	水下（包括推移质）		4.26		9.3	12.1	22.3	33.5	40.5	62.4	66.7	66.7	66.7	66.7	71.6	100
黄18	水下		0.090	0.7	5.5	8.7	19.2	36.0	68	94.3	99.9	100				
	滩地	1.37	0.051	0.2	3.6	5.5	16.7	54.7	91.2	98.1	98.7	100				
	平均		0.070	0.4	4.6	7.1	18.0	45.4	79.6	96.2	99.3	100				
黄20	水下		0.174 0	0.5	3.8	6.1	16.7	33.9	60.6	94.9	99.6	100				
	滩地	1.28	0.051 4		4.3	5.4	13.8	48.8	89.9	99.7	100					
	平均		0.112 7	0.3	4.0	5.8	15.2	41.4	75.2	97.3	100					
黄22	水下		0.117	1.3	3.6	7.0	17.2	34.3	68.1	92.8	99.6	100				
	滩地	1.44	0.261		5.1	6.3	19.6	64.2	96.2	99.2	100					
	平均		0.189	0.6	4.4	6.6	18.4	49.2	82.1	96.0	99.8	100				

续表 C-28

小于某粒径的沙重百分数（%）

断面名称	类别	干容重 (t/m³)	中值粒径 (mm)	0.007 mm	0.01 mm	0.025 mm	0.05 mm	0.10 mm	0.25 mm	0.5 mm	1 mm	2 mm	5 mm	10 mm	20 mm	40 mm	50 mm	60 mm	80 mm	100 mm
黄24	水下	1.32	0.140 8	4.3	5.8	10.7	41.1	84.7	98.1	99.5	100									
	滩地		0.063 5	7.8	9.9	26.6	92.6	99.8	92.2	100										
	平均		0.102	6.0	7.8	18.6	41.8	66.8	92.2	99.7	99	100								
	水下（包括推移质）		13.6		1.1	10.4	26.1	43.8	51.6	52	52.4		53.5	55.6	65.1	88.9			99	100
黄26	水下	1.33	0.156	1.2	1.4	3.0	8.0	23.6	76.8	99.0	100									
	滩地		0.041 2	5.6	6.4	18.1	76.1	99.8	100											
	平均		0.098 6	3.4	3.9	10.6	42	61.7	88.4	99.0	100									
	水下（包括推移质）		7.2	2.7	0.5	1.4	5	14.1	37.3	55.7	57.8	58.1	59.8	72.2	94		100			
黄28	水下	1.31	0.171	3.3	3.3	5.0	9.2	27.9	79	99.4	99.9	100								
	滩地		0.044 3	3.4	6.6	19.8	60.2	96.4	99.9	100										
	平均		0.107 6	3.1	5.0	12.4	34.7	62.2	89.4	99.7	99.9	100								
黄28	水下（包括推移质）		9.3	0.1	0.2	0.6	2.5	8.3	40.4	53.8	54.6	54.9	56.3	65.7	66.6			91.8	100	
黄30	水下		0.158	0.8	1.8	6.5	22.4	28.2	74.4	99.8	100									
	水下（包括推移质）		14.8	1.9	2.2	2.7	4.8	12.7	26.9	32.36	35.4	39.9	45.5	74.4	75.8				100	

表 C-29　青铜峡水库历年淤积量表

阶段		输沙平衡法			断面法	
	年份	入库沙量（亿 t）	出库沙量（亿 t）	淤积量（亿 t）	时段（年-月）	淤积量（亿 m³）
施工导流	1963	1.04	1.21	−0.17	1963-05 ~ 1964-01	0.019
	1964	4.51	4.27	0.24	1964-01 ~ 1965-01	−0.003
	1965	0.674	0.666	0.008	1965-01 ~ 1966-01	0.013
	1966	1.77	1.69	0.08	1966-01 ~ 1966-10	0.032
	合计	7.99	7.83	0.158	合计	0.061
蓄水运用	1967	3.44	1.26	2.18	1966-10 ~ 1967-10	2.21
	1968	2.37	0.945	1.43	1967-10 ~ 1968-10	1.17
	1969	0.687	0.037	0.650	1968-10 ~ 1969-10	0.574
	1970	2.53	0.837	1.69	1969-10 ~ 1970-09	1.20
	1971	1.08	0.620	0.460	1970-09 ~ 1971-09	0.271
	合计	10.1	3.70	6.41	合计	5.43
汛期降低水位运用	1972	0.607	0.792	−0.185	1971-09 ~ 1972-09	−0.097
	1973	1.72	1.57	0.147	1972-09 ~ 1973-09	0.167
	1974	0.793	0.718	0.075	1973-09 ~ 1974-09	0.030
	1975	0.537	0.750	−0.213		
	1976	1.30	1.15	0.147		
	合计	4.96	1.98	−0.02	合计	0.100
总计		23.0	16.5	6.50	总计	5.59

C.6　天桥水库

表 C-30　天桥水库库容

年份	汛后库容(万 m³)	年份	汛后库容(万 m³)
1976	8 971	1990	3 573
1977	7 334	1991	2 554
1978	6 861	1992	2 417
1979	5 198	1994	3 546
1980	6 427	1995	3 019
1981	5 280	1996	1 879
1982	3 700	1997	1 651
1983	4 663	1998	1 981
1984	3 953	1999	2 268
1986	3 960	2000	2 717
1987	4 017	2001	2 434
1988	3 105	2002	2 472
1989	3 457	2003	2 633

表 C-31　天桥水库泄量　　　　　（单位：m³/s）

高程(m)	泄洪闸		泄洪排沙洞	冲沙底孔	合计
	下层堰	上层堰			
811	0		0		
816	595				
817	1 850				
818	2 690				
819	3 490				
820	4 300		970	430	5 700
822	4 720		1 185	525	6 430
824	5 600		1 485	615	7 700
826	6 420		1 632	690	8 742
828	7 050		1 760	760	9 570
830	7 800	127	1 840	830	10 597
831	8 070	360	1 890	860	11 180
832	8 360	658	1 955	890	11 863
833	8 650	1 013	2 022	920	12 605
834	8 920	1 410	2 090	940	13 360
835	9 170	1 870	2 140	960	14 140
836	9 440	2 340			

表 C-32　天桥水库历年淤积量纵断面表

断面编号	里程(km)	最低点高程(m)								平均河底高程(m)							
		日期(年-月-日)															
		1973-05-25~06-22	1978-10-10~18	1979-06-06~23	1979-10-09~11-06	1980-05-22~06-06	1980-10-06~16	1981-05-18~31	1981-10-14~24	1973-05-25~06-22	1978-10-10~18	1979-06-06~23	1979-10-09~11-06	1980-05-22~06-06	1980-10-06~16	1981-05-18~31	1981-10-14~24
1	0.58	811.8	813.4	814.5	822.0	816.9	814.4	818.6	820.1	815.96	819.70	820.32	826.44	818.73	819.1	821.41	823.67
2	1.00	814.4	817.5	815.9	824.6	817.3	816.4	819.0	821.6	815.37	819.45	817.90	826.70	819.47	818.1	820.76	823.44
3(一)	1.92	813.9	817.7	816.0	822.5	818.1	814.6	818.6	822.2	815.77	819.87	819.18	826.75	820.75	819.18	820.44	824.54
4(一)	2.96	814.1	810.4	818.1	824.5	818.6	818.6	820.0	821.5	816.15	817.31	819.90	825.84	820.38	820.04	821.06	823.66
5	4.15	815.6	812.4	818.6	819.6	819.3	819.6	818.0	824.5	816.33	817.37	820.30	824.90	820.86	821.33	820.11	826.71
6-1	5.15		821.5	822.0	825.8	823.1	821.8	822.6	825.9		824.91	823.30	827.41	824.69	822.92	824.00	827.32
7(一)	7.31	817.0	819.9	824.6	821.9	821.6	818.2	817.7	821.5	819.65	826.23	828.19	828.08	828.75	827.07	826.23	828.19
8	10.06	819.3	823.5	826.5	822.1	826.1	825.4	827.3	825.0	823.55	828.19	828.98	828.71	830.05	829.24	829.76	829.50
9	11.83	826.7	827.4	828.0	828.4	828.5	828.1	829.0	828.7	828.42	829.48	829.83	829.83	830.39	830.49	830.53	831.27
10	13.73	828.3	828.2	828.7	828.3	829.6	827.7	829.5	829.2	830.64	831.32	831.25	831.93	832.24	832.34	832.00	832.34
11	16.75	829.9	829.9	830.1	830.2	831.0	830.8	830.5	829.6	832.61	832.43	832.43	833.37	833.15	833.15	832.72	833.15
12(一)	17.95	829.3	829.7	829.6	828.5	829.2	830.0	829.2	830.8	833.75	833.03	833.46	833.93	834.11	834.11	834.04	833.93
13(一)	19.01	830.9	831.6	831.3	830.9	831.4	831.5	830.5	830.9	835.20	834.97	834.81	835.62	834.97	834.97	834.97	
14(一)	19.50	831.8	829.9	830.9	831.3	832.5	832.7	832.6	832.5	835.37	834.36	835.16	835.77	835.97	835.97	835.89	835.08
15(一)	20.60	832.2	829.8	832.0	832.8	833.4	832.4	832.9	832.3	835.97	834.82	835.36	835.18	835.36	835.66	835.36	835.24
16(一)	21.77	833.3	831.5	833.1	832.3	833.5	832.2	833.8	831.7	835.51						835.51	834.51
17(一)	22.92	834.1	829.4	833.0	833.4	833.9	832.9	834.0	832.1	835.62	834.77	835.62	835.62	835.62	835.79	835.62	834.17
18	23.86	833.6	832.1	833.6	832.8	833.5	833.2	833.2	833.4	835.14	833.44	834.69	835.15	834.69	834.69	835.44	
19	24.93	834.8	832.4	834.6	834.6	834.8	834.6	834.6	833.8	836.03	835.17	835.68	835.34	836.03	835.34	836.03	
20	25.80	833.6	832.6	833.4	833.7	833.7	834.2	834.1	833.4	836.46	835.65	836.65	836.19	836.19	836.19	836.19	835.29
21(一)	27.74	834.2						833.5	833.9	837.36						838.06	837.58
22	30.87	839.3						837.8	837.8	839.39						839.86	

表 C-33　天桥水库淤积泥沙容重和颗粒级配表

取样日期 (年-月-日)	断面 名称	类别	中值粒径 (mm)	小于某粒径的沙重百分数(%)									
				0.005 mm	0.01 mm	0.025 mm	0.05 mm	0.1 mm	0.25 mm	0.5 mm	1 mm	2 mm	5 mm
1981-05-18	2		0.026	28.0	29.1	49.6	68.8	82.3	99.5	100			
	4(一)		0.018	11.9	23.9	66.9	91.4	97.5	100				
			0.009	40.1	52.3	83.7	93.5	100					
1981-05-19	6—1		0.008	49.7	51.2	75.0	89.8	92.5	100				
			0.012	40.1	46.4	77.8	90.1	95.3	100				
			0.007	46.1	54.5	85.1	97.0	100					
1981-05-20	7—1		0.030	24.5	27.1	42.8	74.8	98.2	100				
			0.084	23.6	24.6	31.4	43.8	51.5	100				
			0.110	2.9	3.1	9.5	31.6	44.8	100				
1981-05-23	9		0.150	0.2	0.2	0.4	2.3	12.4	93.8	99.8	100		
			0.060	2.9	3.6	9.1	38.5	71.9	99.7	100			
			0.045	7.4	9.6	18.9	54.4	78.9	99.7	100			
1981-05-24	11	水上	0.280					19.0	37.6	95.1	100		
			0.425					7.1	12.3	64.9	90.3	96.3	100
			0.325					16.4	33.7	78.7	97.1	99.2	100
			0.240					8.7	54.9	76.9	99.5	100	
		水上	0.185					6.0	78.7	89.6	97.5	99.6	100
1981-05-24	11	水下	0.360					2.8	22.4	80.3	86.6	89.1	100
		水上	0.465					3.3	9.3	57.3	91.9	98.6	100
			0.720					1.7	4.2	34.7	62.6	92.5	100

续表 C-33

取样日期 (年-月-日)	断面名称	类别	中值粒径 (mm)	小于某粒径的沙重百分数(%)									
				0.005 mm	0.01 mm	0.025 mm	0.05 mm	0.1 mm	0.25 mm	0.5 mm	1 mm	2 mm	5 mm
1981-05-27	15(一)		0.190	6.5	7.1	9.6	13.1	15.8	68.8	90.1	100		
			0.215	1.6	1.9	3.2	4.9	6.7	61.6	77.9	100		
			0.051	8.0	10.1	24.2	49.7	91.8	99.3	99.6	100		
			0.595					2.6	17.2	40.2	81.1	89.7	100
			0.270					1.6	42.8	93.3	99.3	100	
1981-05-29	20	水上	0.048	3.8	4.2	15.3	51.2	79.3	99.7	99.9	100		
			0.057	4.7	5.8	18.5	48.0	81.8	99.4	99.8	100		
		水下	0.285					3.8	36.8	92.7	100		
1981			0.270					4.3	41.3	92.8	98.7	100	
			0.325					1.1	16.4	75.2	85.6	95.0	100
1981-08-18	2		0.035	2.5	5.1	22.8	79.4	98.8	99.9	100			
			0.255	0.6	1.1	5.0	20.9	32.0	49.8	88.7	100		
			0.022	4.2	11.9	59.6	90.8	98.6	98.9	100			
	4(一)		0.043	1.9	3.4	12.9	60.9	98.7	100				
			0.059	0.9	1.3	5.8	59.5	77.3	86.5	100			
	6-1		0.048	0.4	0.8	4.8	54.0	94.4	99.9	100			
			0.088	0.6	1.4	4.0	17.0	60.9	99.8	100			
	8-1		0.066	0.7	1.4	3.5	25.5	88.1	99.9	100			
			0.047	2.2	4.8	21.3	53.9	85.6	99.5	100			
			0.11	0.2	0.4	2.7	9.9	32.9	94.8	98.9	100		

续表 C-33

取样日期（年-月-日）	断面名称	类别	中值粒径（mm）	小于某粒径的沙重百分数（%）									
				0.005 mm	0.01 mm	0.025 mm	0.05 mm	0.1 mm	0.25 mm	0.5 mm	1 mm	2 mm	5 mm
	8—1		0.056	1.2	2.1	9.4	39.4	78.0	99.9	100			
	9		0.305	0.8	1.2	2.9	6.1	14.2	36.3	93.0	100		
1981-08			0.098	2.4	4.1	10.3	16.9	51.0	90.5	99.5	100		
1981-08			0.256	0.6	1.1	3.2	5.4	23.0	46.1	95.1	100		
1981-08-19	12（一）		0.425					1.4	7.4	71.8	99.0	100	
	14（一）	水上	0.190	1.4	2.1	6.9	15.4	38.5	74.1	99.8	100		
	14（一）	水下	0.310					8.2	43.4	65.0	90.3	99.3	100
	15（一）	水上	0.190	0.1	0.3	1.5	7.0	13.2	70.0	97.9	100		
	15（一）	水下	0.450					1.1	8.8	61.8	97.8	99.8	100
	17（一）	水上	0.110	0.8	2.7	14.9	37.7	46.9	79.9	98.4	100		
	17（一）	水下	0.545					1.0	9.3	45.4	85.1	99.4	
			0.028	3.3	8.3	39.9	92.3	99.8	99.9	100			
			0.030	2.9	8.8	37.3	83.6	99.1	99.9	100			
			0.062	0.3	1.0	5.5	28.5	93.9	99.9	100			
			0.042	0.6	1.7	10.6	66.5	95.9	99.8	100			
			0.033	1.3	3.5	23.4	88.1	99.8	100				

参 考 文 献

[1] 潘贤娣,李勇,张晓华,等.三门峡水库修建后黄河下游河床演变[M].郑州:黄河水利出版社,2006.

[2] 赵业安,周文浩,费祥俊,等.黄河下游河道演变基本规律[M].郑州:黄河水利出版社,1998.

[3] 李国英.维持黄河健康生命[M].郑州:黄河水利出版社,2005.

[4] 焦恩泽.黄河水库泥沙[M].郑州:黄河水利出版社,2004.

[5] 三门峡水库运用经验总结项目组.黄河三门峡水利枢纽运用研究文集[M].郑州:河南人民出版社,1994.

[6] 赵文林.黄河泥沙[M].郑州:黄河水利出版社,1996.

[7] 潘贤娣.三门峡水库库区及下游河床冲淤规律综述[R].黄河水利科学研究院,1990.

[8] 黄河水利委员会.维持黄河健康生命的研究与实践[R].黄河水利委员会,2005.

[9] 齐璞,刘月兰,李世滢,等.黄河水沙变化与下游河道减淤措施[M].郑州:黄河水利出版社,1997.

[10] 申冠卿,张晓华,李勇,等.黄河输沙水量研究[R].黄河水利科学研究院,2005.

[11] 黄河防汛抗旱办公室,黄河宁蒙河段水库河道特性调查报告[R].黄河防汛抗旱指挥办公室,2005.

[12] 侯素珍,常温花,王平,等.黄河内蒙古段河道萎缩特征及成因[J].人民黄河,2007(1).

[13] 杨文华,孙美斋.龙羊峡、刘家峡水库联合调度分析[J].水力发电学报,2000(1).

[14] 赵玉军,廖春梅.刘家峡水库水量调度与合理安排机组检修[J].西北水电,2000(2).

[15] 潘贤娣,赵业安,韩少发,等.刘家峡水库运用对黄河中下游河道冲淤影响的分析[R].郑州:黄河水利科学研究院,1991.

[16] 侯素珍,王平.三门峡库区冲淤演变研究[M].郑州:黄河水利出版社,2006.

[17] 林秀芝,姜乃迁,梁志勇,等.渭河下游输沙用水量研究[M].郑州:黄河水利出版社,2005.

[18] 周建波,王玉明,于松林,等.黄河水量调度资料汇编[R].黄委会水资源管理与调度局,2002.

[19] 尹文彦.刘家峡、盐锅峡、八盘峡水库运用资料汇编[R].甘肃省电力工业局,1992

[20] 李勇,姚文艺,时明立,等.2002年黄河河情咨询报告[M].郑州:黄河水利出版社,2004.

[21] 水利电力部水利水电规划院.水电站泥沙总结汇编[G].水利电力部水利水电规划院,1988.

[22] 黄河水量调度资料汇编[G].黄委会水资源管理与调度局,2002(12).

[23] 黄河水利科学研究院黄河干流水库调水调沙关键技术研究与龙羊峡、刘家峡水库运用方式调整研究[R].黄河水利科学研究院,2008.

[24] 黄河水利委员会勘测规划设计研究院.黄河宁蒙河段2001年至2005年防洪工程建设可行性研究报告[R].黄河水利委员会勘测规划设计研究院,2003.

[25] 清华大学黄河研究中心.黄河内蒙河段河道冲淤变化规律研究[D].北京:清华大学,2004.

[26] 2005年度咨询及跟踪研究[R].黄河水利科学研究院,2006.

[27] 申冠卿,张晓华,李勇,等.黄河输沙水量研究[R].黄河水利科学研究院,2005.

[28] 汪岗,范昭.黄河水沙变化研究[M].郑州:黄河水利出版社,2002.

[29] 赵业安,戴明英,吕光圻,等.黄河干流水库调水调沙关键技术研究与龙羊峡、刘家峡水库运用方式调整研究.黄河水利科学研究院,2008.

[30] 熊贵枢.黄河巴彦高勒至头道拐河道冲淤分析[R].黄河水利科学研究院,2008.

[31] 戴明英.黄河上游兰州至头道拐河段冲淤分析[R].黄河水利科学研究院,2008.

[32] 曾茂林,熊贵枢,戴明英.内蒙古十大孔兑来水来沙特性及其对内蒙古河道冲淤的影响[R].黄河水利科学研究院,2008.

[33] 张晓华,郑艳爽,张敏.黄河上游宁蒙河道近期冲淤特点及冲淤、输沙规律[J].天津大学学报,2008.

[34] 尚红霞,李勇,张晓华.龙羊峡和刘家峡水库联合运用对黄河中游龙门水沙条件的影响[J].天津大学学报,2008.

[35] 涂启华,李世滢,张醒,等.黄河天桥水电站水库冲淤特性分析[J].人民黄河,1986(3).

[36] 程龙渊,刘拴明,肖俊法,等.三门峡库区水文泥沙实测研究[M].郑州:黄河水利出版社,1999.

编　张前　刘清华

主编　邹泥　李泥
　　　马小驹　吴文漪

主要编写人员　郭声健
　　　　　　　杜小玲
　薛　罗选久
编　刘满梅
编　陈帆
编　陈巽如
图　贺旭
　　陈巽如
　　谢婉璇
　　秦戈等
面设计　陈巽如

经全国中小学教材审定委员会 2002 年初审通过

义务教育课程标准实验教科书

音　乐

三年级下册

张　前　刘清华　主编

湖南文艺出版社出版
中原文化传媒集团代印
河南省新华书店发行
河南省端光印务股份有限公司印刷

2003 年 11 月第 1 版 2008 年 11 月第 1 次印刷
890×1240 毫米　16 开　印张:3.5
ISBN 978-7-5404-4254-5
定价:4.52 元(2009 春)

我和你写对又歌。

“嗨哩”——“美丽”，

“布谷”——“幸福”。